冶金职业技能鉴定理论知识培训教材

转炉炼钢工培训教程

时彦林　包燕平　主编

北 京

冶金工业出版社

2013

内 容 提 要

本书参照冶金行业职业技能标准和职业技能鉴定规范，根据冶金企业的生产实际和岗位群的技能要求编写而成。本书介绍了转炉炼钢工所必须掌握的基本知识和技能，其主要内容包括转炉炼钢概述、基础知识、转炉炼钢原材料、转炉炼钢原理、转炉炼钢工艺、耐火材料与转炉炉衬、转炉车间主要设备、转炉炼钢方法、转炉事故及其处理、钢的分类及典型钢种的冶炼要点。

本书可作为冶金企业和相关院校转炉炼钢工职业技能鉴定培训教材以及冶金技术专业学生教材，也可作为冶金技术人员、企业员工学习专业知识的参考书。

图书在版编目（CIP）数据

转炉炼钢工培训教程/时彦林，包燕平主编. —北京：冶金工业
出版社，2013.8
冶金职业技能鉴定理论知识培训教材
ISBN 978-7-5024-6285-7

Ⅰ.①转… Ⅱ.①时… ②包… Ⅲ.①转炉炼钢—技术
培训—教材 Ⅳ.①TF71

中国版本图书馆 CIP 数据核字（2013）第 195638 号

出 版 人 谭学余
地 址 北京北河沿大街嵩祝院北巷 39 号，邮编 100009
电 话 (010)64027926 电子信箱 yjcbs@ cnmip. com. cn
策划编辑 俞跃春 责任编辑 俞跃春 李培禄 美术编辑 彭子赫
版式设计 孙跃红 责任校对 郑 娟 责任印制 李玉山
ISBN 978-7-5024-6285-7
冶金工业出版社出版发行；各地新华书店经销；北京百善印刷厂印刷
2013 年 8 月第 1 版，2013 年 8 月第 1 次印刷
787mm×1092mm 1/16；13 印张；310 千字；194 页
30.00 元

冶金工业出版社投稿电话：(010) 64027932 投稿信箱：tougao@cnmip. com. cn
冶金工业出版社发行部 电话：(010)64044283 传真：(010)64027893
冶金书店 地址：北京东四西大街 46 号(100010) 电话：(010)65289081(兼传真)
（本书如有印装质量问题，本社发行部负责退换）

前　　言

推行职业技能鉴定和职业资格证书制度不仅可以促进社会主义市场经济的发展和完善，促进企业的可持续发展，而且可以提高劳动者素质、增强就业的竞争能力。实施职业资格证书制度是保持先进生产力和社会发展的必然要求，取得了职业技能鉴定证书，就取得了进入劳动市场的通行证。

本书参照冶金行业职业技能标准和职业技能鉴定规范，根据冶金企业的生产实际和岗位群的技能要求，介绍了转炉炼钢工所必须掌握的基本知识和技能；在具体内容的安排上注意融入新技术，考虑了岗位工学习的特点，深入浅出，通俗易懂，理论联系实际，强调知识的运用；将相关知识要点进行了科学的总结提炼，形成了独有的特色，易学、易懂、易记，便于职工掌握转炉炼钢工的专业知识和技能。

本书由时彦林、包燕平任主编，李建朝、陈建权任副主编。参加编写还有李鹏飞、刘杰、李秀娜、何红华、郝宏伟、王丽芬。

本书由邯郸钢铁公司李太全担任主审。李太全在百忙中审阅了全书，提出了许多宝贵的意见，在此谨致谢意。

由于编者水平所限，书中不妥之处，敬请读者批评指正。

作　者

2013 年 5 月

目　　录

转炉炼钢概述

1.1 炼钢的基本任务

炼钢的基本任务可以归纳为："四脱""二去""二调整"，即脱碳、脱磷、脱硫、脱氧，去除有害气体和非金属夹杂物，调整温度和成分。具体内容如下：

（1）脱碳并将其含量调整到一定范围：碳含量是控制钢性能的最主要元素，钢中碳含量增加，则硬度、强度、脆性都将提高，而延展性能将下降；反之，碳含量减少，则硬度、强度下降而延展性提高。所以，炼钢过程必须按钢种规格将碳氧化至一定范围。

（2）脱磷、脱硫：对绝大多数钢种来说，磷、硫均为有害杂质。磷可引起钢的"冷脆"，而硫则引起钢的"热脆"，因此，要求在炼钢过程中尽量除之。

（3）脱氧：在氧化炼钢过程中，需向熔池输入大量氧以氧化杂质，致使钢液中溶入一定量的氧，它将大大影响钢的质量。因此，需降低钢中的氧含量。

（4）去除气体和非金属夹杂物：钢中气体主要指溶解在钢中的氢和氮，它们分别会使钢产生"氢脆"和"时效性"。非金属夹杂物包括氧化物、硫化物、磷化物、氮化物以及它们所形成的复杂化合物，它们会破坏钢材的连续性，降低钢材的力学性能。因此，炼钢过程中要去气去夹杂物。

（5）调整钢液成分：为保证钢的各种物理、化学性能，除控制钢液的碳含量和降低杂质含量外，还应加入适量的合金元素使其含量达到钢种规格范围，提高钢材的性能。

（6）调整钢液温度：为完成上述各项任务并保证钢液能顺利浇铸，必须将钢液加热并保持在一定的高温范围内，同时根据冶炼过程的要求不断将钢液温度调整到合适的出钢温度范围。

1.2 转炉炼钢的分类

转炉按炉衬耐火材料性质可分为碱性转炉和酸性转炉；按供入氧化性气体种类分为空气转炉和氧气转炉；按供气部位分为顶吹转炉、底吹转炉、侧吹转炉及复合吹转炉；按热量来源分为自供热转炉和外加燃料供热转炉。目前，世界上主要的转炉炼钢法有：氧气顶吹转炉炼钢法、氧气底吹转炉炼钢法和顶底复合吹转炉炼钢法，如图 1-1 所示。在我国，主要采用 LD 法与复合吹炼法。

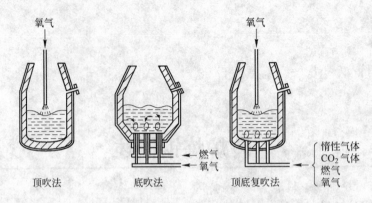

图 1 - 1 转炉顶吹、底吹、复合吹炼示意图

1.3 氧气顶吹转炉炼钢过程

氧气顶吹转炉炼钢的基本过程（见图 1-2）如下：

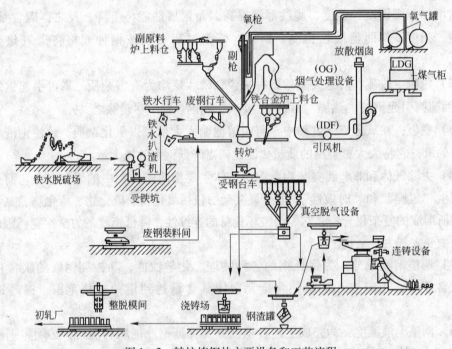

图 1 - 2 转炉炼钢的主要设备和工艺流程

（1）上炉钢出完后，根据炉况，加入调渣剂调整熔渣成分，并进行溅渣护炉（必要时补炉），检查炉体，必要时补炉，堵好出钢口；

（2）兑入铁水，加入废钢；

（3）摇正炉体，下降氧枪，加第一批渣料（总量的 1/2 ~ 2/3）；

（4）吹炼中期：加第二批渣料（总量的 1/3 ~ 1/2），脱碳反应剧烈，氧化铁大量消耗；

（5）吹炼末期：碳含量大大降低，炉口火焰变短，确定吹炼终点；

（6）测温、取样，成分和温度合格后，打开出钢口出钢，同时进行脱氧合金化（钢水流出总量的四分之一左右时）。

　　起初，氧气顶吹转炉炼钢中冷却剂的加入量及供氧量等全凭操作者的经验确定，因此很难一次同时命中终点碳和终点温度。一般都是在终点前测温、取样，根据检测到的信息再凭经验进行相应的修正操作，使冶炼过程到达终点。这种传统的操作方法既费时、费力，又增加原材料消耗。1959 年美国的琼斯·劳夫林钢铁公司首次对转炉炼钢过程进行计算机静态控制，即根据原材料条件、所炼钢种吹炼终点的温度和碳含量要求，利用计算机求出冷却剂的加入量、供氧及各种造渣材料的用量，并按计算结果进行装料和吹炼；冶炼中则同传统的做法一样，凭操作者的经验进行修正操作。随着电子计算机技术和检测技术的迅速发展，目前已能利用计算机对炼钢过程进行动态控制，即在利用计算机进行装料计算的基础上，吹炼过程中计算机凭借检测系统提供的钢液成分、熔池温度及炉渣状况等有关量随时间变化的动态信息，及时对吹炼参数如枪位、氧压等进行修正，使冶炼过程顺利地到达终点。应用电子计算机控制转炉炼钢过程，可显著提高和稳定钢的质量、降低原材料消耗、提高劳动生产率和改善劳动条件。

1.4　转炉炼钢主要技术经济指标

　　（1）转炉日历利用系数：转炉日历利用系数是指转炉在日历工作时间内单位容量（公称吨位）平均每昼夜所生产的合格钢产量。其单位为 t／（公称吨位·昼夜），计算公式如下：

$$转炉日历利用系数 = \frac{合格钢产量}{转炉公称吨位 \times 日历昼夜}$$

　　转炉日历利用系数应按已建成投产的全部转炉座数的总公称吨位计算，即不管是否经常吹炼都应计入，而且日历昼夜不扣除大修或中修时间。

　　（2）转炉日历作业率：转炉日历作业率是指各转炉作业时间总和与全部投产的转炉座数和日历时间的乘积之比。它反映转炉设备的利用状况。其计算公式如下：

$$转炉日历作业率 = \frac{各转炉炼钢时间之和}{转炉座数 \times 日历时间} \times 100\%$$

　　（3）转炉冶炼周期：转炉冶炼周期是指转炉冶炼每一炉钢所需要的时间，即两次出钢之间的时间。它包括吹炼时间、辅助时间以及耽误时间等三个部分。冶炼周期是决定转炉生产率的主要因素。其单位一般为 min，计算公式如下：

$$冶炼周期 = \frac{各转炉炼钢时间之和}{各转炉出钢总炉数}$$

　　（4）转炉每炉产钢量：转炉每炉产钢量是指平均每炼一炉钢的产量。其单位为 t，计算公式为：

$$转炉每炉产钢量 = \frac{合格钢产量}{出钢总炉数}$$

　　（5）转炉金属料消耗：转炉金属料消耗是指每炼 1t 合格钢所消耗金属料的千克数。它反映出对金属料的利用程度。其单位为 kg/t，计算公式如下：

$$金属料消耗 = \frac{入炉全部金属料千克数}{合格钢产量}$$

　　（6）转炉炉龄（转炉炉衬寿命）：转炉炉龄是指转炉每换一次炉衬后能炼钢的总炉

数。它反映出耐火材料的质量、砌炉衬的质量以及操作水平的好坏。其单位为炉，计算公式如下：

$$转炉炉龄 = \frac{出钢总炉数}{更换炉衬的次数}$$

（7）氧气喷枪寿命：氧气喷枪寿命是指氧气转炉每更换一次氧枪所能炼钢的总炉数。其单位为炉，计算公式如下：

$$氧枪寿命 = \frac{出钢总炉数}{更换喷枪的次数}$$

（8）按计划钢种出钢率：按计划钢种出钢率是指转炉按计划钢种出钢的炉数占转炉出钢总炉数的百分比。它反映了转炉炼钢目标命中的程度。其计算公式如下：

$$按计划钢种出钢率 = \frac{按计划钢种出钢炉数}{出钢总炉数} \times 100\%$$

（9）产量：转炉车间的产量用所生产的合格钢锭量来表示。对应其单位 t/日、t/月和 t/年有日产量、月产量和年产量等几种表示方法。其中年产量计算公式为：

$$年产量 = \frac{24nga}{100T}$$

式中　n——年内工作日（24h 为一个工作日）；
　　　g——每炉金属料重量，t；
　　　a——合格钢锭收得率，%；
　　　T——每炉平均冶炼时间，h。

（10）质量：转炉车间的质量一般用钢锭合格率来计算。其计算公式为：

$$钢锭合格率 = \frac{合格钢锭数量}{钢锭总量} \times 100\%$$

（11）可比成本降低率：可比成本降低率按下式计算：

$$可比成本降低率 = 1 - \frac{\sum（每个品种本期单位成本 \times 本期产量）}{\sum（每个品种上期单位产量 \times 本期产量）} \times 100\%$$

（12）流动资金占用额：流动资金占用额为报告期末储存原料 + 辅助原料 + 各种备件 + 成品 + 在产品所占用的资金总额，其单位为万元。

（13）设备完好率：设备完好率按下式计算：

$$设备完好率 = \frac{完好设备}{设备总数} \times 100\%$$

基 础 知 识

2.1 钢的性能

钢的性能包括力学性能、物理性能、化学性能和工艺性能。从事钢铁冶炼工作的人员必须了解钢的性能并应用于实践。

2.1.1 钢的力学性能

由钢制成的各类零部件和设备，在使用过程中都会受到不同形式的外力作用，通常称这种外力为载荷。钢抵抗外力作用的能力称为钢的力学性能。钢的力学性能通过钢的试样检验测定。

钢铁材料受载荷作用后，所引起的几何形状和尺寸的变化称为变形。

钢的力学性能通常包括强度、塑性、硬度、韧性和疲劳等。

（1）强度：钢在载荷作用下，抵抗塑性变形或断裂的能力称为钢的强度。常用比例极限、屈服强度（屈服点）、抗拉强度等指标来衡量强度的高低。

为了便于比较各种钢铁材料的强度，常用钢铁材料抵抗变形和断裂时的应力来衡量。所谓应力是指钢铁材料在载荷作用下单位截面积上所产生的内力（即材料内部所产生的抵抗力）。

如图 2－1 所示，在拉伸机的拉力作用下试样被拉长，开始试样的伸长和拉力成正比，

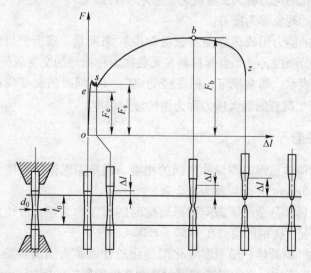

图 2－1　低碳钢的拉伸曲线

当拉力解除后试样仍恢复到原来尺寸，这种变形称为弹性变形。不断加大拉力试样继续变形伸长，但外力解除后试样却不再恢复到原来长度，成为不可复原的永久性变形，这种变形叫做塑性变形。

由弹性变形转变为塑性变形时的应力称为屈服强度，也称为屈服点，其代表符号是 σ_s。

钢材被拉断前所能承受的最大应力称为抗拉强度，用符号 σ_b 表示。

（2）塑性：所谓塑性是指金属材料在外力作用下，能够稳定地发生永久变形并能继续保持其完整性而不被破坏的性能。通常用钢在断裂前产生永久变形的大小来界定钢的塑性好坏。例如钢、铜、铝等材料塑性良好，可拉制成线材，轧制成板材。塑性指标用伸长率和断面收缩率表示。

伸长率是试样拉断后，标定长度的伸长量与原始标定长度之比值的百分数，用符号 δ 表示。为了便于比较，规定用短试样所测的伸长率用 δ_5 表示，而用长试样所测的伸长率用 δ_{10} 或 δ 表示。

断面收缩率是断口面积的缩减量与原始横截面积之比值的百分数，用符号 ψ 表示。

伸长率和断面收缩率的数值越大，表示材料的塑性越好。塑性好的金属可以冲压或大变形量加工。

（3）硬度：所谓硬度是材料对更硬物体压入其基体时所表现的抵抗力。常采用压痕、划痕的深度或压痕、划痕单位表面积所承受的载荷值作为硬度高低的指标。

硬度值是通过硬度试验法测定的，根据测定方法不同，可分为布氏硬度（HB）、洛氏硬度（HR）、维氏硬度（HV）和肖氏硬度（HS）等。检验方法不同，同一种材料的硬度数值也不同。常用的是布氏硬度和洛氏硬度。

（4）韧性：钢的韧性是指钢材抵抗冲击载荷作用而不破坏的能力。材料韧性的好坏，可通过冲击试验测定，用冲击韧性值表示。冲击韧性用符号 A_K 表示，单位为 J/cm^2。A_K 值越大，材料的韧性越好。

（5）疲劳强度：机械零件在工作过程中各点的应力随着时间作周期性的变化，这种随时间作周期性变化的应力称为交变应力（也称循环应力）。在交变应力的作用下，金属材料发生突然断裂的现象称为疲劳。

钢材抵抗疲劳的能力用疲劳强度（疲劳极限）来衡量。疲劳强度越大，钢材抗疲劳性能越好。所谓疲劳强度，就是金属材料在无数次对称循环的交变载荷作用下而不破坏的最大应力，用 σ_{-1} 表示。通常规定，钢在经受 $10^6 \sim 10^7$ 周次的交变载荷作用时（不锈钢取 10^8 周次），不产生破裂的最大应力称为钢的疲劳强度。

2.1.2 钢的物理性能

（1）密度：单位体积钢的质量称为钢的密度。通常固态钢的密度为 $7.8 \sim 7.9 g/cm^3$。因为钢的密度大于 $5g/cm^3$，所以称为重金属。

（2）熔点：金属和合金从固态向液态转变时的温度称为熔点。钢的组成不同其熔点也不相同，正常情况下碳钢的熔点在 $1450 \sim 1500$℃。

（3）热膨胀性：钢的体积随温度变化而变化的性能称为钢的热膨胀性。在工程施工和零件制作等实际生产中，必须要考虑钢材热膨胀性的影响。例如，铺设钢轨时，在两根钢轨衔接处要留有一定的空隙，以便钢轨在长度方向留有膨胀的余地，防止道轨畸变；轴与轴之间要根据钢的线膨胀系数控制间隙尺寸；又如在制定钢的热处理、铸造等工艺时，必须考虑钢的热膨胀性，以避免工件的变形和开裂。

（4）磁性：金属被磁场磁化或吸引的性能称为磁性。钨钢和铬钢被磁化后磁性不会消失，称为硬磁性材料，可用来制造永久磁铁；硅钢磁化后随着磁场消失而失去磁性，称为软磁性材料，可用来制作电机和变压器铁芯。

钢具有良好的导电和导热性，但钢是铁碳合金，相对而言，其导电导热性不如纯金属。

2.1.3 钢的化学性能

钢在常温下抵抗氧、水汽及其他化学介质腐蚀破坏作用的能力称为钢的耐腐蚀性。钢在高温下抗氧化作用的能力称为钢的抗氧化性。钢的耐腐蚀性和抗氧化性总称为钢的化学稳定性。钢材在高温下的化学稳定性称为热稳定性。钢在这方面的性能与它的成分和组织有关，在不同的使用条件下，应选用不同的钢号。

2.1.4 钢的工艺性能

钢的工艺性能是指钢对各种加工工艺的适应能力，它包括铸造性能、锻压性能、焊接性能、切削性能和热处理性能等。钢的工艺性能直接影响加工后的钢材质量，是选材和制定工艺时必须考虑的因素。

钢水铸造成型并获得优良铸件的能力称为铸造性能。衡量铸造性能的指标有流动性、收缩性和偏析等。

锻压性能主要是指钢在压力加工时改变形状和尺寸而不产生裂纹的性能。钢具有良好的锻压性能，可以通过锻造、轧制、挤压等加工工艺，获得所需要的形状和尺寸的钢材。而铸铁几乎没有可锻压性。

切削性能是指钢材被切削加工的难易程度。通常以钢经切削后的表面粗糙度、切削刀具的寿命和切削速度来衡量钢的切削性能的好坏。

钢的焊接性能是指钢对焊接加工的适应性，即在一定的焊接工艺条件下，获得优质焊接接头的难易程度。对碳钢和低合金钢而言，焊接性能与钢材的化学成分有关。例如低碳钢的焊接性能好，而高碳钢、铸铁的焊接性能较差。

2.2 金属结构与结晶

2.2.1 晶体结构

不同成分的金属材料所表现出的某种性能上的差异，都是由于其晶体结构所决定的。

在物质内部，凡是原子作有序、有规则排列的称为晶体。晶体和非晶体不同，它具有固定的熔点，其性能呈各向异性。绝大多数金属和合金都属于晶体，都具有良好的导电性和导热性，有一定的强度和塑性等。

表示原子在晶体中排列形式的空间格架称为晶格。显然，晶格是金属原子有规则排列的抽象化，晶格上的每个点称为结点。

绝大多数金属（约占9%）属于体心立方、面心立方和密排六方三种晶格。

铁在固态可呈体心立方晶格和面心立方晶格两种类型存在。

2.2.2 金属结晶

金属与合金一般都要经过熔炼和铸造，都要经历由液态变成固态的结晶过程，也就是原子由不规则排列的液体逐步过渡到原子规则排列的晶体过程。

在极缓慢的冷却和加热条件下，纯金属的结晶温度与它的熔化温度相当，这个温度称为理论结晶温度。可见在理论结晶温度时，金属既结晶又熔化，固液两相处于平衡状态。金属的实际结晶温度比理论结晶温度低，这种现象称为过冷现象。理论结晶温度与实际结晶温度之差称为过冷度。

2.2.2.1 晶粒大小的控制

金属晶粒大小对它的力学性能有很大的影响。普遍认为，在室温条件下，细晶粒金属具有较高的强度和韧性。细晶粒的力学性能比粗晶粒好。为了提高金属的力学性能，就必须控制金属结晶后的晶粒大小。结晶过程既然是由形核和长大两个基本过程组成的，那么结晶后的晶粒大小必然与形核速度和长大速度密切相关。形核速度又称为形核率，即单位时间内单位体积中产生晶核的数目；晶核长大速度即单位时间内晶核向周围成长的线速度。形核率越大，结晶后的晶粒越多，晶粒也就越细小。因此，细化晶粒的根本途径是控制形核率。

常用的细化晶粒的方法有：

（1）增加过冷度。实验证明，冷却速度越大，过冷度越大，即实际结晶温度越低，液态金属的结晶倾向便越大。

（2）变质处理。在液态金属结晶前，有目的地加入一些其他金属或合金作为形核剂（又称为变质剂），使它弥散分布在金属液中起到非均质形核的作用，使晶粒显著增加。这种细化晶粒的方法称为变质处理。

（3）振动处理。在金属液结晶过程中，采用机械振动、超声波振动和电磁搅拌等措施，把长大过程中的枝晶破碎，被破碎细化的枝晶又可起到新晶核的作用，从而提供了更多的结晶核心，最终达到细化晶粒的目的。

2.2.2.2 纯铁的同素异构转变

自然界有些金属在固态下存在着两种以上的晶格形式，称为金属的同素异构性；固态金属随温度变化由一种晶格转变为另一种晶格的现象称为同素异构转变；金属中不同晶格形式存在的晶体称为该金属的同素异晶体。金属中的同素异晶体按其稳定存在的温度，由低温到高温依次用希腊字母 α、β、γ、δ 来表示。

纯铁的同素异构转变可从图 2－2 所示纯铁的冷却曲线看出，液态纯铁在 1538℃ 开始结晶，得

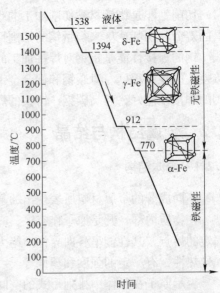

图 2－2 纯铁的同素异构转变过程

到具有体心立方晶格的 δ－Fe，继续冷却到 1394℃时发生同素异构转变，δ－Fe 转变成面心立方晶格的 γ－Fe，再冷却到 912℃时又发生了同素异构转变，γ－Fe 转变为体心立方晶格的 α－Fe。如果再继续冷却到室温，晶格类型不再发生变化。

这一系列转变的表达式如下：

$$\delta-Fe \underset{\text{体心立方晶格}}{\overset{1394℃}{\rightleftharpoons}} \gamma-Fe \underset{\text{面心立方晶格}}{\overset{912℃}{\rightleftharpoons}} \alpha-Fe \atop \text{体心立方晶格}$$

铁的同素异构转变是铁极为重要的一种性质，由于有了这种性质，才能通过改变化学成分和热处理工艺，使钢的组织结构发生变化，从而改善了钢的力学性能。

2.3 铁碳合金

2.3.1 合金组织

合金是由两种或两种以上的金属或金属与非金属组成的具有金属特性的物质。例如碳钢和生铁都是以铁和碳为主的合金，黄铜是铜和锌组成的合金。

组成合金最基本的独立物质称为组元。组元可以是金属元素，也可以是非金属元素或稳定的化合物。根据组成合金组元数目的多少，合金可以分为二元合金、三元合金和多元合金等。

研究的体系中具有相同物理性质并且均一的那一部分称为相。液态物质称为液相，固态物质称为固相，在固态下金属可以是单相，也可以是多相。数量、形态、大小和分布方式不同的各种相组成了合金的"组织"，用肉眼或低倍放大镜就能观察到的组织称为宏观组织；要借助金相显微镜才能观察到的组织叫做显微组织（或高倍组织）。

在液态时，大多数的合金组元都能相互溶解而形成一个均匀的液溶体。在固态合金中可能出现固溶体、金属化合物或几个相的混合物等三类不同的合金组织。

2.3.1.1 固溶体

一种或几种金属或非金属元素均匀地溶于另一种金属所形成的晶体相称为固溶体。

固溶体的晶格类型必定与其中某一组元的晶格类型相同，此组元称为溶剂，而其他组元的晶格结构就消失了，称为溶质。根据溶质原子在溶剂晶格中所处的位置不同，固溶体可分为间隙固溶体和置换固溶体两类。

如图 2－3a 所示，溶质原子处于溶剂晶格的间隙之中而形成的固溶体，称为间隙固溶体。溶质原子远小于溶剂原子才能形成间隙固溶体。通常溶于铁中的直径较小的非金属元素如 C、N、B、H、O 等成为间隙固溶体。间隙固溶体的溶解度是有限的，又称为有限固溶体。

碳溶于 α－Fe 中的间隙固溶体是铁素体，用"F"表示，是钢的主要组织；奥氏体是碳溶于 γ－Fe 中的间隙固溶体，用"A"表示，奥氏体是钢进行轧制以及热处理的晶体相，部分高合金钢在室温下也能以奥氏体形式存在。

如图 2－3b 所示，溶质原子分布在溶剂晶格结点上，替代了溶剂原子的位置形成的固溶体称为置换固溶体。只有当溶质原子与溶剂原子的晶格类型相同、化学性质相似、原子直径之差小于 15%时，溶质和溶剂才可以无限互溶，方能形成无限置换固溶体。否则只能形成有限置换固溶体。

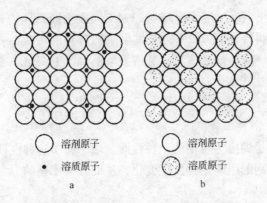

图 2-3 间隙固溶体和置换固溶体示意图
a—间隙固溶体；b—置换固溶体

2.3.1.2 金属化合物

金属与金属、金属与非金属，两组元在固态下按一定比例相互化合，且能用化学分子式表达成分的新相称为金属化合物，如钨与碳组成化合物 WC，铁与碳化合为 Fe_3C，也叫渗碳体。

金属化合物具有独特的复杂晶格，且硬度较高、质脆、塑性差，如碳素工具钢 T10A 就是铁与碳的固溶体和化合物 Fe_3C 构成的两相组织；高速工具钢 W18Cr4V 是铁和碳固溶体与化合物 WC、Cr_7C_3、VC 所构成的多相组织。

合金材料的性质，在很大程度上取决于金属化合物类型、数量、形态、分布状况等。金属化合物最常见的分布形式有以下三种：

（1）化合物在晶粒边界呈不连续的质点或连续的网状分布。这种形式的分布最坏，使合金性能变得硬而脆，高碳钢网状碳化物就是沿晶界连续分布的。

（2）化合物在晶粒中呈片层状分布。这种分布可提高合金的强度，降低塑性，如高碳钢在热轧后空冷得到的组织，就是渗碳体 Fe_3C 在晶粒中呈片层状分布，这种化合物使合金硬度不均匀，影响机械加工性能。

（3）化合物在晶粒中呈分散的质点分布。合金的强度、硬度均有提高，塑性和韧性降低不多，通过这种分布形式改善合金性能，称其为弥散强化，例如钢中加入合金元素 Ti、V、W、Mo、Nb 等可形成这种弥散金属化合物，从而提高钢的强度。

2.3.1.3 机械混合物

当液态合金结晶后，既不能形成单一的固溶体相，也不能形成单一的金属化合物相，合金由两种不同晶格的固相混合而成，称为机械混合物。例如在 727℃～室温的情况下，铁素体与渗碳体 Fe_3C 既不互溶成为固溶体，也不化合形成化合物，而是形成保持各自状态的片层状机械混合物；按片层间距从大到小，这些混合物分别称为珠光体、屈氏体、索氏体。珠光体中铁素体与渗碳体相对量之比约为 7:1。

当奥氏体迅速冷却到 200℃ 以下的温度时，铁、碳原子来不及扩散，碳被迫过量溶解于 $\alpha-Fe$ 中。碳在 $\alpha-Fe$ 中形成的过饱和固溶体叫做马氏体。马氏体是一种针状或板条状组织，其硬度比珠光体高，塑性、韧性差，脆性高，是非平衡、不稳定组织。

可见，钢的基本组织有以固溶体形式存在的铁素体、奥氏体和以化合物形式存在的渗

碳体 Fe_3C；其他组织如珠光体、屈氏体、索氏体都是铁素体与渗碳体组成的机械混合物，而马氏体则是碳过饱和溶解在铁素体中。

2.3.2 铁碳合金状态图

铁与碳可以形成 Fe_3C、Fe_2C、FeC 等一系列稳定的金属化合物，但是当碳在铁中的含量大于 5% 时，铁碳合金的性能变得很脆，而无实用价值，所以在铁碳合金状态图中只需研究 $Fe-Fe_3C$ 部分。

2.3.2.1 铁碳合金中的基本相

$Fe-Fe_3C$ 状态图如图 2-4 所示。

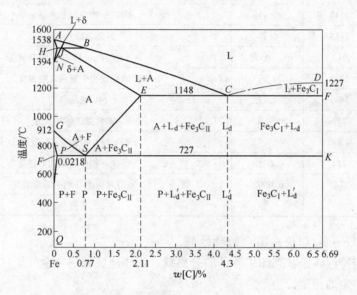

图 2-4 $Fe-Fe_3C$ 状态图

在 $Fe-Fe_3C$ 合金系中，可配制一系列不同成分的铁碳合金，它们在不同温度下的平衡组织是各不相同的。但它们在固态下一般由铁素体、奥氏体、渗碳体三种基本相组成。

（1）铁素体：铁素体是碳溶解于 $\alpha-Fe$ 中的间隙固溶体，用符号 F 表示。它保持 $\alpha-Fe$ 的体心立方晶格，由于 $\alpha-Fe$ 晶格间隙很小，所以溶碳能力差，碳的最大溶解度在 727℃ 时为 0.0218%，到室温时仅为 0.0008%，所以室温时铁素体的力学性能几乎与纯铁相同，其强度、硬度不高，但具有良好的塑性和韧性。

当温度在 1394℃ 以上时，碳溶于 $\delta-Fe$ 中而形成间隙固溶体，$\delta-Fe$ 仍然是体心立方晶格，但晶格常数与 $\alpha-Fe$ 不同，为了与 α 铁素体区别，称之 δ 铁素体，用符号 δ 表示。

（2）奥氏体：奥氏体是碳溶解于 $\gamma-Fe$ 中形成的间隙固溶体，用符号 A 表示。它保持 $\gamma-Fe$ 的面心立方晶格。碳的最大溶解度在 1148℃ 时为 2.11%，然后随着温度降低而减小，在 727℃ 时为 0.77%。奥氏体有较好的塑性、较低的硬度，易于锻造和轧制。

（3）渗碳体：渗碳体的分子式是 Fe_3C，有时也用 C 表示。它是一种具有复杂晶格的间隙化合物。

渗碳体的碳含量 $w(C)=6.69\%$，渗碳体具有很高的硬度（950～1050HV），而塑性和韧性几乎为零，脆性很大。

2.3.2.2 Fe-Fe₃C 状态图中的特性点

Fe-Fe₃C 状态图中特性点的温度、成分、含义见表 2-1。

表 2-1 Fe-Fe₃C 状态图的特性点

特性点	温度/℃	碳含量/%	特 性 点 的 含 义
A	1538	0	纯铁熔点
B	1495	0.53	包晶转变时，液态合金的成分
C	1148	4.30	共晶点及共晶合金的成分
D	约 1227	6.69	渗碳体的熔点
E	1148	2.11	碳在 γ 相中的最大溶解度
F	1148	6.99	共晶渗碳体的成分
G	912	0	α-Fe 与 γ-Fe 相互转变温度
H	1495	0.09	碳在 δ 相中的最大溶解度
J	1495	0.17	包晶点
K	727	6.69	共析渗碳体的成分
N	1394	0	γ-Fe 与 δ-Fe 相互转变温度
P	727	0.0218	碳在 α 相中的最大溶解度
Q	室温	0.0008	室温时碳在 α 相中的溶解度
S	727	0.77	共析点

2.3.2.3 Fe-Fe₃C 状态图中的特性线

状态图中的特性线是状态图中各区的分界线，当相应成分的合金处于这些线所对应的温度时就发生一定的相变。

状态图中的 ABCD 线为液相线；AHJECF 线为固相线；ES 和 PQ 线分别为碳在奥氏体和铁素体中的溶解度曲线，即固溶线；GS 和 GP 线分别为冷却时奥氏体向铁素体转变开始和转变结束的温度线，即固溶体同素异构转变的开始和终了温度线。图中还有三条水平线：

（1）HJB 水平线为包晶线，在这条线上发生包晶转变：

$$L_{0.53} + \delta_{0.09} \xrightarrow{1495℃} A_{0.17}$$

即碳含量为 0.53% 的液相和碳含量为 0.09% 的 δ 铁素体反应，生成碳含量为 0.17% 的奥氏体，这种由一种固相与一个液相反应，生成另一种固相的转变称为包晶转变。

（2）ECF 水平线为共晶线，在这条线上发生共晶转变：

$$L_{4.3} \xrightarrow{1148℃} A_{2.11} + Fe_3C$$

即从碳含量为 4.30% 的液相中，同时结晶出碳含量为 2.11% 的奥氏体和渗碳体，这种由一定成分的液相同时结晶出成分一定的两种固相的转变，称为共晶转变。铁碳合金中碳含量为 4.3% 的液相的共晶转变产物叫做莱氏体，用符号 L_d 表示。莱氏体中的奥氏体和渗碳体分别称做共晶奥氏体和共晶渗碳体。莱氏体的显微组织是共晶渗碳体的基体上分布着颗粒状共晶奥氏体。因为以渗碳体为基体，所以莱氏体的性能是硬而脆。

（3）*PSK* 水平线为共析线，在这条线上发生共析转变：

$$A_{0.77} \xrightarrow{727℃} F_{0.0218} + Fe_3C$$

即从碳含量为 0.77% 的奥氏体中同时析出碳含量为 0.0218% 的铁素体和渗碳体，这种由一种固相中同时析出两种不同成分的固相的转变。称为共析转变。铁碳合金中奥氏体的共析转变产物叫做珠光体，用符号 P 表示。它是由铁素体和渗碳体两相呈层片相间组成的机械混合物。珠光体的变形抗力较大，强度较高。

在热处理中，经常用到 *PSK*、*ES* 及 *GS* 三种特性线，其对应温度分别以符号 A_1、A_{cm} 及 A_3 表示。

2.4 钢的热处理

钢的热处理是将固态钢进行适当加热、保温和冷却，从而改变其组织、获得所需性能的一种工艺。根据加热温度和冷却方法的不同，可分为退火、正火、淬火、回火以及某些零部件的表面热处理等五大类。

热处理方法虽多，但任何一种热处理都是由加热、保温和冷却三个阶段组成的。不同的是加热温度、保温时间和冷却速度不同。

2.4.1 钢在加热和冷却时的组织转变

2.4.1.1 钢在加热时的组织转变

碳钢的室温组织基本上由铁素体和渗碳体两个相组成，只有在奥氏体状态才能通过不同冷却方式使钢转变为不同组织，获得所需性能。所以，热处理时须将钢加热到一定温度，使其组织全部或部分转变为奥氏体。

共析碳钢奥氏体化如图 2-5 所示，其过程为：奥氏体形核→奥氏体晶核长大→残余渗碳体的溶解→奥氏体成分均匀化。

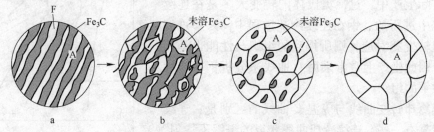

图 2-5　共析碳钢的奥氏体形成过程示意图

a—A 形核；b—A 长大；c—残余渗碳体溶解；d—A 均匀化

2.4.1.2 钢在冷却时的组织转变

钢件经加热、保温后采用不同方式冷却，将获得不同的组织和性能。各种热处理工艺的冷却方式归纳起来有两种：一种是将奥氏体急冷到 A_1 以下某一温度，在此温度等温转变；另一种是奥氏体在连续冷却条件下转变。

A　过冷奥氏体的等温转变

C 曲线（等温转变曲线）：C 曲线就是使加热至奥氏体区的钢过冷至 A_{r1} 以下，在不同温度和时间下等温转变得到的各种结构组织的曲线，因为其形状像拉丁字母 "C"，故常称之为 C 曲线，又称为过冷奥氏体等温转变动力学曲线，如图 2－6 所示。

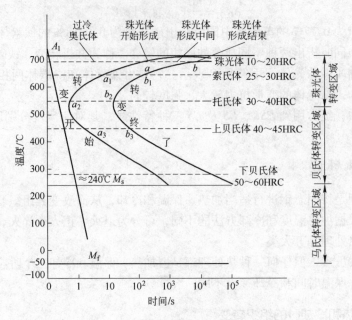

图 2－6　共析碳钢的奥氏体等温转变曲线

奥氏体转变产物的组织和性能取决于转变温度。在图 2－6 中可将 C 曲线分为三个温度范围：珠光体转变区域（从 A_1 ～550℃）、贝氏体转变区域（550～240℃）、马氏体转变区域（240～ －50℃）。

B　过冷奥氏体连续冷却转变

在实际生产中，过冷奥氏体的转变大多是在连续冷却过程中进行的。钢在连续冷却过程中，只要过冷度与等温转变相对应，则所得到的组织与性能也是相对应的。因此生产上常常采用 C 曲线来分析钢在连续冷却条件下的组织。

连续冷却转变曲线与等温 C 曲线的区别是：连续冷却曲线靠右一些，连续冷却曲线获得的组织不均匀，先转变的组织较粗，后转变的组织较细，连续冷却转变曲线只有 C 曲线的上半部分而没有下半部分，如图 2－7所示。

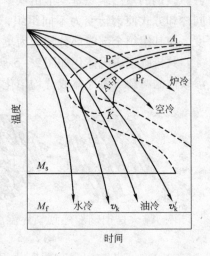

图 2－7　共析钢的连续冷却转变曲线
（虚线是 C 曲线）

2.4.2　钢的退火与正火

2.4.2.1　钢的退火

退火是把钢加热到适当温度（高于或低于临界温度），保温一段时间，然后缓慢冷却，以获得接近平衡状态组织的热处理方法。

退火的主要目的是为了降低硬度，提高钢的塑性和韧性，以便于随后加工；改善或消除钢在铸造、轧制、锻造和焊接等过程中所造成的各种组织缺陷；细化晶粒，改善钢中碳化物的形态及分布，为最终热处理做好组织和性能上的准备；消除内应力，以减小变形和防止开裂。

根据退火目的不同，退火可分为：

（1）完全退火。完全退火是将钢加热至 A_{c3} 以上 $20 \sim 30℃$，经完全奥氏体化后进行缓慢冷却，以获得近于平衡组织的热处理工艺。

（2）不完全退火。不完全退火是将钢加热至 $A_{c1} \sim A_{cm}$ 之间（或 $A_{c1} \sim A_{c3}$ 之间），保温后缓慢冷却的退火方法。

（3）球化退火。球化退火是使共析钢和过共析钢的片状珠光体和渗碳体组织球化的一种热处理工艺。

（4）等温退火。等温退火就是将钢加热到 A_{c1} 或 A_{c3} 以上的温度，保温后将奥氏体迅速过冷到 A_1 以下某一温度等温，待其全部转变为珠光体后，出炉空冷。

（5）扩散退火。扩散退火是把钢加热到远高于 A_{c3} 或 A_{ccm} 的温度（通常为 $1100 \sim 1200℃$），经长时间保温（一般为 $10 \sim 20h$），然后随炉缓冷至 $500 \sim 350℃$ 出炉的热处理工艺。

（6）消除内应力退火。消除内应力退火是将钢加热到低于 A_{c1} 温度（一般为 $500 \sim 600℃$），保温适当时间后缓冷。

2.4.2.2　钢的正火

正火是将钢加热到上临界点 A_3 以上约 $30 \sim 50℃$ 或更高的温度，使钢奥氏体化，并保温均匀化后，在自然的大气中冷却，得到珠光体型组织的热处理工艺。正火可以细化晶粒，均匀组织，提高冲击功和延伸性，消除轧制内应力。

（1）过热是当加热温度超过 A_{c3} 继续加热达到一定温度时，钢的晶粒过度长大，从而引起晶粒间的结合力减弱，钢材的力学性能恶化的现象。

（2）过烧是当钢在高温下，在强烈氧化介质中加热时，氧渗透到钢内杂质集中的晶粒边界，使晶界开始氧化和部分熔化，形成脆壳，严重破坏晶粒间连接的现象。

2.4.3　钢的淬火与回火

2.4.3.1　钢的淬火

钢的淬火是把钢加热到临界温度（A_{c3} 或 A_{c1}）以上温度，保温一定的时间，然后以超过临界冷却速度的冷速快速冷却，以获得马氏体组织的一种热处理工艺方法。

钢淬火的主要目的把奥氏体工件全部淬成马氏体，提高钢的强度、硬度、耐磨性，以便在适当的温度回火之后，获得所需要的组织和性能。

另外，淬火还能使工件获得某些特殊的物理性能或化学稳定性，如提高不锈钢的耐腐蚀性，增强磁钢的永磁性等。

2.4.3.2　钢的回火

所谓回火是把淬火的工件加热到 A_1 以下的某一温度，保温一定的时间，然后以一定方式冷却（通常是空冷）的热处理工艺。

由于淬火工件的组织极不稳定，内应力和脆性都很大，所以为消除淬火工件的内应力，调整硬度，改善韧性以达到所要求的综合性能，必须对淬火工件进行回火。

根据加热温度的不同，回火分为低温回火（150～250℃）、中温回火（350～500℃）和高温回火（500～650℃）三种。

（1）低温回火：回火后获得回火马氏体组织（还有残留奥氏体和下贝氏体），其目的是保持高硬度和高耐磨性，降低淬火内应力和脆性。主要用于中、高碳钢制造的各类工模具、滚动轴承、渗碳零件，回火后硬度可达 58～64HRC。

（2）中温回火：回火后得到回火托氏体组织，其目的是获得高屈服强度、弹性极限和较高的韧性。主要用于各种弹簧和模具的处理。为避免发生第一类回火脆性，一般中温回火温度不宜低于 350℃，回火后硬度可达 35～50HRC。

（3）高温回火：回火后得到回火索氏体组织，它的主要目的是获得既有一定的硬度、强度，又有良好冲击韧性的综合力学性能。淬火钢经高温回火，习惯上将淬火加高温回火称为调质处理。主要用于飞机、汽车、拖拉机、机床等重要的结构零件，如连杆、齿轮、螺栓和各种轴类。

2.4.4 钢的表面热处理

仅对工件表层进行热处理以改变组织和性质的工艺称为表面热处理，表面热处理分为表面淬火和表面化学热处理两大类。

（1）表面淬火：表面淬火是将工件的表面层淬硬到一定深度，而心部仍保持未淬火状态的一种局部淬火法。常用的有火焰加热淬火、感应加热淬火以及激光淬火。

（2）钢的化学热处理：化学热处理是将工件置于某种化学介质中，通过加热、保温、冷却的方法，使化学介质中的某些元素渗入钢件表面层，从而改变钢件表面层的化学成分和组织，进而改变表层性能的热处理工艺。

化学热处理工艺种类较多，根据渗入钢件表面元素不同和钢件表面性能不同，可分为渗碳、渗氮、碳氮共渗。

2.5 钢中元素的作用

2.5.1 钢中常存元素的影响

钢中含有少量的硅、锰、硫、磷等元素，它们不是有目的加入的，但又不可避免地存在于钢中，所以称之为钢中常存元素。

2.5.1.1 碳的影响

碳是碳钢中除铁元素之外的最主要元素。碳钢随着碳含量的增加其塑性、韧性不断降低，而强度、硬度不断增加。但是当碳含量 $w(C) > 0.9\%$，特别是大于 1.2% 之后，晶界上出现网状渗碳体，使碳钢强度明显降低。所以碳元素是决定碳钢性能的根本因素。

碳钢中碳的来源主要是炼钢所用的金属料（铁水、生铁块、废钢、铁合金等）；电弧炉炼钢用的石墨电极。

2.5.1.2 锰的影响

碳钢中锰的来源主要是炼钢用的脱氧剂，其次是炼钢用的钢铁料。锰可溶于铁素体和渗碳体中，使钢的强度和硬度提高。在脱氧时，锰可以提高硅、铝等其他脱氧剂的脱氧效果。锰还能和硫生成高熔点 MnS，从而减轻硫对钢的危害性。当锰含量不高时对钢性能的影响不明显。所以锰在钢中是有益元素，在普碳钢中锰含量一般为 0.25% ~ 0.80%。

2.5.1.3 硅的影响

碳钢中硅主要来自炼钢用的脱氧剂，硅的脱氧能力比锰强，硅能溶于铁素体形成固溶体，使之固溶强化，提高钢的强度、硬度、弹性，所以硅是钢中的有益元素。但由于含量少，所以强化作用不明显。在镇静钢中硅含量一般在 0.15% ~ 0.40% 之间，沸腾钢中只含有 0.03% ~ 0.07%。

硅在提高强度、硬度的同时，也会降低塑性和韧性。特别是当生成的脱氧产物来不及排除而残留在钢中时，就成为夹杂物而影响钢的性能。

2.5.1.4 硫的影响

钢中硫的来源主要是生铁、矿石、燃料、废钢和造渣剂。在固态下，硫在钢中的溶解度极小，以 FeS 的形态存在于钢中。FeS 还与 Fe、FeO 等生成低熔点的共晶体，在钢冷凝过程中沿晶界呈网状析出，其熔点远低于热轧或热锻时钢的加工温度。因此，在热加工时沿晶界分布的 Fe – FeS、FeS – FeO 共晶体已熔化，破坏了各晶粒间的连接，导致钢的开裂。这种在热加工时发生晶界开裂的现象称为热脆。另外，硫在钢冷凝时会产生严重的晶界偏析而加剧这种危害性，所以硫在钢中是有害元素。

2.5.1.5 磷的影响

磷主要由矿石、生铁和废钢带入。磷使钢的脆性转变温度升高，造成低温脆化，这种现象称为冷脆。另外磷在结晶过程中晶内偏析严重，更增加了这种危害性。磷的偏析还会使钢在热轧后出现带状组织而影响钢材性能，所以磷在钢中是有害元素。

2.5.2 钢中气体元素的影响

炼钢所用原材料在整个冶炼和浇铸过程中都与空气接触，因而钢液中总会吸收一些气体，如氧、氮、氢等。它们存在于钢中会形成气泡或夹杂物（氧化物、氮化物），因此对钢的质量产生不良影响。

2.5.2.1 氧的影响

氧在固态钢中的溶解度远低于在钢液中的溶解度，所以液态钢在温度降低和凝固时氧以氧化物的形式析出。

氧对钢质量的影响包括：

（1）影响钢锭质量。镇静钢脱氧不完全时，会产生皮下气泡、疏松及氧化物夹杂。沸腾钢含氧不当，也会形成一系列缺陷而得不到理想结构的钢锭。

（2）钢在脱氧后总有一些氧进入钢中，由于氧在固态钢中的溶解度很小，所以氧大都形成氧化物夹杂。

（3）氧化物夹杂能使切削加工性能变坏，并使钢变脆，同时降低钢的力学性能，特别是钢的疲劳强度和冲击韧性。

（4）FeO 与 FeS 在 950℃ 可形成低熔点的共晶体，热脆性很大。

目前，生产中采用合金脱氧、保护浇铸、炉外精炼、真空冶炼等技术，目的就是尽量减少钢中的氧。

2.5.2.2 氮的影响

钢中氮来自金属炉料、炉气和大气。氮能固溶于钢中，也能以氮化物和气体形式存在于钢中。

氮的危害包括：

(1) 钢材在室温长时间放置时，钢中氮不会以气态逸出，而是呈弥散的固态氮化物析出，结果引起金属晶格的扭曲并产生巨大的内应力，从而使钢的强度、硬度升高，而塑性、韧性下降，这种现象称为时效硬化。

(2) 氮还能以气体形式存在于钢中，使钢中产生气泡和疏松。

(3) 使钢发生第一类回火脆性。钢回火时呈蓝色，故这种脆性又称为"蓝脆"。

2.5.2.3 氢的影响

钢中氢主要来自于原材料中带入的水分（如废钢和生铁表面的铁锈，矿石、石灰、萤石中的化合水和吸附水等，不仅能增高炉气中水蒸气的分压，而且可以直接进入钢液）、炉气中水蒸气、冶炼和浇铸系统耐火材料中的水分。氢以间隙原子形式固溶于铁中，所以氢在固态钢中的溶解度很小，并随温度降低而降低。

氢的危害包括：

(1) 氢会使钢的塑性、韧性降低，易于脆断，引起"氢脆"。

(2) 使钢产生"白点"。所谓"白点"是指钢材试样纵向断面上圆形或椭圆形的银白色的斑点，直径一般波动在 0.3～30mm 之间，而在横向酸蚀面上呈辐射状的极细裂纹，即"白点"的实质是一种内裂纹。"白点"属于不允许缺陷，即产生白点的钢材应判为废品。

(3) 导致钢材"石板断口"。所谓"石板断口"是指钢材的断口有毛茬，似石板断裂状。石板断口是钢材经热加工后出现的缺陷，会使钢的冲击韧性和断面收缩率降低。

(4) 引起"氢腐蚀"。钢在高压氢作用下其晶界上会产生网络状的裂纹，严重时还可能出现鼓泡，这种现象称为"氢腐蚀"。

2.5.3 钢中合金元素的影响

为了改善钢的力学性能或获得某些特殊性能，在炼钢过程中有目的地加入的一些元素，称为合金元素。这种钢也称为合金钢。合金元素不在于其数量的多少，主要在于它的作用大小。锰含量 $w(Mn) > 0.80\%$、硅含量 $w(Si) > 0.50\%$ 才能称为合金元素，而硼含量 $w(B) = 0.005\% \sim 0.0035\%$ 时就称作合金元素。钢中常用合金元素有锰、硅、铬、镍、钼、钨、铜、钒、钛、锆、钴、铝、硼、稀土等。

2.5.3.1 合金元素在钢中的存在形式

在合金的相结构中有合金固溶体和金属化合物两大类型。因此，合金元素与钢中铁、碳两个基本组元作用，就会以合金渗碳体和合金碳化物形式存在。合金元素对 $Fe - Fe_3C$ 相图和钢的热处理都有影响。

2.5.3.2 常用合金元素对钢性能的影响

(1) 铬：铬是合金钢中最常用的合金元素之一，它对钢的性能影响主要包括：固溶强化，提高铁素体强度和硬度的同时还能提高钢的韧性，提高淬透性，改善淬火钢的回火组织和性能，提高硬度和耐磨性，提高耐腐蚀性。

（2）镍：镍在固溶强化、提高淬透性方面与铬具有相似的作用，而且还能增加钢的冲击韧性。

镍与铬配置成的铬镍钢，在常温下能抵抗化学腐蚀，在高温下有耐蚀及耐热能力，而且有一定强度和较高的冲击韧性。

（3）钒、钛、铌：钒、钛、铌是钢中常用的合金元素，它们对钢的性能影响主要包括：提高淬透性、回火稳定性，细化晶粒，提高强度和硬度。

（4）钨和钼：钨和钼大量应用于合金工具钢中。它们对钢的性能影响主要包括：提高回火稳定性和红硬性。

（5）硅和锰：锰和硅是有益元素，它们对钢的性能影响主要包括：固溶强化，部分溶于铁素体而显著提高其强度和硬度；提高淬透性；在电工钢中硅能增加磁导率；在不锈钢中作为辅加元素，提高热强度；锰还能减轻钢中硫的危害性等。

（6）铝：铝的主要作用包括：细化晶粒，固定钢中的氮，从而显著提高钢在常温时的冲击韧性，降低冷脆倾向和时效倾向性；可显著提高钢的抗腐蚀性能；加入量大时，有一定的固溶强化作用，但塑性、韧性下降。

（7）硼：硼能细化晶粒，并极大地提高钢的淬透性，只需微量（$w(B) < 0.005\%$）就能取得明显效果。例如 50B 钢。

（8）稀土元素：微量稀土元素可以细化晶粒，降低有害杂质的危害性，降低冷脆性。

（9）铜：铜在钢中会使钢产生网状裂纹，是有害元素，但与其他元素配合使用，有一定的防腐蚀作用。

（10）其他：铅、锡、砷、锑和铋等都会降低钢的性能，是有害的杂质元素，不能作为合金元素使用。

2.6 金属熔体

炼钢用的铁水和钢液都是金属熔体，炼钢过程也是在金属熔体中进行的，因此金属熔体的结构和性质会直接影响到炼钢反应的进行。

2.6.1 金属熔体的结构及物理性质

2.6.1.1 金属熔体的结构

金属能够以三种状态存在，即气态、液态和固态，纯铁和钢也不例外。在 101kPa 的常压下，纯铁的三态之间的转化情况如表 2 - 2 所示。

表 2 - 2 在 101kPa 的常压下，纯铁的三态之间的转化情况

温度/K	< 1053	1053	1183	1665	1811	3150
状态	α - Fe	β - Fe	γ - Fe	δ - Fe	液态	气态
结构	体心立方	体心立方	面心立方	体心立方	—	完全无序

由金属三态之间的变化可知，固态时金属原子的排列为远程有序，气态时则处于完全无序的状态。

在炼钢生产中，金属熔体的温度一般只比其熔点高出 100～150℃。根据对其某些物理化学性质的测定和结构的研究，过热度不高的金属熔体的结构与固态金属近似而远异于

其气态。

2.6.1.2 金属熔体的物理性质

金属熔体的物理性质有许多种，但与炼钢过程有关的主要是密度、熔点、黏度、表面张力、扩散系数和蒸汽压等。

A 密度

密度的定义是单位体积物质的质量，常以 ρ 表示，单位为 kg/m^3 或 t/m^3。有时还使用比容的概念，它是密度的倒数。

随着温度的增加，钢的比容增大，即密度值减小。随着碳含量的增加，钢的密度减小。

B 熔点

对于纯金属来说，其熔化或凝固过程是在一个固定的温度下进行的，这一固定温度称为熔点或凝固点。而作为合金的钢，其熔化或凝固过程是在一个温度范围内进行的，通常将其开始结晶或熔化结束时的温度定义为熔点。

C 黏度

钢液黏度是指液体移动时，各液层分子间发生的内摩擦力的大小。影响钢液黏度的因素一般认为有以下几个方面：

(1) 温度：一般认为随着钢液温度的升高，黏度降低即流动性增加。

(2) 成分：元素加入钢液中后影响了熔铁的结构，使原子间空间数增加或减少，同时也改变了原有铁原子间相互作用力，因而使黏度发生变化。

(3) 夹杂物：主要是受夹杂物熔点的影响，夹杂物熔点高或低，则钢液的黏度就相应地高或低。

D 表面张力

各种液体表面上都存在着一种力，力图使其表面收缩到最小，这种施加于表面上每单位长度上的力称为表面张力，用符号 σ 表示。表面张力的方向是与液面相切的，如果液面是平面，表面张力就在这个平面上，如果液面是曲面，表面张力就在曲面的切线上。

表面张力由物质本身的性质来决定，而且与表面所接触的物质有关，因为表面层分子与不同物质接触时，所受的吸引力不同，因而表面张力有差异。例如铁水当接触相为氮时，其表面张力比接触相为氩时大 20% 左右。

表面张力随温度变化。温度升高，一般是表面张力变小。表面张力还与液体的组成有关，例如钢水的表面张力随钢液的成分而异。

在炼钢过程中，钢液与其他物质（如炉衬、炉渣）接触时，接触面上产生的张力为界面张力，这种界面张力随着接触物的不同而改变，其大小取决于排列在相界面层的质点所受两相吸引力的差别，其作用力相差越大，则界面张力也就越大。

E 扩散系数

各元素在熔融铁合金中的扩散，通常被认为是与反应速度控制环节有关的重要物理性质，而且它也是阐明熔融铁合金结构的重要性质。

扩散系数可分为自扩散系数和互扩散系数。在纯物质中质点的迁移称为自扩散，这时得到的扩散系数称为自扩散系数。在溶液中各组元的质点进行相对的扩散，这时得到的扩散系数称为互扩散系数。通常所说的扩散系数，在未加特别的说明时均指互扩散系数。

影响扩散系数的因素有：介质的黏度、温度、质点的半径。

F　蒸汽压

影响物质蒸汽压大小的因素主要是温度和溶液成分，蒸汽压也是确定溶液中各组元活度的重要依据。

溶液中由于溶质分子与溶剂分子之间的相互作用在参加实际化学反应时，浓度可能出现偏差，出现的偏差可能是正偏差，也可能是负偏差，使用浓度应乘上一个校正系数，这个系数称为活度系数，此乘积称为有效浓度，也称为活度。

在炼钢温度（1550～1650℃）下，铁的蒸汽压并不大。但在氧气顶吹转炉中，一次反应区的温度高达2100～2300℃，会使钢液中部分铁和其他元素被蒸发成金属蒸气，从而造成金属损失。

2.6.2　元素在铁液中的溶解

铁液能溶解大量的金属元素和少量的非金属元素，炼钢温度下各元素在铁液中的溶解情况见表2-3。

表2-3　各元素在铁液中的溶解情况

完全溶于铁液中的金属元素	部分溶解的金属元素	实际不溶解的金属元素	部分溶解的非金属元素	炼钢温度下汽化的金属元素
Al、Cu、Si、Sb、Au、Sn、Be、Mn、Ti、Ce、Ni、V、Cr、Pb、Zr、Co、Pt	Mo、W	Bi、Pb、Ag	As、Se、B、O、C、S、H、N、P	Cu、Zn、Ca、Li、Mg、Hg、Na

晶格类型与铁的晶格越相似、原子半径与铁原子半径越相近、性质与铁原子越相似的元素，它们与铁原子的作用力同铁原子之间的作用力越相近，溶解时就越容易。

影响气体元素溶解度的因素包括温度、相变和成分。

2.7　炼钢化学反应的方向、速率

2.7.1　化学反应方向

在炼钢过程中自始至终进行着一系列的化学反应，在炼钢炉内的反应可近似地认为是在恒温、恒压下进行的。

（1）自发过程：所谓自发过程就是不需要借助外力的作用，过程能够自动进行。从实际经验可知，一切自动过程都具有一定的方向性，即过程只能自动地向某一方向进行，而不可能自动地向相反方向进行。

（2）可逆过程：是指一个过程进行以后，只要沿着原来过程的方向，用相同的手段可以使系统及环境都回到原来状态。此过程为可逆过程。

（3）反应过程的方向性判据：在恒温、恒压的条件下，当系统末态的自由能小于始态的自由能时，过程将自发进行；系统末态的自由能大于始态的自由能时，反应逆向进行；自由能达极小值时，过程达到限度，或者说系统达到平衡状态，这就是最小自由能原理。

炼钢反应可近似地认为是在恒温、恒压下进行的，可用 $(\Delta_r G_m)_{T,P} = 0$ 来表示反应达到平衡状态，此式称为平衡的热力学条件。

2.7.2　化学平衡

大多数的化学反应都具有可逆性，反应可以向某一方向进行，也可以向相反方向进行。在某一条件下，正方向反应速度和逆方向反应速度相等，反应物与产物的浓度长时间保持不变，当物质系统达到了这一状态时，即称为化学平衡。

实践表明平衡常数随温度而变化；反应物质的浓度（或分压）对平衡也有影响，但在一定温度和压力下，钢液中碳与氧的质量百分浓度之积是一个常数，而与反应物和生成物的浓度无关；当温度一定时，若反应中气体反应物及气体产物的摩尔数不等时，改变反应的总压，平衡移动的方向总是向着对抗外界条件改变的方向进行。

2.7.3　化学反应速率

化学反应速率是用单位时间内反应物或产物的浓度变化来表示的。

影响反应速率的因素很多，除参加反应的物质结构外，还有外界条件，例如温度、压力、浓度、辐射效应、催化剂、容器材料等。

一般来说，温度升高，反应速率加快。

在一定温度下，反应速率与反应物浓度的乘积成正比。

转炉炼钢原材料

炼钢用原材料可分为金属料、非金属料和气体。金属料包括铁水（或生铁块）、废钢和铁合金；非金属料包括造渣材料、氧化剂、冷却剂、增碳剂；气体包括氧气、氩气、氮气等。

国内外大量生产实践证明，贯彻精料方针是实现转炉炼钢过程自动化和提高各项技术经济指标的重要途径。合理的选用原材料应根据冶炼钢种、操作工艺及装备水平使之达到低的投入、高质量产出的原则。

3.1 金属料

3.1.1 铁水

转炉炼钢用铁水质量主要是指铁水的入炉温度和硅、锰、磷、硫等元素含量。

3.1.1.1 铁水温度

铁水一般占转炉装入量的 70%~100%。铁水的物理热与化学热是氧气顶吹转炉炼钢的基本热源。一般铁水物理热约占转炉热收入的 50%，我国炼钢规定入炉铁水温度应大于 1250℃，并且要相对稳定，以保证炉内热源充足和成渣迅速。对于小转炉和化学热量不富裕的铁水，保证铁水的高温入炉尤为重要。

3.1.1.2 铁水成分

铁水成分直接影响炉内的温度、化渣和钢水质量。因此，要求铁水成分符合技术要求，并力求稳定。

A 硅（Si）

硅是炼钢过程的重要发热元素之一，硅含量高，热来源增多，能够提高废钢比。有关资料认为，铁水中 $w(Si)$ 每增加 0.1%，废钢比可提高 1.3%~1.5%。

但在转炉炼钢过程中，硅几乎完全氧化，使铁水吹损加大，同时也使氧气消耗增加；在同样炉渣碱度条件下，硅含量高必然增大石灰耗量，使渣量增大，容易引起喷溅；铁水硅含量高将使渣中 SiO_2 含量增多，加剧对炉衬的侵蚀。因此，从经济上看，铁水硅含量高虽然可以提高废钢加入量，但其造成的消耗多和铁损大也是不可低估的。一般认为，铁水中硅含量以 0.40%~0.80% 为宜。

B 锰（Mn）

锰是弱发热元素，铁水中锰氧化后形成的 MnO 能有效地促进石灰溶解，减少炉衬侵蚀；终点钢中余锰高，能够减少合金用量，有利于提高金属收得率；锰在降低钢水硫含量和硫的危害方面起到有利作用。高炉冶炼含锰高的铁水时将使焦炭用量增加，生产率降低。因此，对铁水增锰的合理性还需要做详细的技术经济对比。

实践证明，铁水中$w(\text{Mn})/w(\text{Si})$的比值为0.8～1.0时对转炉的冶炼操作控制最为有利。当前使用较多的为低锰铁水，一般铁水中$w(\text{Mn})=0.20\%$～0.40%。

C 磷（P）

磷是强发热元素，根据磷含量的多少铁水可以分为低磷铁水（$w(\text{P})<0.30\%$）、中磷铁水（$w(\text{P})=0.30\%$～1.00%）和高磷铁水（$w(\text{P})>1.00\%$）。由于磷在高炉中是不可能去除的，因此要求进入转炉的铁水磷含量尽可能稳定。

铁水中磷含量越低，转炉工艺操作越简化，并有利于提高各项技术经济指标。吹炼低磷铁水，转炉可采用单渣操作，中磷铁水则需采用双渣或双渣留渣操作；而高磷铁水就要多次造渣，或采用喷吹石灰粉工艺。如使用$w(\text{P})>1.50\%$的铁水炼钢时，炉渣可以用作磷肥。

D 硫（S）

除了含硫易切钢（要求$w(\text{S})=0.08\%$～0.30%）以外，绝大多数钢中硫是有害元素。转炉中硫主要来自金属料和熔剂材料等，而其中铁水的硫是主要来源。在转炉内氧化性气氛中脱硫是有限的，脱硫率只有35%～50%。

3.1.1.3 铁水带渣量

高炉渣中含S、SiO_2和Al_2O_3量较高，过多的高炉渣进入炼钢炉内会导致炼钢渣量大，石灰消耗增加，容易造成喷溅，降低炉衬寿命。因此，兑入炼钢炉的铁水要求带渣量不得超过0.5%。

3.1.2 废钢

3.1.2.1 废钢的来源与分类

废钢的来源有厂内的返回废钢和外来废钢，也称购入废钢。

废钢按其用途分为熔炼用废钢和非熔炼用废钢。熔炼用废钢按其外形尺寸和单件重量分为5个型号，按其化学成分分为非合金废钢、低合金废钢和合金废钢。

转炉通过增加废钢比可以降低铁水消耗、减少白灰加入量、缩短吹炼时间、降低吹损、降低成本。废钢比指废钢所占转炉用料的比例。

3.1.2.2 废钢的要求

转炉炼钢对废钢要求包括：

（1）不同性质废钢应分类存放，以避免贵重合金元素损失或造成熔炼废品。

（2）废钢入炉前应仔细检查，严防混入封闭器皿、爆炸物和毒品；严防混入易残留于钢水中的某些元素，如铅、锌等有色金属（铅密度大，能够沉入砖缝危害炉底）。

（3）废钢应清洁干燥，尽量避免带入泥土沙石、耐火材料和炉渣等杂质。

（4）废钢应具有合适的外形尺寸和单重。废钢的长度应小于转炉口直径的1/2，块度一般不应超过300kg。国标要求废钢的长度不大于1000mm，最大单件重量不大于800kg。

3.1.3 生铁块

生铁块也叫冷铁，是铁锭、废铸件、罐底铁和出铁沟铁的总称，其成分与铁水相近，但没有显热。它的冷却效应比废钢低，同时还需要配加适量石灰渣料。有的厂家将废钢与生铁块搭配使用。

生铁是碳含量 $w(C) > 2.0\%$ 的另一种铁碳合金，炼钢生产中所用的生铁，其碳含量 $w(C) = 3.5\% \sim 4.4\%$ 之间。它的特点是无塑性，很脆，不能进行压力加工变形，熔点较低，液态时的流动性比钢好，易铸成各种铸件。

固态生铁标为铁块，表面大多有凹槽及肉眼可见砂眼。铁块有两大品种：一是灰口铁，也称为灰铸铁，因其断面呈暗灰色而得名，其硅含量较高，液态时流动性好，常用于生产铸件；二是白口铁，因其断面呈亮白色而得名，其硅含量较低，一般作为炼钢用生铁。

3.1.4　铁合金

3.1.4.1　铁合金的种类及要求

铁合金主要用于调整钢液成分和脱除钢中杂质，主要作炼钢的脱氧剂和合金元素添加剂。铁合金的种类可分为铁基合金、纯金属合金、复合合金、稀土合金、氧化物合金。

转炉常用的铁合金有：锰铁、硅铁、硅锰合金、硅钙合金、铝、铝铁、钙铝钡合金、硅铝钡合金等。

转炉炼钢对铁合金要求包括：

（1）使用块状铁合金时，块度应合适，以控制在 $10 \sim 40mm$ 为宜，这有利于减少烧损和保证钢的成分均匀。

（2）在保证钢质量的前提下，选用适当牌号铁合金，以降低钢的成本。

（3）铁合金使用前要经过烘烤（特别是对氢含量要求严格的钢），以减少带入钢中的气体。

（4）铁合金成分应符合技术标准规定，以避免炼钢操作失误。

3.1.4.2　铁合金的选用

（1）若炼优质钢需要在炉内沉淀脱氧时，可以选用锰铁、硅锰铁或铝铁。

（2）冶炼沸腾钢或者低硅钢种，几乎不用硅铁来进行脱氧。

（3）硅铁是常用的较强脱氧剂，按照铁合金加入顺序一般在加入锰铁后使用。

（4）铝在常用脱氧剂中脱氧能力最强，一般用于终脱氧。

（5）铝锰铁是一种复合脱氧剂，在炼钢中作为铝的一种代用品来使用。使用后对钢的质量有好处。

3.2　非金属料

3.2.1　造渣剂

3.2.1.1　石灰

石灰的主要成分是 CaO，它是炼钢生产中使用量最多的造渣材料，具有较强的脱磷、脱硫能力。转炉对造渣料石灰的要求有：

（1）氧化钙含量要高，二氧化硅含量要低。

（2）硫磷及其他杂质含量应低，残余 CO_2 少。

（3）生烧率要小，气孔率高。

（4）入炉块度应均匀适中。

（5）活性度要高。

石灰活性是指石灰与熔渣的反应能力，它是衡量石灰在渣中溶解速度的指标，用石灰的溶解速度来表示。石灰在高温炉渣中的溶解能力称为热活性。目前在实验中还没有条件测定其热活性。大量研究表明，用石灰与水的反应，即石灰的水活性可以近似地反映石灰在炉渣中的溶解速度，但这只是近似方法。

石灰通常由石灰石在竖窑或回砖窑内用煤、焦炭、油、煤气煅烧而成。

转炉炼钢通常采用软烧石灰而不用生烧石灰或硬烧石灰。

将煅烧温度过低或煅烧时间过短、含有较多未分解的 $CaCO_3$ 的石灰称为生烧石灰。

将煅烧温度过高或煅烧时间过长而获得的晶粒大、气孔率低和体积密度大的石灰称为硬烧石灰。

软烧石灰也称活性石灰，指在 1050～1150℃ 温度下，在回转窑或新型竖窑（套筒窑）内焙烧的石灰，即具有高反应能力的体积密度小、气孔率高、比表面积大、晶粒细小的优质石灰。

活性石灰的水活性度大于 310mL，体积密度小，约为 1.7～2.0g/cm³，气孔率高达 40% 以上，比表面积为 0.5～1.3cm²/g；晶粒细小，溶解速度快，反应能力强。使用活性石灰能减少石灰、萤石消耗量和转炉渣量，有利于提高脱硫、脱磷效果，减少转炉热损失和对炉衬的蚀损，在石灰表面也很难形成致密的硅酸二钙硬壳，有利于加速石灰的渣化。

3.2.1.2 萤石

萤石的主要成分是 CaF_2。萤石可以加速石灰的溶解，萤石的助熔作用是在很短的时间内能够改善炉渣的流动性，但过多的萤石用量，会产生严重的泡沫渣，导致喷溅，同时加剧炉衬的损坏，并污染环境。

近年来，各钢厂从环保角度考虑，使用多种萤石代用品，如铁锰矿石、氧化铁皮、转炉烟尘、铁矾土等。

3.2.1.3 白云石

白云石的主要成分为 $CaCO_3 \cdot MgCO_3$。经焙烧可成为轻烧白云石，其主要成分为 $CaO \cdot MgO$。

转炉炼钢用白云石作造渣料可提高渣中 MgO 的含量，减少炉渣对炉衬的侵蚀和炉衬的熔损；同时也可保持渣中 MgO 含量达到饱和或过饱和，使终渣达到溅渣操作要求。作为转炉造渣料使用的有生白云石和轻烧白云石（经过 900～1200℃ 焙烧），以轻烧白云石效果最好。

3.2.1.4 合成造渣剂

合成造渣剂是将石灰和熔剂预先在炉外制成的低熔点造渣材料，然后用于炉内造渣。即把炉内的石灰块造渣过程部分地甚至全部移到炉外进行。显然，这是一种提高成渣速度、改善冶炼效果的有效措施。

合成造渣剂的良好成渣效果，减轻了顶吹氧枪的化渣作用，从而有助于简化转炉吹炼操作。

3.2.1.5 菱镁矿

菱镁矿也是天然矿物，主要成分是 $MgCO_3$，焙烧后用作耐火材料，也是目前溅渣护炉的调渣剂。

3.2.1.6　锰矿石

加入锰矿石有助于化渣，也有利于保护炉衬，若是半钢冶炼更是必不可少的造渣材料。

3.2.2　冷却剂

为了准确命中转炉终点温度，根据热平衡计算可知，转炉炼钢过程中必须加入一定量的冷却剂。氧气顶吹转炉用冷却剂有废钢、生铁块、铁矿石、氧化铁皮、石灰石和生白云石等，其中主要为废钢和铁矿石。

3.2.2.1　废钢

废钢的冷却效应稳定，加入转炉产生的渣量少，不易喷溅，但加入转炉占用冶炼时间，冶炼过程调节不便。

在一定条件下，加入 1kg 冷却剂所消耗的热量就是该冷却剂的冷却效应。如果规定废钢的冷却效应值为 1.0，则其他冷却剂冷却效应与废钢冷却效应的比值即为冷却效应换算值。

3.2.2.2　铁矿石和氧化铁皮

作为冷却剂的铁矿石常用的是天然富矿和球团矿，主要成分是 Fe_2O_3 和 Fe_3O_4。铁矿石在熔化后铁被还原，过程吸收热量，因而能起到调节熔池温度的作用。但铁矿带入脉石，增加石灰消耗和渣量，同时一次加入量不能过多，否则会产生喷溅。铁矿石还能起到氧化作用。

铁矿石与球团矿的冷却效应高，加入时不占用冶炼时间，调节方便，还可以降低钢铁料消耗。

氧化铁皮是来自轧钢车间的副产品，使用前需烘烤干燥，去除油污。氧化铁皮细小体轻，因而容易浮在渣中，增加渣中氧化铁的含量，有利于化渣，因此氧化铁皮不仅能起到冷却剂的作用，而且能起到助熔剂的作用。

3.2.2.3　其他冷却剂

石灰石、生白云石也可作冷却剂使用，其分解熔化均能吸收热量，同时还具有脱磷、脱硫的能力。当废钢与铁矿石供应不足时，可用少量的石灰石和生白云石作为补充冷却剂。

3.2.3　增碳剂

常用的增碳剂有增碳生铁、沥青焦粉、电极粉、石油焦粉、焦炭粉和木炭粉。转炉炼钢需要增碳量大时，可选用作为增碳剂的有沥青焦粉、电极粉、焦炭粉。

增碳剂质量主要是指其固定碳、硫、水分含量以及粒度等。

（1）固定碳含量要高且稳定，$w(C) \geqslant 96\%$；

（2）增碳剂的硫含量要低，$w(S) \leqslant 0.5\%$；

（3）增碳剂中的水分要低，水分不大于 0.5%；

（4）增碳剂的块度要适宜，一般粒度为 1~5mm。

3.2.4 保温剂

转炉炼钢用保温剂的作用包括:

(1) 保温;

(2) 防止大气对钢水的二次氧化;

(3) 吸附钢水中上浮的夹杂物;

(4) 不与钢水反应,避免污染钢水等。

保温剂的种类包括酸性类、中性类、碱性类和微碳碱性类等。

3.3 常用气体

炼钢专业所用气体大多是无色的,仅从外色难以鉴别,一般在输气管外涂以不同的颜色以示区别。涂色标识如表3-1所示。

表3-1 输气管涂色标识

气体	蒸汽	氧气	氮气	煤气	氩气	乙炔	压缩空气
标识	红	天蓝	黄	黑	专用管道	白	深蓝

(1) 蒸汽:炼钢厂所用的蒸汽一般是由汽化冷却烟道、活动烟罩里产生的。蒸汽要有一定压力才能保证正常输送,一般在0.6MPa以上。

(2) 氧气:氧气是炼钢的主要氧化剂,要求纯度在99.8%以上,压力要稳定在0.6~1.4MPa之间。

(3) 氮气:氮气主要用来封闭其他气体(压力不小于0.1MPa,纯度不小于98%),以防外溢和进行溅渣护炉。

(4) 煤气:煤气是炼钢的一种副产品,也是一种极有利用价值的二次能源。必须十分注意煤气是一种无色无味、有毒易爆的气体,使用中要特别注意安全。

(5) 氩气:氩气主要用来钢包吹氩、保护浇铸、复吹转炉底吹气体。

(6) 乙炔:也称电石气,分子式为C_2H_2,无色、易燃,有一种特有气味。用来照明、焊接及切割金属等。

(7) 压缩空气:压缩空气常用来开启气动阀门,也可用来清除浇铸平台和炼钢平台上的垃圾。使用压力在0.4MPa左右。

3.4 铁水预处理

铁水预处理是指铁水兑入炼钢炉之前,为脱硫或脱硅、脱磷而进行的处理过程。铁水进行三脱可以改善炼钢主原料的状况,实现少渣或无渣操作,简化炼钢操作工艺,以经济有效地生产低磷、硫优质钢。

3.4.1 铁水预脱硫

铁水炉外脱硫是一种非常经济、高效的脱硫方法,在工业生产中广泛采用。国外先进钢铁厂一般均采用全量铁水脱硫预处理。

铁水中含有较高的C、Si、P等元素,提高了铁水中硫的活度系数,加之铁水中氧含量低等原因，铁水脱硫效率要比钢水脱硫效率高 4~6 倍。

3.4.1.1 脱硫剂

选择脱硫剂主要根据脱硫能力、成本、资源、环境保护、对耐火材料的侵蚀程度、形成硫化物的性状、对操作影响以及安全等因素综合考虑而确定。脱硫剂主要有以下几种：电石粉（CaC_2）、石灰粉（CaO）、石灰石粉（$CaCO_3$）、金属镁（Mg）和镁基粉剂（Mg/CaO、Mg/CaC_2）、苏打粉（Na_2CO_3）。

脱硫剂效率 K_s 就是单位脱硫剂的脱硫量，即

$$K_s = \frac{\Delta w(S)}{W} = \frac{w(S)_{前} - w(S)_{后}}{W}$$

脱硫剂的反应效率用脱硫剂的理论消耗量（$Q_{理}$）和实际消耗量（$Q_{实}$）的比值表示，即

$$\eta_{脱硫剂} = \frac{Q_{理}}{Q_{实}} \times 100\%$$

脱硫率指脱硫前后硫含量之差与处理前铁水原始硫含量之比，即

$$\eta_s = \frac{w(S)_{前} - w(S)_{后}}{w(S)_{前}} \times 100\%$$

A 钙基脱硫剂

a 石灰粉（CaO）

石灰粉脱硫有如下特点：

（1）在用 CaO 对含硅铁水进行脱硫时会生成 $2CaO \cdot SiO_2$，它能在石灰表面上形成很薄又很致密的 $2CaO \cdot SiO_2$ 膜层，阻碍脱硫反应进行，因而降低了 CaO 的脱硫效率和脱硫速度。

（2）脱硫渣为固体渣，对耐火材料侵蚀较轻微，扒渣方便，但是渣量较大。

（3）石灰粉在罐体内的流动性较差，容易堵料，同时石灰极易吸水潮解。

（4）喷入的石灰粉粒表面可能会生成致密的硅酸钙（$2CaO \cdot SiO_2$），在脱硫反应中阻碍了硫向石灰粉粒中的扩散，所以脱硫效率较低，只有电石粉的 1/3~1/4。

（5）石灰粉价格便宜。

b 电石粉（CaC_2）

CaC_2 和 CaO 一样，吸收铁水中的硫后生成 CaS 的渣壳，脱硫过程被阻滞。为此，在电石中混入一定量的石灰石粉（$CaCO_3$），其商业名称叫 CaD。加入 $CaCO_3$ 的目的是让其分解产生 CO_2，防止 CaC_2 烧结。

电石粉（CaC_2）的脱硫特点是：

（1）在高硫铁水中，CaC_2 有很强的脱硫能力，脱硫反应又是放热反应，可减少脱硫过程铁水的温降。

（2）脱硫产物 CaS 的熔点很高，为 2450℃，在铁水液面形成疏松固体渣，不易回硫，易于扒渣，同时对混铁车或铁水包内衬侵蚀较轻。

（3）脱硫过程有石墨碳析出，同时还有少量的 CO 和 C_2H_2 气体逸出，并带出电石粉，因而污染环境，必须安装除尘装置。

（4）电石粉极易吸潮，在大气中与水分接触时，产生 C_2H_2（乙炔）气体，易形成爆炸气氛，应采取安全措施，因此运输和贮存时应密封防潮，在开始喷吹前再与其他脱硫剂

混合。

（5）生产电石粉耗能高，价格昂贵。

c 石灰石粉（$CaCO_3$）

石灰石粉脱硫有如下特点：

（1）石灰石粉受热分解出 CO_2 气体加强了对铁水的搅拌作用，喷吹中 CO_2 气泡破碎了铁水中悬浮着粉粒脱硫剂的气泡，增加了脱硫剂和铁水接触的机会，提高了脱硫能力。因此也把石灰石粉称为"脱硫促进剂"。

（2）石灰石粉吹入铁水，其分解是吸热反应，分解出来的 CO_2 气体如过于集中将使铁水产生喷溅。

（3）资源丰富，价格低廉。

B 镁基脱硫剂

a 金属镁（Mg）

镁脱硫的特点是：

（1）优点是镁和硫的亲和力极强，脱硫反应主要是在铁水中的均相反应，对低温铁水来说，镁是最强的脱硫剂之一；用量少，对铁水带有高炉渣不敏感，因渣和脱硫反应无关，生成的渣量少，所以铁损少，而且脱硫渣没有环境问题；镁用量少，脱硫处理用的设备投资低，脱硫过程对铁水化学成分基本无影响。

（2）缺点是由于铁水中会有残留镁，造成部分镁损失；在高温下由于镁的蒸气压太高，难以控制，有时使镁的脱硫效率降低；用镁进行脱硫处理时，必须用深的铁水包，以利于保证插枪深度；另外要避免镁遇湿产生危险。

b Mg/CaO 复合脱硫剂

在金属镁粉中配加一定量的石灰粉，可提高镁的利用率，缩小镁气泡的直径，减缓气泡的上浮速度。石灰粉能起到一定的脱硫作用，同时也起到镁粉的分散剂作用，避免大量的镁瞬间气化造成喷溅。加入的石灰粉还可以成为大量气泡的形成中心，从而减小镁气泡的直径，降低镁气泡上浮速度，加快镁向铁水中的溶解，提高了镁的利用率。

c Mg/CaC_2 复合脱硫剂

由于 Mg/CaC_2 复合脱硫体系与 Mg/CaO 复合脱硫体系的脱氧、脱硫平衡反应是相同的，因此对脱氧、脱硫能力而言，喷吹这两种复合脱硫剂效果是一样的。但是，由于 CaC_2 比 CaO 昂贵且不安全，因此从脱硫成本及储运、使用的安全性方面考虑，使用 Mg/CaO 复合脱硫剂更安全、成本更低。

3.4.1.2 脱硫能力比较

比较各种脱硫剂脱硫能力的大小，其顺序为：Mg/CaO（Mg/CaC_2）、CaC_2、Mg、CaO，并且都能满足工业应用中的脱硫要求。实际生产中，受脱硫剂气化损失以及动力学方面因素的影响，其脱硫能力要低于理论值。另外，Na_2CO_3 也具有很强的脱硫能力，很早以前曾用它作脱硫剂，但由于价格贵，污染又严重，未能坚持下来。目前，Mg/CaO 或 Mg/CaC_2、CaC_2、Mg 被广泛应用于铁水脱硫，尤其是近年来，金属 Mg 脱硫在铁水预处理中所占的比例越来越大，已经成为铁水预处理脱硫的主流方法。

3.4.1.3 脱硫方法

目前已经开发的铁水预脱硫方法很多，包括摇包法、搅拌法、喷射法、气体提升法、镁脱硫法等。其中机械搅拌法（KR法）和喷射法是铁水脱硫预处理工艺中最基本的两种方法。

（1）机械搅拌法：在十字形的大型搅拌器的激烈搅拌作用下，铁水和脱硫剂紧密混合。此法金属损失很小，因为是在铁水熔池深部进行搅拌，金属喷溅较少。

（2）喷射法：喷射法是将脱硫剂用载气（N_2或惰性气体）经喷枪吹入铁水深部，使粉剂与铁水充分接触，在上浮过程中将硫去除。可以在混铁车或铁水包内处理。喷枪垂直插入铁水液中，由于铁水的搅动，脱硫效果好。

3.4.2　铁水预脱磷

铁水预脱磷与炉内脱磷的原理相同，即在低温、高氧化性、高碱度熔渣条件下脱磷。与钢水相比，铁水预脱磷具有低温、经济合理的优势。铁水预脱磷已经成为改善和稳定转炉冶炼工艺操作、降低消耗和成本的重要技术手段。

3.4.2.1　脱磷剂

目前广泛使用的脱磷材料主要是苏打系和石灰系脱磷剂。

A　苏打系脱磷剂

苏打粉的主要成分是Na_2CO_3，是最早用于脱磷的材料。苏打粉脱磷的特点如下：

（1）苏打粉脱磷的同时还可以脱硫。

（2）铁水中锰几乎没有损失，金属损失少。

（3）可以回收铁水中 V、Ti 等贵重金属元素。

（4）处理过程中苏打粉挥发，钠的损失严重，污染环境，产物对耐火材料有侵蚀。

（5）处理过程中铁水温度损失较大。

（6）苏打粉价格较贵。

B　石灰系脱磷剂

石灰系脱磷材料主要成分是 CaO，配入一定比例的氧化铁皮或烧结矿粉和适量的萤石。研究表明，这些材料的粒度较细，吹入铁水后，由于铁水内各部氧位的差别，能够同时脱磷和脱硫。

使用石灰系脱磷剂既能达到脱磷效果，价格又便宜，成本低。

无论是用苏打系还是石灰系材料脱磷，铁水中硅含量低对脱磷有利。为此在使用苏打系处理铁水脱磷时，要求铁水中 $w[Si] < 0.10\%$；而使用石灰系脱磷剂时，铁水中 $w[Si] < 0.15\%$ 为宜。

3.4.2.2　脱磷方法

（1）机械搅拌法：把配制好的脱磷剂加入到铁水包中，然后利用装有叶片的机械搅拌器使铁水搅拌混匀，也可在铁水中同时吹入氧气。

（2）喷吹法：喷吹法是目前应用最多的方法，它是把脱磷剂用载气喷吹到铁水包中，使脱磷剂与铁水混合、反应，达到高效率。

3.4.3　铁水预脱硅

3.4.3.1　铁水预脱硅的作用

（1）减少转炉石灰用量，减少渣量和铁损。在铁水中磷含量为 0.11% 和硫含量为

0.025%的条件下，铁水中硅含量从0.6%下降到0.15%时，炼钢石灰消耗量可以从42kg/t减少到18kg/t，渣量从110kg/t减少到42kg/t，而且吹炼平稳没有喷溅，金属收得率提高0.5%~0.7%。

（2）减少脱磷剂用量，提高脱磷、脱硫效率。由于铁水中硅的氧势比磷的氧势低得多，当脱磷过程加入氧化剂后，硅与氧的结合能力远远大于磷与氧的结合能力，所以硅比磷优先氧化。因此在铁水中硅含量较高时，将有一部分脱磷剂用于硅的氧化而使脱磷反应滞后，脱磷剂用量增加。因此，铁水炉外脱磷时必须进行脱硅处理，使铁水中硅含量尽可能低。通常，用苏打脱磷时，容易形成低熔点的渣，铁水中硅含量最好低于0.1%；对于用石灰熔剂脱磷，为促进石灰溶解和增加渣的流动性，铁水中硅含量以控制在0.1%~0.15%为宜。

3.4.3.2 脱硅剂

脱硅剂均为氧化剂，主要有轧钢皮、高碱度烧结矿粉、烧结粉尘、铁矿石粉、铁锰矿、氧气等。有的要加入一定量的熔剂（石灰、萤石），用于改进脱硅渣性能，提高流动性，减少泡沫渣。目前使用的材料是以轧钢皮和烧结矿粉为主的脱硅剂，轧钢皮脱硅率比烧结返矿高。

3.4.3.3 铁水预脱硅方法

A 出铁场脱硅

（1）自然投入法：脱硅剂以皮带机或溜槽自然落下加入铁水沟，随铁水流入铁水罐进行反应。有的铁水沟有落差，脱硅剂高点加入，过落差点后一段反应距离设置撇渣器，将脱硅渣分离。落差脱硅，锰含量有相应下降。

（2）顶喷法：脱硅剂以喷吹方式进行，一种为插入铁水的喷枪，喷枪附近的铁水沟改为圆形反应坑；另一种为喷枪在铁水面上以高速气粉流向铁水投射，有的投射点在铁水沟，该处改造为较宽较深的反应室。

脱硅效果按自然投入法、喷吹法递增。需要指出的是，为了处理后能有稳定而低的硅含量，最好采用铁液内喷吹法，采用自然投入法要使硅含量降低到0.1%以下比较困难。

B 铁水罐或混铁车脱硅

这种方法的优点是脱硅反应氧的利用率高，工作条件较好，并可克服高炉出铁时铁水中硅含量的波动，处理后铁水硅含量稳定；缺点是脱硅处理要占用一定的时间和温度降低较多。这种脱硅在专门的预处理站进行，采用插入铁水的喷枪脱硅；可另加氧枪面吹，防止温度下降。

C "两段式"脱硅法

"两段式"脱硅法为前两种方法的结合，先在铁水沟内加脱硅剂脱硅，之后在铁水罐或混铁车中喷吹脱硅。使用两段脱硅操作可使硅含量降到0.15%以下。

若铁水中硅含量低于0.40%，可采用高炉炉前脱硅；若硅含量大于0.40%，则所需脱硅剂用量大，泡沫渣严重，适宜采用喷吹法或"两段式"脱硅法。若铁水需预处理脱磷脱硫，需先在铁水罐中脱硅，将硅含量降至0.10%~0.15%以下。

4

转炉炼钢原理

4.1 气体射流与熔池的相互作用

4.1.1 顶吹氧射流与熔池的相互作用

在顶吹氧气转炉中，高压氧流从喷孔流出后，经过高温炉气以很高的速度冲击金属熔池。超音速氧流的动能与音速的平方成正比，具有很高的动能。当氧流与熔池相互作用时产生以下结果：

（1）形成冲击区。氧流对熔池液面有很高的冲击能量，在金属液面形成一个凹坑，即具有一定冲击深度和冲击面积的冲击区。

（2）形成三相乳化液。氧流与冲击炉液面相互破碎并乳化，形成气、渣、金三相乳化液。

（3）部分氧流形成反射流股。

使用单孔喷枪、多孔喷枪时，熔池运动情况如图4-1及图4-2所示。

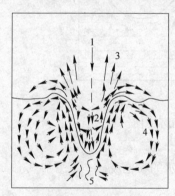

图4-1　使用单孔喷枪时熔池运动情况　　　　图4-2　使用多孔喷枪时熔池运动情况
1—氧射流；2—氧流流股；3—喷溅；　　　　1—氧射流；2—氧流流股；3—喷溅；
4—钢水的运动；5—停滞区　　　　　　　　4—钢水的运动；5—停滞区

4.1.1.1 氧气射流冲击下的熔池凹坑

（1）冲击深度：凹坑的最低点到熔池表面的距离称之为冲击深度。冲击深度 h 取决于氧射流冲击液面时的速度和密度。

（2）冲击面积：氧气流股与平静金属液面接触时的流股截面积。随着炉气温度的增加，凹坑表面积和冲击深度都有所增加。

（3）冲击区的温度：氧气射流作用下的金属熔池冲击区是熔池中温度最高区，其温度可达2200～2600℃，界面处的温度梯度高达200℃/mm。冲击区的温度决定于氧化反应放出热量的多少以及因熔池搅动而引起的传热速度。

4.1.1.2 熔池的运动形式

（1）枪位：氧枪枪位通常定义为氧枪喷头到平静钢液面的距离。

（2）硬吹：硬吹就是指对熔池的冲击深度较深，冲击面积较小，搅拌作用及对金属液的击碎较强。在这种情况下，射流卷吸周围的液体，并把它破碎成小液滴，随后这些小液滴又被氧射流带动向下运动，整个熔池处于强烈的搅拌状况，如图4-3a所示。

（3）软吹：采用高枪位或低氧压的吹氧操作称为软吹。在这种情况下，反射流股以摩擦作用引起液体运动，熔池中靠近凹坑的液体向上运动，远离凹坑的液体向下运动，熔池搅拌不强烈，如图4-3b所示。

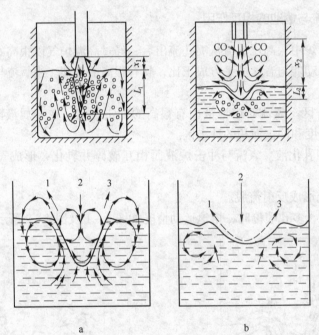

图4-3 氧气流股与熔池作用示意图
a—硬吹；b—软吹
1，3—反射流股；2—向下的主流股

4.1.1.3 氧射流对熔池的传氧

A 直接传氧

直接传氧指吹入熔池的氧气被钢液直接吸收的传氧方式。硬吹时，转炉内的传氧方式主要是直接传氧。其传氧的途径有以下两个：

（1）通过金属液滴直接传氧。硬吹时，氧气射流强烈冲击熔池而溅起来的那些金属液滴被气相中的氧气氧化，其表面形成一层富氧的FeO渣膜。这种带有FeO渣膜的金属滴很快落入熔池，并随其中的钢液一起进行环流而成为氧的主要传递者。

（2）通过乳浊液直接传氧。高压氧气射流自上而下吹入熔池，将熔池冲出一凹坑的同时，射流的末端也被碎裂成许多小气泡。这些小氧气泡与被氧气射流击碎的金属液和熔渣一起形成了三相乳浊液，其中的金属液滴可将小气泡中的氧直接吸收。

B 间接传氧

间接传氧指吹入炉内的氧气经熔渣传入钢液的传氧方式。软吹时，熔渣先被氧气射流氧化，继而再将氧传给钢液。渣中的FeO含量较高而化渣能力较强，但由于氧气射流的直接传氧作用大为减弱，杂质元素的氧化速度较慢。

4.1.1.4 氧枪

氧枪又称喷枪或吹氧管，是转炉吹氧设备中的关键部件，它由喷头（枪头）、枪身（枪体）和枪尾所组成，其结构如图4-4所示。

枪身是三根同心管，内层管通氧气，上端用压紧密封装置牢固地装在枪尾，下端焊接在喷头上。外层管牢固地固定在枪尾和枪头之间。为了保证中层管下端的水缝，其下端面在圆周上均布着三个凸爪，借此将中层管支撑在枪头内腔底面上。同时为了使三层管同心，以保证进、出水的环状通路在圆周上均匀，还在中层管和内层管的外壁上焊有均布的三个定位块。

A 氧枪喷头的选择要求

（1）应获得超音速流股，有利于氧气利用率的提高。

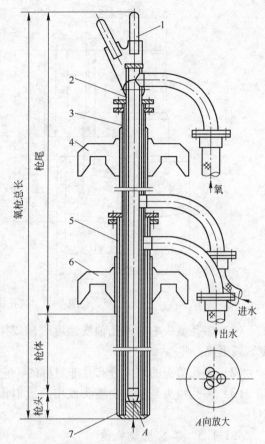

图4-4 氧枪结构示意图
1—吊环；2—内层管；3—中层管；4—上卡板；
5—外层管；6—下卡板；7—喷头

（2）合理的冲击面积，使熔池液面化渣快，对炉衬冲刷少。

（3）有利于提高炉内的热效率。

（4）便于加工制造，有一定的使用寿命。

B 喷头类型

喷头按喷孔形状可分为拉瓦尔型、直筒型、螺旋型等，常用拉瓦尔型。拉瓦尔型喷头分为单孔喷头和多孔喷头。

拉瓦型喷头是收缩-扩张型喷孔，出口氧压与进口氧压之比小于0.528，形成超音速射流。气体在喉口处速度等于音速，在出口处达到超音速。对超声速射流，人们习惯于用射流的马赫数（Ma）来表示其速度。马赫数Ma即喷头出口速度v与当地声速a之比。

三孔拉瓦尔型喷头的结构如图4-5所示。它由收缩段、缩颈（喉口）和扩张段构成，缩颈处于收缩段和扩张段的交界处，此处的截面积最小，通常把缩颈的直径称为临界直径，把该处的面积称为临界断面积。喷孔几何中心线与喷头轴线之间的夹角称为喷孔夹角。

多孔喷头氧枪具有射流冲击面积大、化渣快的特点。

多孔喷头的射流状态特点包括：

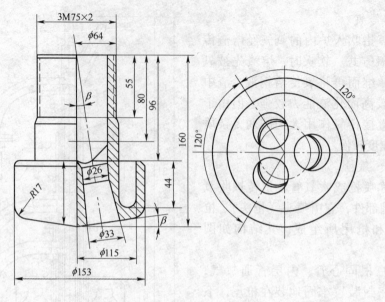

图 4-5　三孔拉瓦尔型喷头

（1）多孔喷头中的单孔轴线速度衰减规律与单孔喷头的衰减规律是相似的，只是速度衰减更快一些。

（2）多孔喷头的速度分布是非对称的，它受喷孔布置的影响。

（3）多孔喷头是从一个喷头流出几股射流，而每一股射流都要从其周围的空间吸入空气。

4.1.1.5　二次燃烧氧枪

二次燃烧氧枪有单流道与双流道之分。使用二次燃烧氧枪也是热补偿技术的一种。通过供氧，熔池排出的 CO 气体部分燃烧，补充炉内热量即为二次燃烧。双流道氧枪如图 4-6 所示。

双流道二次燃烧氧枪的氧气通过主氧流道与副氧流道分别供给熔池。枪身为四层同心圆套管，中心管为主氧流道，氧气供给拉瓦尔喷头；与中心管相邻的管为副氧流道。

双流道氧枪的喷头分主氧流道和副氧流道。主氧流道向熔池所供氧气用于钢液的冶金化学反应，与传统的氧气喷头作用相同。副氧流道所供氧气，用于炉气的二次燃烧，所产生的热量不仅有助于快速化渣，还可加大废钢入炉的比例。双流道氧枪是一种节能设备。

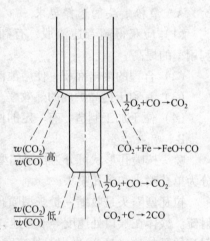

图 4-6　顶端式双流道氧枪

4.1.2　底吹气体对熔池的作用

4.1.2.1　浸没式射流的行为特征

从底部喷入炉内的气体，一般属亚音速。气体喷入熔池的液相内，除在喷孔处可能存在一段连续流股外，喷入的气体将形成大小不一的气泡，气泡在上浮过程中将发生分裂、聚集等情况而改变气泡体积和数量。特克多根描述了垂直浸没射流的特征，提出图4-7所示的定性图案。他认为：在喷孔上方较低的区域内，由于气流对液滴的分裂作用和不稳定的气-液表面对液体的剪切作用，气流带入的绝大多数动能都消耗掉了。射流中的液滴沿流动方向逐渐聚集，直至形成液体中的气泡区。

肖泽强等人在底吹小流量气体的情况下描述了底吹气体的流股特征，如图4-8所示。他认为：气流进入熔池后立即形成气泡群而上浮，在上浮过程中造成湍流扰动，全部气泡的浮力都驱动金属液向上运动，同时也抽引周围液体。液体的运动主要依靠气泡群的浮力，而喷吹的动能几乎可以忽略不计。

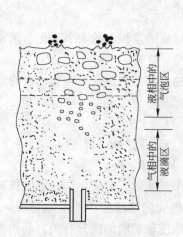

图4-7 浸没射流碎裂特征

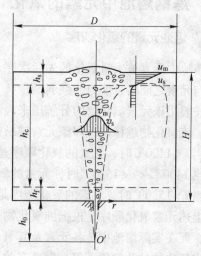

图4-8 气体喷吹搅拌时的流股特征

4.1.2.2 气泡对喷孔的影响

喷入熔池内的气体分散形成气泡时，残余气袋在距喷孔二倍于其直径的距离处，受到液体的挤压而断裂，气相内回流压向喷孔端面。这种现象称为气泡对喷孔的后坐，图4-9为这种现象的示意图。

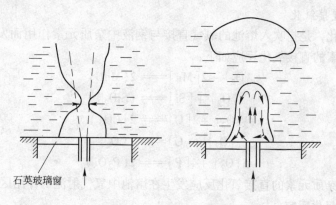

图4-9 气泡后坐示意图

油田隆果研究测定出气泡后坐力可达1MPa。李远洲经测定和分析认为，这样大的反推力包括气体射流的反作用力和后坐力两部分，实际后坐力只有0.010～0.024MPa，但后坐的氧化性气体对炉衬仍有很大的破坏作用。目前的研究认为，采用缝隙型和多金属管型底吹供气元件能有效地消除后坐现象。

4.1.3 复合吹炼供气对熔池的搅拌

在转炉复吹供气时，能有效地把熔池搅拌和炉渣氧化性统一起来。顶吹氧枪承担向熔池供氧的任务，而底吹气体则发挥搅拌熔池的功能。在转炉复合吹炼过程中，熔池的搅拌能由顶吹和底吹气体共同提供。

4.2 炼钢熔池中元素的氧化

4.2.1 熔池元素的氧化次序

熔池中元素被大量氧化的先后次序，取决于它们与氧的亲和力的大小。化学亲和力指元素与元素之间结合能力的强弱。

一般用该元素氧化物的分解压来表示该元素与氧的亲和力的强弱。纯氧化物的分解压越小，该氧化物越稳定，即该元素越易被氧化。

当 $t < 1400\text{℃}$ 时，元素的氧化顺序是：Si、V、Mn、C、P、Fe。

当 $1400\text{℃} < t < 1530\text{℃}$ 时，元素的氧化顺序是：Si、C、V、Mn、P、Fe。

当 $t > 1530\text{℃}$ 时，元素的氧化顺序是：C、Si、V、Mn、P、Fe。

上述元素氧化顺序是根据纯氧化物分解压的大小来判断的。纯氧化物分解压仅与温度有关，而在实际熔池中，各元素及其氧化物是处于多组元的溶液中，不是纯物质。因此，溶液中氧化物的分解压不仅与温度有关，还与元素的浓度和炉渣的成分有关。利用纯氧化物分解压的大小，只能定性地说明各元素与氧结合能力的大小及其随温度变化的趋势，而在炼钢的实际过程中，情况要复杂得多。可利用改变温度、浓度、分压、造渣剂等因素来创造条件，促使反应按所需要的方向进行，实现选择性氧化或还原的目的。

4.2.2 杂质元素的氧化方式

4.2.2.1 直接氧化

所谓直接氧化，是指吹入熔池的氧气直接与钢液中杂质元素作用而发生的氧化反应。钢中常见杂质元素的直接氧化反应如下：

$$\{O_2\} + 2[Mn] = 2(MnO)$$
$$\{O_2\} + [Si] = (SiO_2)$$
$$\{O_2\} + 2[C] = 2\{CO\}$$
$$\{O_2\} + [C] = \{CO_2\}$$
$$5\{O_2\} + 4[P] = 2(P_2O_5)$$

研究发现，杂质元素的直接氧化反应发生在熔池中氧气射流的作用区。当然，此处同时也会发生铁的氧化反应：

$$\{O_2\} + 2[Fe] = 2(FeO)$$

4.2.2.2 间接氧化

所谓间接氧化，是指吹入熔池的氧气先将钢液中的铁元素氧化成氧化亚铁（FeO），并按分配定律部分地扩散进入钢液，然后溶解到钢液中的氧再与其中的杂质元素作用而发生的氧化反应。

杂质元素的间接氧化反应发生在熔池中氧气射流作用区以外的其他区域，其反应过程如下：

（1）在氧气射流的作用区铁被氧化：

$$2[Fe] + \{O_2\} = 2(FeO)$$

（2）渣中的氧化亚铁扩散进入钢液：

$$(FeO) = [O] + [Fe]$$

（3）溶入钢液的氧与杂质元素发生反应：

$$[O] + [Mn] = (MnO)$$
$$2[O] + [Si] = (SiO_2)$$
$$5[O] + 2[P] = (P_2O_5)$$
$$2[O] + [C] = \{CO_2\}$$
$$[O] + [C] = \{CO\}$$

另外，在熔池内钢液与熔渣两相的界面上，渣相的（FeO）也可以将钢液中的杂质元素氧化。例如，钢液中锰 [Mn] 的氧化反应为：

$$(FeO) + [Mn] = (MnO) + [Fe]$$

实际上，上式也属于间接氧化反应，因为它不是气态的氧与钢液中的杂质元素直接作用，而是以产生氧化亚铁为先决条件，具有间接氧化的典型特征。因此，有人提出了间接氧化的广义概念：间接氧化是指钢中的 [O] 或渣中的（FeO）与钢液中的杂质元素间发生的氧化反应。

关于杂质元素的主要氧化方式问题，一直存在着较大的分歧。不过，目前大多数的研究者认为，炼钢熔池内的杂质元素以间接氧化为主，即使在直接氧化条件十分优越的氧气转炉炼钢中也是如此。

4.3 硅和锰的氧化与还原

4.3.1 硅的氧化与还原

在所有的杂质元素中，硅和氧的亲和力最大。硅的氧化产物 SiO_2 只溶于炉渣而不溶于钢液。

在炼钢过程中，硅的氧化主要是间接氧化。有关热力学数据如下：

$$[Si] + 2(FeO) = (SiO_2) + 2[Fe] \quad \Delta G^\ominus = -351.7l + 0.128T(kJ/mol) \quad (4-1)$$

直接向熔池吹氧时，硅还会被氧气直接氧化一部分。有关热力学数据如下：

$$[Si] + \{O_2\} = (SiO_2) \quad \Delta G^\ominus = -827.13 + 0.228T(kJ/mol) \quad (4-2)$$

由式（4-1）和式（4-2）可见，无论硅的直接氧化还是间接氧化，均为强放热反应，故硅的氧化是在冶炼初期的低温下进行的。

至于硅的氧化程度，则要看生成的 SiO_2 在渣中的存在状态。

冶炼初期，渣中存在较多的 FeO 时，硅氧化生成的 SiO_2 先按下式与之结合：

$$2(FeO) + (SiO_2) = (2FeO \cdot SiO_2) \quad (4-3)$$

在碱性操作中，随着石灰的熔化，$2FeO \cdot SiO_2$ 中的 FeO 逐渐被 CaO 所置换：

$$(2FeO \cdot SiO_2) + 2(CaO) = (2CaO \cdot SiO_2) + 2(FeO) \quad (4-4)$$

生成的 $2CaO \cdot SiO_2$ 在炼钢温度下十分稳定。所以温度低有利于硅的氧化；炉渣氧化能力越强，越有利于硅的氧化。在碱性操作中，金属中的硅在冶炼前期便基本全部氧化，而且冶炼后期温度升高后也不会发生 SiO_2 的还原反应。

4.3.2 锰的氧化与还原

锰与氧的亲和力不如硅与氧的亲和力大。锰的氧化产物 MnO 是只溶于炉渣的弱碱性氧化物。

在炼钢过程中，锰的氧化主要是间接氧化。有关热力学数据如下：

$$[Mn] + (FeO) = (MnO) + [Fe] \quad \Delta G^{\ominus} = -123.35 + 0.056T(kJ/mol) \quad (4-5)$$

直接向熔池吹氧时，锰还会被氧气直接氧化一部分。有关热力学数据如下：

$$[Mn] + 1/2\{O_2\} = (MnO) \quad \Delta G^{\ominus} = -361.65 + 0.107T(kJ/mol) \quad (4-6)$$

由式(4-5)和式(4-6)可见，锰的间接氧化和直接氧化也都是放热反应，因此锰的氧化反应也是在冶炼的初期进行的。不过因氧化过程中放热较少，锰氧化的激烈程度不及硅。在转炉吹炼中，铁水中的锰 80% 左右也是在开吹后几分钟内被氧化掉的。

至于锰的氧化程度，也取决于其氧化产物 MnO 在熔渣中的存在状态。在目前生产上所采用的碱性操作中，由于渣中存在着大量的强碱性氧化物（CaO），显弱碱性的氧化锰大部分以自由的（MnO）存在，因而冶炼中锰氧化得远不如硅那么彻底；而且转炉吹炼后期熔池温度升高后还会发生锰的还原反应。熔渣的碱度越高，渣中 FeO 含量越低，熔池温度越高，还原出的锰越多，吹炼结束时钢液中的锰含量即"余锰"就越高。

4.4 钢液脱碳

4.4.1 脱碳反应的意义

碳的氧化反应又称为碳氧反应或脱碳反应，它是贯穿整个炼钢过程的一个最重要的反应。拉碳法指吹炼操作中当熔池钢水碳含量达到出钢要求时停止吹氧，此时钢水中 P、S 和温度也符合出钢要求。

脱碳反应意义包括：

(1) 铁液中的碳通过脱碳反应被氧化到接近或等于出钢时钢液中碳的规格范围内。

(2) 在脱碳反应过程中产生大量的 CO 气泡，这些气泡从熔池底部上升到钢液面，对金属熔池起循环搅拌作用。

(3) 碳氧反应所生成的 CO 气泡，对于钢中的 N_2、H_2 来说就相当于一个小小的真空室，气泡在熔池内部上浮的过程中，钢中的气体（H_2、N_2）很容易扩散到这些 CO 气泡中去并排除到大气中。

(4) 碳氧反应造成金属熔池强烈的循环，促进了金属夹杂的碰撞，使质点集聚长大，从而提高了上浮速度，有利于非金属夹杂物的排除。

(5) 脱碳反应产生的 CO 气泡可形成泡沫渣，有利于炉渣与金属珠滴间的化学反应。

(6) [C] 与 O_2 的化学反应是强放热反应，所以碳氧反应为转炉提供了大部分热源。

4.4.2 吹炼过程的脱碳规律

一炉钢的吹炼一般根据脱碳特点可分为吹炼初期、吹炼中期和吹炼末期三个阶段。

如图 4-10 所示，第一阶段的脱碳速度随吹炼时间几乎成直线增加。虽然这时金属中碳含量很高，有利于碳的氧化反应，但由于吹炼初期熔池温度较低、铁水中硅锰和少量铁的氧化优先于碳的氧化，因此碳的氧化速度尽管随吹炼时间几乎成直线增加，可碳的氧化速度还是很小。随着硅锰含量的下降和熔池温度的升高，脱碳反应加剧进入吹炼中期，此时脱碳反应速度基本恒定，这是因为熔池温度升高时，碳的氧化速度显著地增大，其脱碳速度几乎只取决于供氧强度。当碳的含量降到一定程度后，碳的扩散速度下降了，成为反应的控制环节。特别是当碳含量降至 0.20% 以下后，碳的氧化速度急剧下降，这时碳的氧化速度与吹炼初期相似，但取决于碳的浓度和扩散速度，并与碳含量成正比。

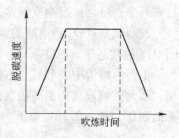

图 4-10 脱碳速度规律

4.4.3 吹炼过程的脱碳反应

氧气转炉炼钢过程中，碳的氧化按下列反应进行：

$$[C] + [O] \rightleftharpoons CO \qquad \lg \frac{p_{CO}}{a_C a_O} = \frac{1168}{T} + 2.07 \qquad (4-7)$$

$$[C] + 1/2 O_2 \rightleftharpoons CO \qquad \lg \frac{p_{CO}}{a_C \sqrt{p_{O_2}}} = \frac{7200}{T} + 2.22 \qquad (4-8)$$

$$[C] + CO_2 \rightleftharpoons 2CO \qquad \lg \frac{p_{CO}^2}{a_C p_{CO_2}} = -\frac{6400}{T} + 6.175 \qquad (4-9)$$

$$[C] + 2[O] \rightleftharpoons CO_2 \qquad \lg \frac{p_{CO_2}}{a_C a_O^2} = \frac{10175}{T} - 2.88 \qquad (4-10)$$

一般认为，在熔池中金属液内的碳氧反应是以式（4-9）为主，只有当熔池金属液中 $w(C) < 0.05\%$ 时，式（4-10）才比较显著。

在氧气射流冲击区，碳的反应以式（4-8）为主，即铁水中的碳与吹入的氧气直接反应；而底吹 CO_2 气体时，则发生式（4-9），即 CO_2 成为供气体，直接参加反应。

研究认为，所有这些脱碳反应的动力学过程都是复杂的，其过程的控制环节大都受物质扩散控制；只有当气相与金属间传质很快时，反应的限制环节才决定于化学反应。

4.4.4 钢液内的碳氧关系

根据有关研究，在一定温度和压力下，钢液中碳与氧的质量百分浓度之积是一个常数 m，而与反应物和生成物的浓度无关。m 值也具有化学反应平衡常数的性质。在 1600℃、101325Pa 下实验测定的结果是 $m = 0.0023$。

可见，反应平衡时钢液中的碳与氧之间呈双曲线关系，即温度一定时，当钢中的碳含量高时，与之相平衡的氧含量就低；反之亦然。

氧气转炉取样分析证明，熔池中的实际氧含量 $w(O)_{实}$ 高于在该情况下与碳平衡的氧

含量 $w(O)_平$。二者之差称为过剩氧或钢水氧化性，用 $\Delta w[O]$ 表示，即

$$\Delta w(O) = w(O)_实 - w(O)_平 \tag{4-11}$$

过剩氧 $\Delta w(O)$ 与脱碳反应动力学因素有关，脱碳速度大时，则碳氧反应接近平衡，过剩氧少；反之，过剩氧就多。

过剩氧 $\Delta w(O)$ 随钢液的碳含量不同而不同，钢液的碳含量越低，则过剩氧越少，即 $w(O)_实$ 越接近于 $w(O)_平$。

正因为熔池中碳和氧基本上保持着平衡关系，碳高时氧低，所以在碳含量高的吹炼前期，增大供氧量只能提高脱碳速度，而不会增加熔池中的氧含量；而冶炼后期要使碳含量降低到 0.15% ~0.20% 以下，则必须使熔池中维持很高的氧含量。

4.5 钢液脱磷和脱硫

4.5.1 钢液脱磷

4.5.1.1 脱磷反应

磷在钢液中能够无限溶解，而它的氧化物 P_2O_5 在钢液中的溶解度却很小。因此，要去除钢液中的磷，可设法使磷氧化成 P_2O_5 进入炉渣，并固定在渣中。

为了使脱磷过程进行的彻底，防止已被氧化的磷大量返回钢液，目前的做法是向熔池中加入一定量的石灰，增加渣中碱性，从而提高炉渣的脱磷能力。碱性氧化渣脱磷的总反应式为：

$$2[P] + 5(FeO) + 4(CaO) = (4CaO \cdot P_2O_5) + 5[Fe] + 热量 \tag{4-12}$$

脱磷的有利条件是：

(1) 从脱磷式可以看出该反应为放热反应，所以该反应在较低温度下容易进行。

(2) CaO 是反应物，增加反应物 CaO 浓度，有利于脱磷反应的进行，即高碱度有利于脱磷反应的进行，但炉渣碱度太高，炉渣不易熔化。

(3) FeO 是反应物，增加渣中 FeO，可以提高磷的分配系数（熔渣与金属中磷的浓度的比值），提高炉渣氧化性有利于该反应的进行。

(4) 增大渣量，降低炉渣中 $4CaO \cdot P_2O_5$ 的浓度，有利于脱磷反应的进行。

(5) 加强熔池搅拌，降低炉渣黏度，有利于脱磷反应的进行。

脱磷的有利条件可概括为：高碱度、高氧化性、大渣量、低温、低黏度、充分搅拌。

4.5.1.2 回磷原因

磷从熔渣中又返回到钢中，也就是脱磷的逆反应，或者成品钢中磷含量高于终点磷含量，这一现象称之为回磷现象。

一般认为回磷现象的发生及回磷程度与以下因素有关：钢液温度过高；脱氧剂加入降低了 FeO 活度，使炉渣氧化能力下降；使用硅铁、硅锰合金脱氧，生成大量的 SiO_2，降低了炉渣碱度；浇铸系统耐火材料中的 SiO_2 溶于炉渣使炉渣碱度下降；出钢过程中的下渣量和渣钢混冲时间等。回磷量的大小主要与出钢下渣量、终渣氧化铁含量及钢水的脱氧剂和合金加入量有关。

4.5.1.3 减少回磷的措施

根据以上对回磷原因的分析，生产中减少回磷的措施主要是：

（1）吹炼中期，要保持渣中的 $\sum w(FeO) > 10\%$ ，防止因炉渣"返干"而产生的回磷。

（2）控制终点温度不要过高，并调整好炉渣成分，使炉渣碱度保持在较高的水平。

（3）尽量避免在炉内进行脱氧和合金化操作，防止渣中的氧化铁含量下降；如果改在钢水包内进行脱氧和合金化操作时，希望脱氧剂和合金料在出钢至三分之二前加完。

（4）采取挡渣球挡渣出钢等措施，尽量减少出钢时的下渣量。

（5）采用碱性包衬。

（6）出钢时向包内投入少量小块石灰提高钢包内渣层的碱度，一方面抵消包衬黏土砖被侵蚀造成的炉渣碱度下降；另一方面可以稠化炉渣，降低炉渣的反应能力，阻止钢渣接触时发生回磷反应。

（7）精炼前扒除钢包渣。

4.5.2 钢液脱硫

4.5.2.1 脱硫反应

炉渣脱硫主要反应式为：

$$[FeS] + (CaO) \Longrightarrow (CaS) + (FeO) - 热量 \qquad (4-13)$$

影响钢渣间脱硫反应的因素主要有熔池温度、炉渣成分和钢液成分。

脱硫的有利条件是：

（1）钢渣间的脱硫反应属于吸热反应，因此，高温有利于脱硫反应进行。温度的重要影响主要体现在高温能促进石灰溶解和提高炉渣的流动性。

（2）炉渣碱度高，有利于脱硫。但过高的碱度，常造成炉渣黏度增加，反而降低脱硫效果。

（3）从热力学角度可以看出，渣中 FeO 含量高不利于脱硫。当炉渣碱度高、流动性差时，炉渣中有一定量的 FeO，可助熔化渣。

（4）增大渣量和调高搅拌能力可提高脱硫能力。

脱硫的有利条件可概括为：高温、高碱度、低 FeO 含量、大渣量、良好的流动性。

4.5.2.2 脱硫规律

吹炼过程的脱硫规律为：

（1）吹炼前期由于开吹后不久熔池温度较低，石灰成渣较少，所以脱硫能力很低，甚至石灰带入的硫会使金属中硫含量增加。

（2）吹炼中期熔池温度已升高，石灰大量熔化，炉渣碱度上升。由于碳的强烈氧化，渣钢有良好的搅拌作用，且形成乳浊状，渣中氧化铁含量适中，所有这些条件均有利于脱硫的进行。

（3）吹炼后期碳的氧化速度减慢，搅拌不如中期，但熔池温度高，石灰溶解的多，炉渣碱度高，流动性好，因此，仍能有效脱硫。

4.5.2.3 冶炼终点硫含量高的原因及处理措施

钢水终点硫含量高一般有以下几个原因：

（1）铁水、废钢硫含量超过标准。

（2）造渣剂和冷却剂含硫高。

（3）冶炼操作不正常，化渣状况不好等。

处理措施是：

（1）如果钢中需要含硫很低，而铁水中含硫较高时，只有对铁水进行预脱硫处理。如果终点硫含量略高于目标值时，可采用多倒终渣，再加石灰造高碱度高温炉渣去硫，也可以在终点倒炉加一定量锰铁合金，炉内产生[FeS] + [Mn] = [MnS] + [Fe]反应，也能去掉一定的硫。

（2）当终点硫含量很高时，上述方法仍达不到要求可采取炉外脱硫方法，即出钢时在钢包中加入脱硫剂，或利用钢水二次精炼进一步脱硫。

4.6　钢液脱氧

4.6.1　脱氧的目的

脱氧是在出钢前或者在出钢及其以后的过程中根据钢种要求选择合适的脱氧剂及其加入量，加入到钢水中使其达到合乎规定的脱氧程度，这一操作过程称为脱氧。

根据脱氧程度的不同，钢可以分为镇静钢、沸腾钢和半镇静钢三大类。

镇静钢是脱氧完全的钢，氧含量 $w[O] = 0.003\% \sim 0.004\%$，凝固过程中不发生碳氧反应，故又称之为完全脱氧的钢，凝固后钢中的夹杂也少。

沸腾钢是脱氧不完全的钢，氧含量 $w[O] = 0.035\% \sim 0.045\%$，因而使钢水在凝固过程中析出大量气体而造成钢水沸腾。

半镇静钢是脱氧程度比镇静钢弱、比沸腾钢强的钢，钢水氧含量接近于与碳平衡时的氧含量，氧含量 $w[O] = 0.015\% \sim 0.020\%$。

脱氧的目的在于降低钢中的氧含量，具体的任务是：

（1）降低钢液中溶解的氧，把氧转变成难溶于钢液的氧化物，如 MnO、SiO_2 等。

（2）将脱氧产物排出钢液之外，否则钢液中的氧只是改变了存在形式，总的氧含量并没有降低，氧对钢的危害依然存在。

（3）脱氧时还要完成调整钢液成分和合金化的任务。合金化是为了调整钢中合金元素含量达到所炼钢种规格的成分范围。向钢中加入所需铁合金或金属的操作称为合金化。

4.6.2　常用的脱氧元素

元素脱氧能力是指在一定温度下，与溶于钢液中一定量脱氧元素相平衡的钢液氧含量。平衡氧含量越低，这种元素脱氧能力越强。

对脱氧元素的基本要求是：

（1）脱氧元素对氧的亲和力必须大于铁对氧的亲和力。

（2）脱氧产物在钢液中的溶解度应尽可能小，且尽可能比钢液轻，并易与钢液分离，以保证脱氧产物尽量从钢液中上浮除去。

（3）残留于钢中的脱氧元素对成品钢性能应不产生坏的影响。

（4）脱氧元素一般应制成低熔点的合金使用，使其在钢液中溶解快、扩散快，钢液成分均匀。

（5）经济性好，即脱氧剂资源丰富、成本低。

　　根据以上原则，在生产实际中常用的脱氧剂为铝、硅、锰及它们组合的硅锰、硅铝合金等，其脱氧能力次序是 Al > Si > Mn。

　　(1) 锰（Mn）：锰是弱脱氧剂，其脱氧能力随温度的降低而提高。在冶炼沸腾钢时，单用锰进行脱氧，以获得不完全脱氧的钢。在钢液凝固过程中，由于温度下降，锰的脱氧能力增强，又可发生脱氧反应，从而可抑制钢液在模内的沸腾。

　　(2) 硅（Si）：硅是较强的脱氧元素，是镇静钢不可缺少的脱氧剂。

　　(3) 铝（Al）：铝是强脱氧剂。为了达到比较完全脱氧的目的，炼钢中常用铝进行最终脱氧。钢液中影响铝收得率的因素包括渣中不稳定氧化物、钢液温度和钢中溶解氧。

　　(4) 复合脱氧：复合脱氧指向钢水中同时加入两种或两种以上的脱氧元素。为方便脱氧操作，常按一定比例制成合金，如 Mn – Si、Al – Si、Al – Mn – Si、CaSi、Si – Al – Ba、Si – Al – Ba – Ca 等。复合脱氧有以下优点：

　　1) 可以提高脱氧元素的脱氧能力。

　　2) 有利于形成液态的脱氧产物，便于产物的分离与上浮。

　　3) 有利于提高易挥发元素在钢中的溶解度，减少元素的损失，提高脱氧元素的脱氧效率。

4.6.3　脱氧方法

　　钢液的脱氧方法有三种：沉淀脱氧法、扩散脱氧（炉渣脱氧）法和真空脱氧法。

　　(1) 沉淀脱氧法：将脱氧剂加入到钢液中，脱氧产物以沉淀形式产生于钢液之中的脱氧方法称为沉淀脱氧法。它是把块状脱氧剂，如锰铁、硅铁和铝饼等加到钢液中，直接使钢液脱氧。其反应式可表示为：

$$[FeO] + [Me] = [Fe] + [MeO]$$
$$[MeO] = (MeO)$$

式中　Me——脱氧元素；

　　　MeO——脱氧产物。

　　转炉多采用沉淀脱氧法。这种脱氧方法的优点是操作简便，脱氧速度快，节省时间，成本低，效率高，合金消耗少。其缺点是部分脱氧产物来不及上浮而进入熔渣中，残留在钢液内污染了钢液，影响了钢液的纯净度，使提高钢的质量受到一定的限制。

　　(2) 扩散脱氧（炉渣脱氧）法：在炼钢过程中，根据分配定律钢液中的氧含量向熔渣中扩散，而与加入渣相中的脱氧元素进行脱氧反应的脱氧方法称为扩散脱氧法。它是把粉状脱氧剂，如碳粉、碳化硅或硅铁粉撒在渣液面上，形成还原渣间接使钢液脱氧。其反应式可表示为：

$$(FeO) + [Me] = [Fe] + (MeO)$$
$$[FeO] = (FeO)$$

　　由于在一定温度下，$\dfrac{(FeO)}{[FeO]} = L_0$，$L_0$ 为一常数，渣中 FeO 含量的降低必然引起钢液中的 FeO 向渣中扩散转移，从而间接地使钢液脱氧。

　　扩散脱氧法明显的优势是钢液不易被脱氧产物所玷污，能提高钢的纯净度。其缺点是脱氧过程慢，还原时间长，合金消耗多。

（3）真空脱氧法：将钢水置于真空条件下，通过降低外界 CO 分压打破钢水中碳氧平衡，使钢中残余的碳和氧继续反应，达到脱氧的目的。反应式可表示为：

$$[FeO] + [C] =\!=\!= [Fe] + \{CO\}$$

在真空中，由于 CO 分压的降低，打破了 [C] 与 [O] 的平衡关系，引起碳脱氧能力的急剧增强，甚至可以超过硅和铝。真空脱氧能力随着真空度的增加而增加。

在真空下碳氧反应产生的产物是 CO 气体，不会玷污钢液，而且随着 CO 气泡在钢液中的上浮，有利于去除钢液中的气体和非金属夹杂物。在常压下碳的脱氧能力不大，但是在真空条件下，CO 的分压降低可极大地提高脱氧能力，此时碳的脱氧能力大大超过硅和铝的脱氧能力。

在实际生产中，不是加入脱氧剂越多，钢中氧就一定越少。这是因为脱氧元素加入钢中后，一方面可以与氧发生脱氧反应，使氧的浓度降低，另一方面却影响氧的活度系数。当脱氧元素浓度很高时，由于它降低氧的活度系数，妨碍了脱氧反应的进行，结果使钢中氧含量反而增加。

实际生产中人们关心的是如何使脱氧产物在有限的时间内尽可能多地从钢液中排除，以提高钢的纯净度，改善钢的质量。影响非金属夹杂物上浮的因素包括：钢液的黏度、脱氧产物的密度、脱氧产物的半径以及脱氧产物与钢液间的界面张力。

4.7 钢液去气

钢中气体包括氢、氮和氧，这里主要是指溶解在钢中的氢和氮。

降低钢中气体含量的措施不外乎两个方面：一是减少吸入的气体量，二是加大去气速度。具体方法如下：

（1）减少入炉原料带入的气体。选用干燥的炉料，必要时应对矿石、合金、石灰等进行烘烤，以减小炉气中水蒸气的分压；浇铸设备和耐火制品也必须干燥，这些都是降低钢中氢含量的重要措施。提高氧气纯度，则是降低氧气顶吹转炉钢氮含量的主要途径。

（2）控制好钢水温度，减少吸气量。温度升高有利于吸气，因此要注意控制钢水温度，出钢温度不宜过高。同时要尽量缩短出钢时间，以减少裸露钢液直接与空气接触的时间，减少吸气。

（3）加快排气速度。钢中气体主要是通过脱碳引起的剧烈沸腾作用来排除的。在熔池中上升的 CO 气泡内，氢、氮的分压都等于零。因此，钢液中的氢和氮就迅速向其中扩散，然后随气泡一起上浮逸出熔池而排除。而熔池的剧烈搅动又加速了氢、氮的扩散。脱碳速度越高，排气速度就越快。

（4）真空处理。对一些重要用途的钢种，需要严格控制钢中气体含量时，最有效的方法是真空处理。

4.8 去除钢中非金属夹杂物

4.8.1 夹杂物的来源

夹杂物的来源主要有：

（1）原材料带入的杂物。炼钢所用的原材料如钢铁料和铁合金中的杂质、铁矿石中的脉石，以及固体料表面的泥砂等都可能被带入钢液而成为夹杂物。

（2）冶炼和浇铸过程中的反应产物。钢液在炉内冶炼、包内镇静及浇铸过程中生成而未能排除的反应产物，残留在钢中便形成了夹杂物。这是钢中非金属夹杂物的主要来源。

（3）耐火材料的侵蚀物。炼钢用的耐火材料中含有镁、硅、钙、铝、铁的氧化物。从冶炼、出钢到浇铸的整个生产过程中，钢液都要和耐火材料接触，炼钢的高温、炉渣的化学作用以及钢、渣的机械冲刷等或多或少要将耐火材料侵蚀掉一些进入钢液而成为夹杂物。这是钢中 MgO 夹杂的主要来源，约占夹杂总量的 5% 以上。

（4）乳化渣滴夹杂物。出钢过程中渣钢混出是经常发生的，有时为了进一步脱氧、脱硫也希望渣钢混出，如果镇静时间不够，渣滴来不及分离上浮，就会残留在钢中，成为所谓的乳化渣滴夹杂物。

4.8.2 非金属夹杂物的分类

钢中存在的非金属化合物有氧化物、硫化物等。氧化物或复杂化合物都是呈独立相存在的。

4.8.2.1 按照夹杂物的组成分类

按照夹杂物的组成，钢中非金属夹杂物可分为以下几类：

（1）氧化物系夹杂物。氧化物系夹杂物有简单氧化物（FeO、Fe_2O_3、MnO、SiO_2、Al_2O_3、TiO_2 等）、复杂氧化物（尖晶石类夹杂物和钙的铝酸盐两种）、硅酸盐（金属氧化物和二氧化硅组成的复杂化合物）和固溶体（$FeO-MnO$，常以（Fe、Mn）O 表示，称含锰的氧化铁）。

（2）硫化物系夹杂物。一般情况下，钢中的硫化物夹杂主要是 FeS、MnS 和它们的固溶体（Fe、Mn）S。

（3）氮化物系夹杂物。一般情况下，钢液的氮含量不高，因而钢中的氮化物夹杂也就较少。通常将不溶于或几乎不溶于奥氏体并存在于钢中的氮化物才视为夹杂物，其中最常见的是 TiN。

4.8.2.2 按照夹杂物的来源分类

根据来源不同，钢中非金属夹杂物可分为外来夹杂物和内生夹杂物两类。

（1）外来夹杂物：在冶炼及浇铸过程中混入钢液并滞留其中的耐火材料、熔渣或两者的反应产物以及各种灰尘微粒等称为外来夹杂物。

外来夹杂物的颗粒较大，外形不规则，分布也无规律，即在钢中出现带有偶然性。

（2）内生夹杂物：冶炼过程中元素氧化所形成的化合物，脱氧时形成的脱氧产物，以及钢液在结晶过程中随着温度下降，一些元素在钢液中的溶解度降低而浓聚所生成的不溶于钢的化合物，这些化合物来不及从钢液中排出，便残留在钢中构成内生夹杂物。

相对于外来夹杂物来说，内生夹杂物的分布比较均匀，颗粒也比较细小，而且形成时间越迟，颗粒越细小。

4.8.2.3 按照夹杂物的变形性能分类

按照夹杂物变形性能的好坏（即塑性的大小），把夹杂物分为脆性夹杂、塑性夹杂和点状不变形夹杂三类。

人们习惯上往往把脆性夹杂物用氧化物来代表，而把塑性夹杂物用硫化物来代表。

4.8.2.4 按照夹杂物的尺寸大小分类

钢中的非金属夹杂物，按其尺寸大小不同可分为宏观夹杂、显微夹杂（或微观夹杂）和超显微夹杂三类。

（1）宏观夹杂：凡尺寸大于 $100\mu m$ 的夹杂物称为宏观夹杂，又称大型夹杂物。一般情况下，钢中大型夹杂物的数量不多，但对钢的质量影响却很大。

（2）显微夹杂：凡尺寸在 $1\sim100\mu m$ 之间的夹杂物叫做微观夹杂，因为要用显微镜才能观察到故又称为显微夹杂。

（3）超显微夹杂：凡尺寸小于 $1\mu m$ 的夹杂物称为超显微夹杂。

4.8.3 减少钢中非金属夹杂物的途径

减少钢中非金属夹杂物的关键是减少钢中的氧化物夹杂和硫化物夹杂。

4.8.3.1 减少钢中的氧化物夹杂

减少钢中氧化物夹杂物的途径包括：

（1）最大限度地减少外来夹杂物，提高原材料的纯净度。

（2）根据钢种的要求采用合理的冶炼工艺、脱氧制度和钢水的精炼工艺。

（3）提高转炉及浇铸系统所用耐火材料的质量与性能。

（4）减少和防止钢水二次氧化，保持正常的浇铸温度，全程保护浇铸，选择性能良好的保护渣。

（5）采用合理的钢材热加工和热处理工艺，从而改善夹杂物的性质，提高钢的质量。

4.8.3.2 减少钢中的硫化物夹杂

钢中硫化物夹杂的多少主要取决于钢中的硫含量，钢中硫降得越低，硫化物夹杂就越少。所以，冶炼时应加强钢液的脱氧脱硫操作，尽量降低钢液的硫含量。

5 转炉炼钢工艺

5.1 装入制度

5.1.1 装入制度的内容和依据

转炉装入制度就是确定转炉合理的装入量、合适的铁水废钢比。装入制度包括装入量、废钢比及装料顺序三个问题。

5.1.1.1 装入量

转炉的装入量是指金属料的装入数量,金属料包括铁水和废钢。

实践证明,每座转炉都必须有个合适的装入量,若装入量过大,将导致吹炼过程的严重喷溅,造渣困难,延长冶炼时间,吹损增加,炉衬寿命降低。装入量过小时,不仅产量下降,而且由于熔池变浅,控制不当,炉底容易受氧气流股的冲击作用而过早损坏,甚至使炉底烧穿,进而造成漏钢事故,对钢的质量也有不良影响。

在确定合理的装入量时,必须考虑以下因素:

(1)要有合适的炉容比。炉容比是指转炉的有效容积(m^3)与公称容量(t)的比值,单位为m^3/t。

合适的炉容比是从生产实践中总结出来的,它与铁水成分、喷头结构、供氧强度等因素有关。若铁水中含硅、磷较高,则吹炼过程中渣量大,炉容比应大一些,否则易使喷溅增大。大转炉的炉容比可以小些,小转炉的炉容比要稍大些。

在炼钢转炉设计中影响炉容比的主要因素有铁水成分、供氧强度、公称容量。

目前,大多数顶吹转炉的炉容比选择在0.70~1.10之间。

(2)要有合适的熔池深度。为了保证生产安全和延长炉底寿命,要保证熔池具有一定的深度。熔池深度h必须大于氧气射流对熔池的最大穿透深度L,通常选取$L/h = 0.4 \sim 0.7$左右。

(3)对于模铸车间,装入量应与锭型配合好。装入量减去吹损及浇铸必要损失后的钢水量,应是各种锭型的整数倍,尽量减少铸余钢水量。

此外,确定装入量时,还要受到钢包的容积、转炉倾动机构的能力、浇铸吊车的起重能力等因素的制约。所以在制订装入制度时,既要发挥现有设备潜力,又要防止片面的不顾实际的盲目超装,以免造成浪费和事故。

5.1.1.2 废钢比

废钢比指废钢所占转炉用料的比例。铁水、废钢装入比例的确定,从理论上讲应根据热平衡计算而定。但在生产条件下,一般是根据铁水成分、温度、炉龄期长短、废钢预热等情况按经验确定铁水配入的下限值和废钢加入的上限值。

在正常生产条件下，废钢加入量变化不大，各炉次废钢加入量的变化受上下炉次间隔时间、铁水成分、温度等的影响。目前，我国大多数转炉生产中铁水比一般波动在75%～90%之间，近几年我国转炉废钢加入量平均为100～150kg/t。

5.1.1.3 装料顺序

为了维护炉衬，减少废钢对炉衬的冲击，装料顺序一般是先兑铁水，后装废钢。溅渣护炉时，先装废钢，后兑铁水。若采用炉渣预热废钢，则先加废钢，再倒渣，然后兑铁水。如果采用炉内留渣操作，则先加部分石灰，再装废钢，最后兑铁水。开新炉前3炉，一般不加废钢，全铁炼钢。

在兑铁水入炉时，应先慢后快，以防兑铁水过快时引起剧烈的碳氧反应造成铁水大量飞溅，酿成事故。

5.1.2 装入制度的类型

目前，氧气顶吹转炉装入制度的类型主要有以下三种：

（1）定量装入法。定量装入法是指在整个炉役期内，每炉的装入量保持不变的装料方法。

这种装料方法的优点是，生产组织简单，而且便于实现吹炼过程的计算机自动控制。对于大型企业这一优点尤为明显。缺点是容易造成炉役前期的装入量明显偏大而熔池较深，炉役后期的装入量则明显偏小而熔池较浅。一般情况下，定量装入法只可在全连铸大型转炉上运用。

（2）定深装入法。定深装入法是指在整个炉役期间，保持每炉的金属熔池深度不变。该法的优点是，氧枪操作稳定，有利于提高供氧强度并减轻喷溅；既不必担心氧气射流冲蚀炉底，又能充分发挥炉子的生产能力。缺点是装入量和出钢量变化频繁，生产组织难度大，而且当采用模铸时，锭型难以与之配合。

（3）分阶段定量装入法。该法是根据炉衬的侵蚀规律和炉膛的扩大程度，将一个炉役期划分成3～5个阶段，每个阶段实行定量装入，装入量逐段递增。

分阶段定量装入法大体上保持了比较适当的熔池深度，可以满足吹炼工艺的要求，同时又保证了装入量的相对稳定，便于组织生产，因而为各厂普遍采用。

5.2 供氧制度

供氧制度是在供氧喷头结构一定的条件下使氧气流股最合理地供给熔池，创造炉内良好的物理化学条件。

供氧制度的主要内容包括确定合理的喷头结构、供氧压力、供氧强度和氧枪枪位控制等。

5.2.1 氧枪喷头

转炉供氧的射流特征是通过氧枪喷头来实现的，因此，喷头结构的合理选择是转炉供氧的关键。氧枪喷头有单孔、多孔和双流道等多种结构，多数转炉主要使用三孔、四孔喷头。喷头设计时主要应根据转炉生产能力的大小、原料条件和炉气净化设备的能力来决定其管径大小。当然，还应考虑到转炉的炉膛高度、直径大小、熔池深度等参数及氧气供应情况、前后工序的衔接等因素来确定其孔数、喷头出口的马赫数和氧流股直径等。

5.2.2 供氧压力

供氧制度中规定的工作氧压是指测定点的压力（并非喷头出口压力或喷头前压力）或称为使用压力 $p_{用}$。测定点位于软管前的输氧管上，与喷头前有一定的距离（如图 5-1 所示），所以有一定的压力损失，一般允许 $p_{用}$ 偏离设计氧压 +20%。

设计工况氧压又称理论计算氧压，它是指喷头进口处的氧气压强，近似等于滞止氧压（绝对压力）。喷嘴前的氧压用 p_0 表示，出口氧压用 p 表示。

喷嘴前氧压 p_0 值的选用应根据以下因素考虑：

（1）氧气流股出口速度要达到超声速（450～530m/s），即 $Ma = 1.8～2.1$。

（2）出口的氧压应稍高于炉膛内气压。如果出口氧压小于

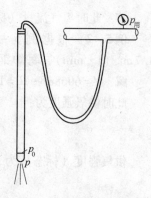

图 5-1　氧枪氧压测定点示意图

或高出周围气压很多时，出口后的氧气流股就会收缩或膨胀，使得氧流很不稳定，并且能量损失较大，不利于吹炼，所以通常选用 $p = 0.11～0.13MPa$。

5.2.3 供氧强度

5.2.3.1 供氧强度的计算

供氧强度是衡量吹炼强度的一个指标，它是单位时间内每吨金属的耗氧量，单位为 $m^3/(t \cdot min)$，可由式（5-1）表示：

$$I = \frac{Q}{T} \tag{5-1}$$

式中　I——供氧强度（标态），$m^3/(t \cdot min)$；
　　　Q——氧气流量（标态），m^3/min；
　　　T——一炉钢的金属装入量，t。

供氧强度的大小，主要受炉内喷溅的影响，通常在不影响喷溅的情况下可使用较高的供氧强度。与供氧强度有直接关系的因素有供氧时间和每吨金属供氧量。

5.2.3.2 氧气流量

氧气流量 Q 是指在单位时间内向熔池供氧的数量（常用标准状态下的体积量度），其量纲为 m^3/min 或 m^3/h。氧气流量是根据吹炼每吨金属料所需要的氧气量、金属装入量、供氧时间等因素来确定的，即：

$$Q = \frac{V}{t} \tag{5-2}$$

式中　Q——氧气流量（标态），m^3/min 或 m^3/h；
　　　V——一炉钢的耗氧量（标态），m^3；
　　　t——一炉钢的吹炼时间，min 或 h。

例 5-1　转炉装入量为 130t，吹炼 14min，耗氧量（标态）为 6068m³，求此时氧气

流量为多少?

解: $V = 6068 \text{m}^3$; $t = 14 \text{min}$

$$Q = \frac{V}{t} = \frac{6068}{14} = 429.14 \text{m}^3/\text{min} = 25748 \text{m}^3/\text{h}$$

答: 此时氧气流量 (标态) 为 $25748 \text{m}^3/\text{h}$。

例 5 - 2 根据例 5 - 1 条件,求此时的供氧强度,若供氧强度 (标态) 提至 $3.7 \text{m}^3/(\text{t} \cdot \text{min})$,每炉钢吹炼时间可缩短多少?

解: $V = 6068 \text{m}^3$; $T = 130 \text{t}$; $t = 14 \text{min}$

此时供氧强度为:

$$I = \frac{Q}{T} = \frac{V}{tT} = \frac{6068}{14 \times 130} = 3.3 \text{m}^3/(\text{t} \cdot \text{min})$$

供氧强度 (标态) 为 $3.7 \text{m}^3/(\text{t} \cdot \text{min})$ 时的冶炼时间为:

$$t = \frac{V}{IT} = \frac{6068}{3.7 \times 130} = 12.5 \text{min}$$

每炉吹炼时间缩短值为:

$$\Delta t = 14 - 12.5 = 1.5 \text{min} = 90 \text{s}$$

答: 此时的供氧强度 (标态) 为 $3.3 \text{m}^3/(\text{t} \cdot \text{min})$;提高供氧强度后,每炉吹炼时间可缩短 90s。

5.2.3.3 吨金属耗氧量

吨金属耗氧量是指吹炼 1t 金属料所需要的氧气量,可以通过计算求出来。其步骤是:首先计算出熔池各元素氧化所需氧气量和其他耗氧量,然后再减去铁矿石或氧化铁皮带给熔池的氧量,现举例说明。

例 5 - 3 已知金属装入量中铁水占 90%,废钢占 10%,吹炼钢种是 Q235B,渣量是金属装入量的 7.777%;吹炼过程中,金属料中 90%的碳氧化生成 CO、10%的碳氧化生成 CO_2。求:氧化掉 100kg 金属料中 1%的碳时,氧气消耗量是多少?

解: 12g 的 C 生成 CO 消耗 16g 氧气,生成 CO_2 消耗 32g 氧气,设 100kg 金属料 $w(\text{C}) = 1\%$ 生成 CO 消耗氧气量为 $x \text{kg}$,生成 CO_2 消耗氧气量为 $y \text{kg}$,则有:

$$[\text{C}] + \frac{1}{2}\{\text{O}_2\} = \{\text{CO}\}$$

$$12\text{g} \qquad 16\text{g}$$

$$1\% \times 100 \text{kg} \times 90\% \quad x$$

$$x = \frac{1\% \times 100 \times 90\% \times 16}{12} = 1.200 \text{kg}$$

$$[\text{C}] + \{\text{O}_2\} = \{\text{CO}_2\}$$

$$12\text{g} \qquad 32\text{g}$$

$$1\% \times 100 \text{kg} \times 10\% \quad y$$

$$y = \frac{1\% \times 100 \times 10\% \times 32}{12} = 0.267 \text{kg}$$

氧化金属料中 1%碳的氧耗量为: $1.200 + 0.267 = 1.467 \text{kg}$

答: 氧化掉 100kg 金属料中 1%碳的氧气消耗量为 1.467kg。

5.2.4 氧枪枪位

转炉炼钢中的枪位，通常定义为氧枪喷头至平静熔池液面的距离。这一距离较大时称为枪位高；反之，称为枪位低。

5.2.4.1 氧枪高度的确定

氧枪高度的确定，主要考虑两个主要因素，一是氧气射流要有一定的冲击面积，二是氧气射流应有一定的冲击深度，但保证不能冲击炉底。

目前，氧枪高度一般是依据经验公式（5-3）来计算：

$$H = bPD_e \tag{5-3}$$

式中　H——氧枪喷头端面距熔池液面的高度，mm；

p——供氧压力，MPa；

D_e——喷头出口直径，mm；

b——系数，随喷孔数而变化，三孔喷头 $b = 35 \sim 46$；四孔喷头 $b = 45 \sim 60$。

多孔喷头的氧枪高度也可按式（5-4）计算：

$$H = (35 \sim 50)d_t \tag{5-4}$$

式中　d_t——喷头喉口直径，mm。

5.2.4.2 枪位高低对熔池搅拌的影响

采用硬吹时，因枪位低，氧流对熔池的冲击力大，冲击深度深，气-熔渣-金属液乳化充分，炉内的化学反应速度快，特别是脱碳速度加快，大量的 CO 气泡排出，熔池得到充分的搅动，同时降低了熔渣的 TFe 含量；但长时间的硬吹，易造成熔渣"返干"。枪位越低，熔池内部搅动越充分。

5.2.4.3 枪位高低与熔池温度的关系

低枪位时，熔池搅拌的作用强，反应快，吹炼时间短，热损失减小，熔池升温快，温度高。高枪位时，反应速度减缓，吹炼时间延长，热损失部分增加，熔池升温缓慢，温度偏低。

5.2.4.4 枪位高低与脱碳速度及 FeO 含量的关系

硬吹时，FeO 生成速度减小，消耗速度增大，渣中 FeO 剩余就少；软吹时，渣中 FeO 消耗速度减小，有大量 FeO 积聚。

5.2.4.5 枪位调节与控制

在转炉吹炼过程中，枪位的调节和控制的基本原则是早化渣、化好渣、降碳快、不喷溅、升温匀，动枪操作要做到少、准、快。

目前有如下两种枪位控制模式：

（1）高-低-高-低的枪位模式。开吹枪位较高，及早形成初期渣，二批料加入后适时降枪，吹炼中期熔渣返干时可提枪或加入适量助熔剂调整熔渣流动性，以缩短吹炼时间，接近终点时再适当降枪，以加强对熔池的搅拌，均匀钢液的成分和温度；同时，降低终渣的 FeO 含量，提高金属和合金的收得率，并减轻熔渣对炉衬的侵蚀。

（2）高-低-低的枪位模式。开吹枪位较高，尽快形成初期渣；吹炼过程中枪位逐渐降低，吹炼中期加入适量助熔剂调整熔渣流动性，终点拉碳出钢。

5.2.5 氧枪操作

氧枪操作是指调节氧压或枪位。目前氧枪操作有三种类型，第一种是恒压变枪操作，即在一炉钢的吹炼过程中，其供氧压力基本保持不变，通过氧枪枪位高低变化来改变氧气流股与熔池的相互作用，以控制吹炼过程；第二种是恒枪变压操作，即在一炉钢吹炼过程中，氧枪枪位基本不动，通过调节供氧压力来控制吹炼过程；第三种是变压变枪操作，但进行正确控制要求更高的技术水平。目前，我国广泛采用的是分阶段恒压变枪操作。

5.2.5.1 恒压变枪操作各阶段枪位的确定控制原则

开吹枪位的确定原则：早化渣、多去磷。即使经过预处理的铁水，也应早化渣，这不仅为下阶段吹炼奠定基础，而且有利于保护炉衬。一般开吹要根据具体情况，确定一个合适的枪位，在软吹模式的前提下调整枪位，快速成渣。

过程枪位的控制原则：不喷溅、化好渣、快速脱碳、均匀升温。在碳的激烈氧化期间，尤其要控制好枪位。枪位过低，会产生炉渣"返干"，造成严重的金属喷溅，有时甚至粘枪而损坏喷嘴。枪位过高，渣中 TFe 含量较高，又加上脱碳速度快，同样会造成大喷或连续喷溅。

吹炼后期的枪位控制原则：保证拉准碳和温度准确。有的操作分为两段，即提枪段和降枪段。这主要是根据过程化渣情况、所炼钢种、铁水磷含量高低等具体情况而定。若过程炉渣化得不透，需要提枪，改善熔渣流动性。但枪位不宜过高，时间不宜过长，否则会产生大喷。在吹炼中、高碳钢种时，可以适当地提高枪位，保持渣中有足够的 TFe 含量，以利于脱磷；如果吹炼过程中熔渣流动性良好，可不必提枪，以避免渣中 TFe 含量过高，不利于吹炼。吹炼末期的降枪段，主要目的是使熔池钢水成分和温度均匀，稳定火焰，便于判断终点，同时可以降低渣中 TFe 含量，减少吹损，提高钢水收得率，达到溅渣的要求。

5.2.5.2 枪位的影响因素

(1) 成分：[Si] 高，渣量大，渣易化，枪位低些；[Si] 低，渣不易化，枪位高些。

(2) 温度：铁水温度低时，应低枪提温，待温度升高后再提枪化渣，此时降枪时间不宜太长，一般为 2min 左右。若铁水温度高，则可直接高枪化渣，然后降枪脱碳。

(3) 炉容比：过低（装入量过大），液面高，应高枪，但造成 $\sum(FeO)$ 上升，易喷溅，应控制好枪位。

(4) 炉龄：开新炉，炉温低，应适当降低枪位；炉役前期液面高，可适当提高枪位；炉役后期装入量增加，熔池面积增大，不易化渣，可在短时间内采用高低枪位交替操作以加强熔池搅拌，利于化渣；炉役中、后期装入量不变时，熔池液面降低，应适当调整枪位。

(5) 渣料：在吹炼过程中，通常加入二批渣料后应提枪化渣。若渣料配比中氧化铁皮、矿石、萤石加入量较多或石灰活性较高时，炉渣易于化好，也可采用较低枪位操作。使用活性石灰成渣较快，整个过程的枪位都可以稍低些。

(6) 碳氧化期：冶炼中期是碳氧化期，脱碳速度受供氧限制，通常情况下采用低枪位脱碳。若发现炉渣返干现象时，则应提枪化渣或加入助熔剂化渣，以防止金属喷溅。

(7) 停吹控制：没有实现自动控制的转炉在停吹前，一般都降枪吹炼，其目的是充分搅拌钢液，提高温度，同时也有利于炉前操作工观察火焰，确定合适的停吹时间。

除上述因素外枪位的变化还受冶炼钢种、炉龄期变化等影响，总之应根据生产实际情况，灵活调节，以保证冶炼的正常进行。

5.3 造渣制度

所谓造渣，是指通过控制入炉渣料的种类和数量，使炉渣具有某些性质，以满足熔池内有关炼钢反应需要的工艺操作。造渣制度就是要确定合适的造渣方法、渣料的加入数量和时间，以及如何加速成渣。

5.3.1 炉渣的来源与作用

炉渣的来源主要有：

（1）冶炼中，生铁、废钢、铁合金等金属原料中各种元素的氧化产物（SiO_2、MnO、P_2O_5、FeO 等）及脱硫产物（CaS）；

（2）人为加入的造渣材料，如石灰（CaO）、萤石（CaF_2）、电石（CaC_2）和氧化剂铁矿石、烧结矿（Fe_2O_3）等；

（3）被侵蚀下来的耐火材料（MgO）；

（4）各种原材料带入的泥砂（SiO_2、Al_2O_3）和铁锈（Fe_2O_3）。

炉渣的分类如下：

（1）酸性氧化物，如 SiO_2、P_2O_5；

（2）碱性氧化物，如 CaO、MgO、MnO、FeO；

（3）两性氧化物，如 Al_2O_3、Fe_2O_3；

（4）其他物质，如 CaS、FeS、MnS，若加入萤石还有 CaF_2。

炉渣的作用主要是：

（1）控制钢液中各元素的氧化还原反应过程，去除金属液中的 P、S 等；

（2）减小耐火材料的侵蚀程度；

（3）分散金属液滴，为脱碳创造有利条件；

（4）防止大量的热损失，避免氧气流股强力冲击熔池，减少金属喷溅；

（5）防止钢液吸收有害气体；

（6）吸附外来及内在的细小非金属夹杂物。

5.3.2 炉渣的性质

5.3.2.1 炉渣的物理性质

（1）熔点：炼钢过程中要求炉渣熔点低于所炼钢熔点 50~200℃。炉渣是由各种氧化物组成的溶液。组成不同，熔点也随之发生变化，所以它没有一个固定的熔点。而且从开始到结束的整个熔化过程是在一个温度范围内进行的。炉渣的熔点通常是指完全转变成均匀熔体状态时的温度，或在冷却时开始查出固体物时的温度。

（2）黏度：熔渣的黏度是熔融炉渣内部各液体层相对运动所产生内摩擦力大小的体现，反映了液体内部质点间的距离、作用力的大小及质点从一个平衡位置移向另一个平衡位置的难易程度，用 η 表示，单位是 $Pa \cdot s$。影响炉渣黏度的主要因素包括炉渣成分、炉渣中的固体熔点和温度。

（3）表面张力：炉渣的表面张力普遍低于钢液的表面张力。炉渣表面张力主要影响渣钢间的物化反应及对夹杂物的吸附。影响表面张力的因素有成分、温度和压力。

（4）密度：炉渣密度决定炉渣所占据的体积大小及钢液液滴在渣中的沉降速度。

（5）扩散速度：熔渣中组元的扩散速度一般比金属液中组元的扩散速度慢 10～100 倍。因此对于钢－渣间的多相反应，其限制性环节往往是渣中组元的扩散。

5.3.2.2 炉渣的化学性质

（1）炉渣碱度：炉渣中碱性氧化物浓度的总和与酸性氧化物浓度总和之比称为炉渣碱度，通常用符号 B 或 R 表示。生产中将炉渣碱度等于 4.2 或更高时的渣称为短渣，短渣在温度降低时黏度急剧增加。

当炉料中含磷较低（铁水中 $w(P) < 0.3\%$）时：

$$R = \frac{w(CaO)}{w(SiO_2)} \tag{5-5}$$

$R < 1$ 时为酸性渣，$R = 1$ 时为中性渣，$R > 1$ 时为碱性渣。

当炉料中含磷较高（铁水中 $w(P) > 0.3\%$）时：

$$R = \frac{w(CaO)}{w(SiO_2) + w(P_2O_5)} \tag{5-6}$$

当加白云石造渣、渣中 MgO 含量较高时：

$$R = \frac{w(CaO) + w(MgO)}{w(SiO_2)} \tag{5-7}$$

（2）炉渣氧化性：炉渣氧化性指炉渣向金属熔池传氧的能力，即单位时间内自炉渣向金属熔池供氧的数量，通常用 $w(\sum FeO)$ 表示，包括 FeO 和 Fe_2O_3 折合成 FeO 部分。影响炉渣氧化性的主要因素有渣中 FeO 含量和碱度。

（3）炉渣透气性：气体在熔渣中有一定的溶解度，使得气体经熔渣进入钢液成为可能。气体经熔渣进入钢液的能力称为熔渣的透气性，也叫透气度。

5.3.2.3 炉渣氧化性对冶炼过程的影响

炉渣氧化性对冶炼过程的影响包括：

（1）影响脱磷、脱硫，有利于脱磷，不利于脱硫。

（2）影响石灰的溶解速度。

（3）影响钢水中残余锰含量。

（4）影响钢水终点时的氧含量。

（5）影响金属以及合金的收得率。

（6）影响泡沫渣的生成与喷溅的发生。

（7）影响转炉炉衬寿命。

5.3.2.4 控制炉渣的氧化性方法

控制炉渣的氧化性方法有：

（1）喷枪枪位及使用氧压起着主要作用，在一定的供氧强度下，高枪位或低氧压使炉渣氧化性增强。

（2）脱碳反应速度对炉渣氧化性有很大影响，强烈的脱碳反应，不仅消耗全部吹入的氧气，甚至使部分原有渣中的 FeO 还原，使渣中 FeO 含量保持在较低的水平上。

（3）熔池的搅拌强度越大，加速了炉渣向金属熔池的传氧，也使渣中 FeO 含量降低。

（4）温度对炉渣氧化性的影响是间接的，温度升高，将加速脱碳反应的进行，从而降低渣中 FeO 含量。

（5）加入铁矿石、氧化铁皮，可以短时地提高渣中 FeO 含量。

（6）终点钢液中碳含量及锰含量低时，渣中 FeO 含量也将增高。

5.3.3 炉渣的结构

关于炉渣的结构目前已经形成三种理论，即分子结构理论、离子结构理论和分子－离子共存结构理论。

分子结构理论认为：

（1）炉渣是由各种分子，即简单氧化物（FeO、MnO、MgO、CaO、SiO_2、P_2O_5、Al_2O_3）分子和复杂化合物（$2FeO \cdot SiO_2$、$2MnO \cdot SiO_2$、$CaO \cdot SiO_2$ 和 $4CaO \cdot P_2O_5$）分子组成的。

（2）简单分子不断形成复杂分子，而复杂分子又不断分解成简单分子，处于化学动平衡状态。

（3）只有自由状态氧化物才有与钢液反应的能力。

（4）炉渣是理想溶液，可以应用质量作用定律。

离子结构理论认为：

（1）炉渣是由 Ca^{2+}、Mg^{2+}、Mn^{2+}、Fe^{2+} 等阳离子和简单的阴离子 O^{2-}、S^{2-}、F^- 及复杂阴离子 SiO_4^{4-}、PO_4^{3-} 等所组成的，无中性分子存在。

（2）炉渣中每个离子周围都是导电性的离子，即导电性的离子均匀地相间排布。

（3）等电荷离子在与附近离子的相互作用上是完全等价的，即炉渣所含的 Ca^{2+}、Mg^{2+}、Mn^{2+}、Fe^{2+} 等在与 O^{2-} 的相互作用上是完全等价的，O^{2-} 的周围可以有 Fe^{2+}，也可以有 Ca^{2+} 等。

（4）炉渣和金属间的反应是以电化学反应的形式进行的，如在炼钢过程中存在下列反应：$(Fe^{2+}) + 2e \Longrightarrow [Fe]$、$(O^{2-}) \Longrightarrow [O] + 2e$、$(S^{2-}) \Longrightarrow [S] + 2e$。

分子－离子共存结构理论认为：

（1）在炉渣的组成中，以离子键结合的碱金属和碱土金属的氧化物、硫化物及氟化物在熔化时会离解为 Me^{2+} 和 O^{2-}、S^{2-} 及 F^-；靠共价键相结合的酸性氧化物 SiO_2、P_2O_5 和两性氧化物 Al_2O_3 则以分子存在；以混合键结合的盐类，其离子键部分可能离解，而共价键部分将保留。

（2）分子与离子之间存在着动态平衡。

（3）熔渣内的反应服从质量作用定律。

5.3.4 炉渣的要求

转炉炼钢过程对炉渣的基本要求是：较高的碱度、较强的氧化性、适量的渣量、良好的流动性以及适当的泡沫化。

（1）碱度的控制：理论研究表明，渣中的 FeO 含量相同的条件下，碱度为 1.87 时其活度最大，炉渣的氧化性最强。实际生产中正是根据这一理论并结合具体工艺来控制炉渣碱度的。氧气顶吹转炉炼钢中，通常是将碱度控制在 2.8 ~ 3.0 的范围内；对于原料含磷较高或冶炼低硫钢种的情况，碱度则控制在 3.0 以上。

（2）渣中的 FeO 含量：渣中 FeO 含量的高低，标志着炉渣氧化性的强弱及去磷能力的大小。碱度一定时，炉渣的氧化性随着渣中 FeO 含量的增加而增强。但是，过高的 FeO 含量炉渣显得太稀，会使钢液吸气及吹炼中产生喷溅的可能性增大；同时，还会加速炉衬的侵蚀，增加铁的损耗等。因此，生产中通常将渣中的 FeO 含量控制在 10% ~30% 之间。

（3）渣量的控制：在其他条件不变的情况下，增大渣量可增加冶炼过程中的去磷量。但是，过大的渣量不仅增加造渣材料的消耗和铁的损失，还会给冶炼操作带来诸多不便，如喷溅、粘枪等。因此，生产中渣量控制的基本原则是，在保证完成脱磷、脱硫的条件下，采用最小渣量操作。

（4）炉渣的流动性：对于去磷、去硫这些双相界面反应来说，物质的扩散是其限制性环节，保证炉渣具有良好的流动性十分重要。

（5）炉渣的泡沫化：泡沫化的炉渣，使钢－渣两相的界面积大为增加，改善了去磷反应的动力学条件，可加快去磷反应速度。但应避免炉渣的严重泡沫化，以防喷溅发生。

5.3.5 炉渣的形成及石灰的渣化

转炉炼钢过程很短，在吹炼过程中要遵循"初期渣早化，过程渣化透，终渣作稠，出钢挂上"的原则。

5.3.5.1 炉渣的形成

炉渣一般是由铁水中硅、磷、锰、铁的氧化以及加入石灰溶解而生成的；另外还有少量的其他渣料（白云石、萤石等）、带入转炉内的高炉渣、侵蚀的炉衬等。炉渣的氧化性和化学成分在很大程度上控制了吹炼过程中的反应速度。如果吹炼要在脱碳时同时脱磷，则必须控制 FeO 含量在一定范围内，以保证石灰不断溶解，形成具有一定碱度、一定数量的泡沫化炉渣。

开吹后，铁水中硅、锰、铁等元素氧化生成 SiO_2、MnO、FeO 等氧化物进入渣中。这些氧化物相互作用生成许多矿物质，吹炼初期渣中主要矿物组成为各类橄榄石（铁、锰、镁、钙）SiO_4 和玻璃体 SiO_2。

吹炼中期炉内碳氧反应激烈，随着炉渣中石灰溶解，由于 CaO 与 SiO_2 的亲和力比其他氧化物大，CaO 逐渐取代橄榄石中的其他氧化物，形成硅酸钙。随碱度增加而形成 $2CaO \cdot SiO_2$、$3CaO \cdot SiO_2$ 等，其中最稳定的是 $2CaO \cdot SiO_2$。当石灰加入量很大时，有较多的游离 CaO。碱度越高时，$2CaO \cdot SiO_2$、游离 CaO 越多，这对冶炼效果不利。此时特点是碱度高，氧化亚铁含量低，炉渣容易出现"返干"。

到吹炼后期，碳氧反应减弱，FeO 含量有所提高，石灰进一步溶解，渣中可能产生铁酸钙。

5.3.5.2 石灰在炉内的渣化

石灰的溶解在成渣过程中起着决定性的作用。石灰溶解过程包括：开吹后，各元素的氧化产物形成的液态炉渣包围石灰块，经过石灰块表面扩散边界层向内部渗透，并沿气孔向石灰块内部迁移；炉渣与石灰在反应区进行化学反应，形成低熔点矿物。反应不仅在石灰块外表面进行，而且在内部气孔表面上进行；反应产物离开反应区向炉渣熔体中转移。

石灰在渣化的同时，其表面容易形成一层质地致密的高熔点的 $2CaO \cdot SiO_2$ 外壳，它阻碍石灰的溶解。但是 FeO 破坏了 $2CaO \cdot SiO_2$ 外壳，是石灰溶解的基本熔剂。这是因为

FeO 具有以下作用。

（1）FeO 能显著降低炉渣黏度，加速石灰溶解过程的传质；

（2）FeO 能改善炉渣对石灰的润湿和向石灰孔隙中的渗透；

（3）FeO 的离子半径不大，且与 CaO 同属立方晶系，这些都有利于 FeO 向石灰晶格中迁移并生成低熔点物质；

（4）FeO 能减少石灰块表面 $2CaO \cdot SiO_2$ 的生成，并使生成的 $2CaO \cdot SiO_2$ 变疏松，有利于石灰溶解。

影响石灰溶解的主要因素有：

（1）炉渣成分：FeO 对石灰溶解速度影响最大，它是石灰溶解的基本熔剂；

（2）温度：熔池温度高，高于炉渣熔点以上，可以使炉渣黏度降低，加速炉渣向石灰块内的渗透，使生成的石灰块外壳化合物迅速熔融而脱落成渣；

（3）熔池的搅拌：加快熔池的搅拌，可以显著改善石灰溶解的传质过程，增加反应界面，提高石灰溶解速度；

（4）石灰质量：表面疏松、气孔率高、反应能力强的活性石灰，能够有利于炉渣向石灰块内渗透，也扩大了反应界面，加速了石灰溶解过程；

（5）采用合适的氧枪枪位，既可以促进石灰的熔化，又可以避免发生喷溅，还可以在碳的激烈氧化期使炉渣不会出现"返干"的现象。

5.3.5.3 加速石灰成渣的主要途径

为了加速成渣，可以采取以下主要途径：

（1）提高石灰质量，采用气孔率高、表面积大的活性石灰；

（2）适当增加助熔剂用量如萤石，以加速石灰的熔化；

（3）提高开吹温度，有利于石灰在初期能快速熔化；

（4）合理控制枪位和氧压，做到既能促进石灰的熔化，又不发生喷溅，并在碳氧剧烈反应期炉渣不出现返干；

（5）采用合成渣可以促进熔渣的快速形成。

由此可见，炉渣的成渣过程就是石灰的溶解过程。石灰熔点高、FeO 含量高、高温和激烈搅拌是加快石灰溶解的必要条件。

5.3.6 泡沫渣

炉渣形成薄膜将气泡包住并使其隔开，引起发泡膨胀的炉渣称为泡沫渣。

5.3.6.1 泡沫渣的形成因素和作用

在吹炼过程中，由于氧流与熔池的相互作用，形成了气－炉渣－金属液密切混合的三相乳化液，分散在炉渣中小气泡的总体积往往超过炉渣本身的体积，当炉渣成为薄膜将气泡包住并使其隔开时，将引发炉渣发泡膨胀的现象。在正常情况下，泡沫渣的厚度经常有 $1 \sim 2m$ 乃至 $3m$。

影响泡沫渣形成的基本因素包括：

（1）泡沫渣中气体来源于供给炉内的氧气和碳氧化生成的 CO 气体，而且主要是 CO 气体；

（2）SiO_2 或 P_2O_4 都是表面活性物质，能够降低炉渣的表面张力，它们生成的吸附薄

膜常常成为稳定泡沫的重要因素;

（3）炉渣中固体悬浮物对稳定气泡也有一定的作用;

（4）低温有利于炉渣泡沫的稳定。

炉渣被泡沫化后，钢、渣、气三相之间的接触面积大为增加，可使传氧过程及钢-渣间的物化反应加速进行，冶炼时间大大缩短;同时，炉渣的泡沫化，使得在不增加渣量的情况下，渣的体积显著增大，渣层的厚度成倍增加，对炉气的过滤作用得以加强，可减少炉气带出的金属和烟尘，提高金属收得率。但若控制不好，严重的泡沫渣也会导致事故。

5.3.6.2 泡沫渣的控制

泡沫渣的控制主要包括:

（1）吹炼前期，炉渣碱度低，氧压要适中，枪位不得过高，防止渣中 TFe 大量增加，泡沫化严重，产生泡沫渣喷溅或溢渣;

（2）吹炼中期，碱度提高，产生大量 CO 气体，要降低氧压，适当提高枪位，避免或减轻炉渣返干现象，就可得到合适的泡沫渣;

（3）吹炼后期，脱碳速度降低，要缩短吊枪操作时间，控制好炉渣碱度。

5.3.7 造渣方法

根据铁水成分及吹炼钢种的要求来确定造渣方法。常用的造渣方法有单渣操作、双渣操作、留渣操作等。

（1）单渣操作:单渣操作就是在冶炼过程中只造一次渣，中途不倒渣、不扒渣，直到终点出钢。

当铁水中硅、磷、硫含量较低，或者钢种对磷、硫要求不严格，以及冶炼低碳钢种时，均可以采用单渣操作。

单渣操作工艺比较简单，吹炼时间短，劳动条件好，易于实现自动控制。单渣操作的脱磷效率在90%左右，脱硫效率在35%左右。

（2）双渣操作:在冶炼中途分一次或几次除去约 1/2～2/3 的熔渣，然后加入渣料重新造渣的操作方法称为双渣操作。

在铁水中硅含量较高或磷含量大于 0.5% ，或虽然磷含量不高但吹炼优质钢或中、高碳钢种时一般采用双渣操作。

最早采用双渣操作是为了脱磷。现在除了冶炼低锰钢外已很少采用。但当前有的转炉终点不能一次拉碳，采用多次倒炉并添加渣料后吹（一次拉碳未达到控制的目标值需要进行补吹，补吹也称为后吹，因此后吹是对未命中目标进行处理的手段），这是一种变相的双渣操作，实际对钢的质量、消耗以及炉衬都十分不利。

（3）留渣操作:留渣操作就是将上炉终点熔渣的一部分或全部留给下炉使用。终点熔渣一般有较高的碱度和 FeO 含量，而且温度高，对铁水具有一定的去磷和去硫能力。留到下一炉，有利于初期渣及早形成，并且能提高前期去除磷、硫的效率，有利于保护炉衬，节省石灰用量。留渣操作必须定期更换炉渣。

在留渣操作时，兑铁水前首先要加石灰稠化熔渣，避免兑铁水时产生喷溅而造成事故。

溅渣护炉技术在某种程度上可以看作是留渣操作的特例。

　　根据以上的分析比较可以看出，单渣操作是简单稳定的，有利于自动控制。因此对于硅、硫、磷含量较高的铁水，最好经过铁水预处理，使其进入转炉之前就符合炼钢要求。这样生产才能稳定，有利于提高劳动生产率，实现过程自动控制。

　　在生产中，若每吨金属料中石灰加入量小于20kg/t时，每吨金属形成渣小于30kg/t，称为少渣操作。少渣操作石灰加入量少，可降低渣料和能耗，减少污染物的排放；氧的利用率高，终点氧含量低，余锰高，合金收得率高；减少对炉衬侵蚀，减少喷溅。

5.3.8　渣料加入量的确定

加入炉内的渣料主要指石灰和白云石数量，还有少量助熔剂。

5.3.8.1　石灰加入量的确定

石灰加入量主要根据铁水中硅、磷含量和炉渣碱度来确定。

A　炉渣碱度的确定

碱度高低主要根据铁水成分而定，一般来说铁水含磷、硫低时，炉渣碱度控制在2.8~3.2；中等磷、硫含量的铁水，炉渣碱度控制在3.2~3.5；磷、硫含量较高的铁水，炉渣碱度控制在3.5~4.0。

B　石灰加入量的计算

（1）铁水中$w(P)<0.30\%$时，石灰加入量可用下式计算：

$$W=\frac{2.14w(Si)}{w(CaO)_{有效}}\times R\times 1000 \tag{5-8}$$

式中　　　R——碱度，$R=\frac{w(CaO)}{w(SiO_2)}$；

$w(CaO)_{有效}$——石灰中有效CaO的质量分数，%，并有：

$$w(CaO)_{有效}=w(CaO)_{石灰}-R\,w(SiO_2)_{石灰}$$

　　2.14——SiO_2与Si的分子量之比，它的含义是1kg的Si氧化后生成2.14kg的SiO_2；

　　$w(Si)$——铁水中硅的质量分数，%。

　　例5-4　转炉吹炼20t，铁水含硅0.7%，含磷0.25%，终渣碱度要求3.0，石灰的有效碱为80%。试求1000kg铁水需加石灰多少千克？

　　解：$W=\dfrac{2.14w(Si)}{w(CaO)_{有效}}\times R\times 1000=\dfrac{2.14\times 0.7\%\times 3\times 1000}{80\%}=56.25kg$

　　答：1000kg铁水需加石灰56.25kg。

　　例5-5　使用单渣法操作，确定1000kg铁水石灰加入量。已知（1）铁水中$w(Si)=0.85\%$；（2）石灰成分：$w(CaO)=89\%$，$w(SiO_2)=1.0\%$；（3）生白云石：$w(CaO)=32\%$，$w(SiO_2)=1.3\%$，加入量为15kg/t；（4）炉渣碱度要求$R=3.5$。

　　解：石灰有效钙含量$=89\%-1.0\%\times 3.5=85.5\%$

　　生白云石有效钙含量$=32\%-1.3\%\times 3.5=27.45\%$

　　生白云石相当石灰量$=15\times 27.45\%/85.5\%=4.82kg$

　　石灰加入量$=2.14\times 0.85\%\times R\times 1000/85.5\%-4.82=69.64kg$

　　答：1000kg铁水石灰加入量为89.64kg。

（2）铁水中$w(P) > 0.30\%$时，石灰加入量可用下式计算：

$$W = \frac{2.2[w(Si) + w(P)]}{w(CaO)_{有效}} \times R \times 1000 \qquad (5-9)$$

式中　　　R——碱度，$R = \frac{w(CaO)}{w(SiO_2) + w(P_2O_5)}$；

$w(CaO)_{有效}$——石灰中有效 CaO 的质量分数，%，并有：

$$w(CaO)_{有效} = w(CaO)_{石灰} - R \, w(SiO_2)_{石灰}$$

2.2——1/2（SiO_2与 Si 的分子量之比 + P_2O_5与 P 的分子量之比）；

$w(P)$——铁水中磷的质量分数，%；

$w(Si)$——铁水中硅的质量分数，%。

例 5-6　转炉吹炼 20t，铁水含硅 0.7%，含磷 0.62%，终渣碱度要求 3.2，石灰的有效碱为 82%。试求 1000kg 铁水需加石灰多少千克？

解： $W = \frac{2.2[w(Si) + w(P)]}{w(CaO)_{有效}} \times R \times 1000 = \frac{2.2 \times (0.7\% + 0.62\%) \times 3.2 \times 1000}{82\%} = 113kg$

答：1000kg 铁水需加石灰 113kg。

（3）转炉炼钢中使用部分矿石作为冷却剂时，由于铁矿石中含有一定数量的 SiO_2，为保证炉渣的碱度不变应补加适量的石灰。每千克矿石需补加石灰的数量按下式计算：

$$W_{补} = \frac{w(SiO_2)_{矿} R}{w(CaO)_{有效}} \qquad (5-10)$$

例 5-7　铁矿石中 SiO_2 的含量为 8%，碱度按 3 控制，石灰的有效碱为 80%，试计算每加入 1kg 的矿石应补加石灰多少千克？

解： $W_{补} = \frac{w(SiO_2)_{矿} R}{w(CaO)_{有效}} = \frac{8\% \times 3}{80\%} = 0.3kg$

答：每加入 1kg 的矿石应补加石灰 0.3kg。

5.3.8.2　白云石加入量的确定

白云石加入量根据炉渣中所要求的 MgO 含量来确定，一般炉渣中 MgO 含量控制在 6%~8%。炉渣中的 MgO 含量由石灰、白云石和炉衬侵蚀的 MgO 带入，故在确定白云石加入量时要考虑它们的相互影响。

（1）白云石应加入量 $W_{白}$ 按下式计算：

$$W_{白} = \frac{渣量 \times w(MgO)_{渣}}{w(MgO)_{白}} \times 1000 \qquad (5-11)$$

式中　$w(MgO)_{白}$——白云石中 MgO 的质量分数，%；

$w(MgO)_{渣}$——炉渣中 MgO 的质量分数，%。

（3）白云石实际加入量中，应减去石灰中带入的 MgO 量折算的白云石数量 $W_{灰}$ 和炉衬侵蚀进入渣中的 MgO 量折算的白云石数量 $W_{衬}$，即白云石实际加入量 $W'_{白}$ 按下式计算：

$$W'_{白} = W_{白} - W_{灰} - W_{衬} \qquad (5-12)$$

例 5-8　设渣量为金属装入量的 12%，炉衬侵蚀量为装入量的 1%，炉衬中 $w(MgO) = 40\%$。铁水成分：$w(Si) = 0.7\%$，$w(P) = 0.2\%$，$w(S) = 0.04\%$；石灰成分：$w(CaO) = 90\%$，$w(MgO) = 3\%$，$w(SiO_2) = 2\%$；白云石成分：$w(CaO)_{白} = 40\%$，$w(MgO)_{白} = 35\%$，$w(SiO_2)_{白} = 3\%$；终渣要求：$w(MgO)_{渣} = 8\%$，碱度 $R = 3.5$。试计算

白云石和石灰加入量。

解：（1）白云石应加入量为

$$W_白 = \frac{12\% \times 8\%}{35\%} \times 1000 = 27.4 \text{kg/t}$$

（2）炉衬侵蚀进入渣中 MgO 折算的白云石数量为：

$$W_衬 = \frac{1\% \times 40\%}{35\%} \times 1000 = 11.4 \text{kg/t}$$

（3）石灰中带入 MgO 折算的白云石数量为：

$$W_灰 = W[w(MgO)_灰/w(MgO)_白] = \frac{2.14 \times 0.7\%}{90\% - 3.5 \times 2\%} \times 3.5 \times 1000 \times \frac{3\%}{35\%} = 5.4 \text{kg/t}$$

（4）实际白云石加入量为：

$$W'_白 = 27.4 - 11.4 - 5.4 = 10.6 \text{kg/t}$$

（5）白云石带入渣中 CaO 折算的石灰数量为：

$$10.6 \times 40\%/90\% = 4.7 \text{kg/t}$$

（6）实际入炉石灰数量为：

$$石灰加入量 W - 白云石折算石灰 = \frac{2.14 \times 0.7\%}{90\% - 3.5 \times 2\%} \times 3.5 \times 1000 - 4.7 = 58.5 \text{kg/t}$$

（7）白云石与石灰的入炉比例为：

$$白云石加入量/石灰加入量 = 10.6/58.5 = 0.18$$

在工厂生产实际中，由于石灰质量不同，白云石入炉量与石灰加入量之比可达 0.20 ~ 0.30。

5.3.8.3 助熔剂加入量

转炉造渣中常用的助熔剂是氧化铁皮和萤石。萤石化渣快，效果明显，但对炉衬有侵蚀作用，另外价格也较高，所以应尽量少用或不用，规定萤石用量应小于 4kg/t。氧化铁皮或铁矿石也能调节渣中 FeO 含量，起到化渣作用，但它对熔池有较大的冷却效应，一般铁矿石或氧化铁皮加入量为装入量的 2% ~ 5%。

5.3.9 渣料加入时间

通常情况下，顶吹转炉渣料分两批或三批加入。第一批渣料在兑铁水前或开吹时加入，加入量为总渣量的 1/2 ~ 2/3，并将白云石全部加入炉内。第二批渣料加入时间是在第一批渣料化好后，铁水中硅、锰氧化基本结束后分小批加入，其加入量为总渣量的 1/3 ~ 1/2。若是双渣操作，则是倒渣后加入第二批渣料。第二批渣料通常是分小批多次加入，多次加入不会过分冷却熔池，对石灰溶解有利，也有利于碳的均衡氧化，也可用小批渣料来控制炉内泡沫渣的溢出。第三批渣料视炉内磷、硫去除情况而决定是否加入，其加入数量和时间均应根据吹炼实际情况而定。无论加几批渣，最后一小批渣料必须在拉碳倒炉前 3min 加完，否则来不及化渣。

第二批渣料加得过早或过晚对吹炼都不利。加得过早，炉内温度低，第一批渣料还没有化好，又加冷料，炉渣就更不容易形成，有时还会造成石灰结坨，影响炉温提高。加得过晚，正值碳的激烈氧化期，TFe 含量低。当第二批渣料加入后，炉温骤然降低，不仅渣料不易熔化，还抑制了碳氧反应，会产生金属喷溅，当炉温再度提高后，就会造成大喷溅。

复吹转炉渣料的加入通常可根据铁水条件和石灰质量而定：当铁水温度高和石灰质量好时，渣料可在兑铁水前一次性加入炉内，以早化渣，化好渣。若石灰质量达不到要求，渣料通常分两批加入，第一批渣料要求在开吹后3min内加完，渣料量为总渣量的2/3～3/4；第一批渣料化好后加入第二批渣料，且分小批量多次加入炉内。

单渣操作时，渣料一般都是分两批加入。

5.3.10 渣况判断及处理

5.3.10.1 渣况判断

A 经验预测

通常情况下，渣料化好、渣况正常的标志是：炉口的火焰比较柔软，炉内传出的声音也柔和、均匀。这是因为，如果渣已化好、化透时，炉渣被一定程度地泡沫化了，渣层较厚。此时氧枪喷头埋没在泡沫渣中吹炼，氧气射流从枪口喷出及其冲击熔池时产生的噪声大部分被渣层吸收，而传到炉外的声音就较柔和；同时，从熔池中逸出的CO气体的冲力也大为减弱，在炉口处燃烧时的火焰也就显得较为柔软。

如果炉口的火焰由柔软逐渐向硬直的方向发展，炉内传出的声音也由柔和渐渐变得刺耳起来，表明炉渣将要出现"返干"现象。所谓炉渣"返干"是指在氧气顶吹转炉吹炼中期，冶炼温度已足够高，碳氧反应激烈，此时枪位比较低，已形成炉渣的流动性往往会突然降低，甚至会造成结块的现象。

如果炉内传出的声音渐渐变闷，炉口处的火焰也逐渐转暗且飘忽无力，同时还不时地从炉口溅出片状泡沫渣，说明炉渣正在被严重泡沫化，渣面距炉口已经很近，不久就要发生喷溅。

B 音频化渣仪预测

近年来，一些钢厂使用音频化渣仪对转炉炼钢中的两大难题即"返干"和喷溅进行预测和预报并取得了不错的效果。应用音频化渣仪预报返干的发生比较灵敏，当音频强度曲线走势接近或达到返干预警线时，操作工应及时采取相应措施，进行预防或处理。

音频化渣仪的工作原理是：音频化渣仪将由安装在炉口附近的定向取声装置采集到的炉口噪声进行信号转换、选频、滤波、放大、整形后输入计算机，由计算机在其显示器上的音频化渣图中绘制冶炼过程中的音频化渣曲线，间接地反映渣层厚度或渣面的高低，同时对吹炼过程中可能发生的喷溅或"返干"进行预报，并由报警装置发出声、光信号。

音频化渣应用软件具有"自适应"的微调功能，在任何一座转炉上运行几炉后，便能自动将"二线一区"调节到适合当前炉况的正确位置。

5.3.10.2 "返干"产生的原因及处理

A "返干"产生的原因

石灰的熔化速度影响成渣速度，而成渣速度一般可以通过吹炼过程中成渣量的变化来体现。吹炼前期和后期的成渣速度较快，而中期成渣速度缓慢。

吹炼前期：由于FeO含量高，但炉温还偏低，仍有一部分石灰被熔化，成渣较快。

吹炼中期：炉温已经升高，石灰得到了进一步的熔化，CaO含量增加，CaO与SiO_2结合成高熔点的$2CaO \cdot SiO_2$，同时又由于碳的激烈氧化，FeO被大量消耗，含有FeO的一些低熔点物质（如 $2FeO \cdot SiO_2$，1205℃）转变为高熔点物质（$2CaO \cdot SiO_2$，2130℃）；还会形成一些高熔点的 RO 相。此外由于吹炼中期渣中溶解 MgO 能力的降低，促使 MgO 部分析出，而这些未熔的固体质点大量析出弥散在炉渣中，致使炉渣黏稠，成团结块，气泡膜就变脆而破裂，出现了所谓的返干现象。

吹炼后期：随着脱碳速度的降低，FeO 又有所积累，以及炉温上升，促使炉渣熔化，石灰的溶解量（成渣量）急剧增大。同时后期渣中低熔点的 $CaO \cdot 2Fe_2O_3$、$CaFeSiO_4$ 等矿物较多，渣子流动性较好，只要碱度不过高，一般不会产生返干，相反需控制 FeO 含量不能太高，否则难以做到终渣符合溅渣护炉的要求。

综上所述，在吹炼中期由于产生大量的各种未熔固体质点弥散在炉渣之中，就可能导致炉渣返干。

B "返干"的预防措施

（1）在冶炼过程中严格遵守工艺操作规程（特别是枪位操作和造渣操作），在冶炼中期要保持渣中有适当的 FeO 含量，预防炉渣过黏、结块而产生返干。

（2）在冶炼过程中要密切注意火焰的变化，当有返干趋势时，要及时适当提高枪位或加入适量的氧化铁皮以增加 FeO 含量，促使迅速化渣，改善炉渣状况，预防"返干"的产生。

（3）学会采用音频化渣仪对返干进行有效的预报并采取措施，将返干消除。

C 产生"返干"后的处理方法

（1）补加一定量的氧化铁皮，铁皮中 FeO 含量在 90% 以上，加入后能迅速增加渣中的 FeO 含量。

（2）适当提高枪位，提高枪位后由于接触熔池液面的氧气流股动能减少，冲击深度小，传入熔池内的氧气量明显减少，致使熔池内的化学反应速度减慢，FeO 的消耗速度明显减小，因此，FeO 含量由于积累而增加。同时提高枪位可使冲击面积相对扩大，也使 FeO 含量增加。

（3）在提高枪位的同时还可以适当调低吹炼氧压，延长吹炼时间，降低脱碳速度，同样可以促使 FeO 含量增加，达到消除返干的目的。

（4）当火焰调整后，要逐步降枪，幅度不能过大。

5.4 温度制度

5.4.1 温度控制的重要性

温度控制包括吹炼过程温度控制和终点温度控制两个方面。前者的目的是保证吹炼过程顺利地进行，后者的目的是保证合适的出钢温度，为直接命中终点温度提供保证。

终点温度控制得好坏会直接影响到冶炼过程中的能量消耗、合金元素的收得率、炉衬的使用寿命及成品钢的质量等技术经济指标。

为了快而多地去除钢中的有害杂质、保护或提取某些有益元素、加快吹炼过程成渣速度、加快废钢熔化、减少喷溅、提高炉龄等，都必须控制好吹炼过程温度。

此外，对各钢种都有其要求的出钢温度。出钢温度过低会造成回炉、水口结瘤使浇铸中断、包底凝钢等；出钢温度过高则会造水口窜钢、漏钢、拉漏、钢水二次氧化严重等各种高温缺陷和废品，并影响炉衬和氧枪的寿命。

5.4.2 出钢温度的确定

确定出钢温度的原则是：

（1）保证浇铸温度高于所炼钢种凝固温度 50～100℃（小炉子偏上限，大炉子偏下限）。

（2）应考虑到出钢过程和钢水运输、镇静时间、钢液吹氩时的降温，一般为 40～80℃。

（3）应考虑浇铸方法和浇铸锭型大小所用时间温降。

此外，开新炉第一炉要求提高 20～30℃；连铸第一炉提高 20～30℃。

出钢温度可用下式计算：

$$T = T_f + \Delta T_1 + \Delta T_2 \tag{5-13}$$

式中　ΔT_1——钢水过热度，℃；

　　　ΔT_2——出钢、精炼、运输造成的温降，℃；

　　　T_f——钢水凝固温度，℃，与钢水成分有关，可用式（5-14）计算：

$$T_f = 1538 - \Sigma(w[i]\Delta T_i) - A \tag{5-14}$$

　　　1538——纯铁的凝固点，℃；

　　　$w[i]$——钢中某元素的质量分数，%；

　　　ΔT_i——1% 的 i 元素使纯铁凝固温度的降低值，℃；

　　　A——其他元素、气体或夹杂物对纯铁凝固温度的影响值，℃。

例 5-9　45 号钢的化学成分为 $w(C)=0.45\%$，$w(Si)=0.27\%$，$w(Mn)=0.65\%$，$w(P)=0.02\%$，$w(S)=0.02\%$，每增加 1% 下列元素对纯铁的凝固点影响值如下：C 65℃，Si 8℃，Mn 5℃，P 30℃，S 25℃，其他元素使纯铁的凝固点下降值为 7℃，纯铁的凝固点温度为 1538℃，连铸中间包过热度取 30℃，钢水镇静时间为 15min，每分钟的温度降值为 1℃/min，钢水吹氩时间为 2min，吹氩温降为 10℃/min，出钢温降为 90℃，计算 45 号钢的终点出钢温度为多少？

解：45 号钢的液相线温度 = 1538 -（0.45×65 + 0.27×8 + 0.65×5 + 0.02×30 + 0.02×25）- 7 = 1495℃

$$T_{出钢} = 1495 + 30 + 15×1 + 10×2 + 90 = 1650℃$$

答：45 号钢的终点出钢温度为 1650℃。

5.4.3 热量来源与热量支出

5.4.3.1 热量来源

氧气转炉炼钢的热量来源主要是铁水的物理热和化学热。物理热是指铁水带入的热量，它与铁水温度有直接关系；化学热是铁水中各元素氧化后放出的热量，它与铁水化学成分直接相关。

在炼钢温度下，各元素氧化放出的热量各异，这可以通过各元素氧化放出的热效应来计算确定。

表 5-1 为炼钢温度下，每氧化 1kg 元素熔池吸收的热量及氧化 1% 元素使熔池的升温数。

表 5-1　氧化 1kg 元素熔池吸收的热量（kJ）及氧化 1% 元素使熔池的升温数（℃）

反　　应	氧气吹炼时的反应温度/℃		
	1200	1400	1600
$[C] + \{O_2\} = \{CO_2\}$	$\dfrac{244}{33022}$	$\dfrac{240}{32480}$	$\dfrac{236}{31973}$
$[C] + \dfrac{1}{2}\{O_2\} = \{CO\}$	$\dfrac{84}{11300}$	$\dfrac{83}{11174}$	$\dfrac{82}{11048}$
$[Fe] + \dfrac{1}{2}\{O_2\} = (FeO)$	$\dfrac{31}{4072}$	$\dfrac{30}{4018}$	$\dfrac{29}{3967}$
$[Mn] + \dfrac{1}{2}\{O_2\} = (MnO)$	$\dfrac{47}{6340}$	$\dfrac{47}{6328}$	$\dfrac{47}{6319}$
$[Si] + \{O_2\} + 2(CaO) = (2CaO \cdot SiO_2)$	$\dfrac{152}{20674}$	$\dfrac{142}{19293}$	$\dfrac{132}{17828}$
$2[P] + \dfrac{5}{2}\{O_2\} + 4(CaO) = (4CaO \cdot P_2O_5)$	$\dfrac{190}{25738}$	$\dfrac{181}{24524}$	$\dfrac{173}{23352}$

　　注：1. 渣量为装入金属料的 15%，炉衬吸热为装入金属料的 10%。

　　　　2. 分母表示氧化 1kg 元素熔池吸收的热量；分子表示氧化 1% 元素时每吨钢液的升温数。

　　由表 5-1 可以看出：

　　（1）氧气吹炼，碳与其他元素的发热能力较高。这就是氧气顶吹转炉热效率高、热量有富余的原因。

　　（2）碳的发热能力随其燃烧的完全程度而异。完全燃烧时碳的发热能力比硅、磷高。顶吹氧气转炉内一般只有 15% 左右的碳完全燃烧成 CO_2，而大部分的碳没有完全燃烧。但因铁水中碳含量高，因此，碳仍然是主要热源。

　　（3）发热能力大的元素是 Si 和 P，由于 P 是入炉铁水中的控制元素，所以 Si 是转炉炼钢的主要发热元素。而 Mn 和 Fe 的发热能力不大，不是主要热源。

　　从高炉生产来看，铁水中 C、Mn、P 的含量波动不大，铁水成分中最容易波动的是 Si，而 Si 又是转炉炼钢的主要发热元素。因此要正确控制温度就必须注意铁水中硅含量的变化。

5.4.3.2　热量支出与富余热量的计算

　　转炉的热量支出可分为两部分。一部分是直接用于炼钢的热量，即用于加热钢水和熔渣的热量；一部分是未直接用于炼钢的热量，即废气、烟尘、冷却水带走的热量，炉口炉壳的散热损失和冷却剂的吸热等。

　　富余热量是全部用铁水吹炼时，热量总收入与用于将系统加热到规定温度和抵偿不加冷却剂的情况下转炉的热损失所必需的热量之差。为了正确地控制转炉的终点温度，就需要知道富余热量有多少，这些热量需要加入多少冷却剂。

　　下面以某厂条件为例，计算如下。

　　铁水成分（质量分数）：4.2% C；0.7% Si；0.4% Mn；0.14% P。

　　铁水温度：1250℃。

　　终点成分（质量分数）：0.2% C；0.16% Mn；0.03% P；痕迹 Si。

终点温度：1650℃。

（1）先计算出在1250℃时各元素氧化反应的发热量。例如碳氧化生成 CO_2，从表 5-1 可以看出，1200℃碳氧化 1kg 时熔池的吸热量为 33022kJ，1400℃时为 32480kJ。1250℃与1200℃之热量差 x 可由下式求得：

$$（1400-1200）:（33022-32480）=（1250-1200）:x$$

$$x=135.5kJ$$

所以1250℃碳氧化成 CO_2 的发热量为 32886kJ/kg。

用同样的方法可以计算出其他元素在1250℃、每氧化1kg熔池所吸收的热量：

C ⟶ CO_2	32886kJ	
C ⟶ CO	11255kJ	
Fe ⟶ FeO	4055kJ	
Mn ⟶ MnO	6312kJ	
Si ⟶ 2CaO·SiO_2	20304kJ	
P ⟶ 4CaO·P_2O_5	25320kJ	

（2）根据各元素的烧损量可以计算出熔池吸收热量（100kg 铁水时）。熔池所吸收的热量是 78116kJ，见表 5-2。

表5-2 吹炼过程中各元素氧化为熔池所吸收的热量

元素和氧化产物	氧化量/kg	为熔池所吸收的热量/kJ	备　注
C→CO_2	0.40	13138	10% 的 C 氧化成 CO_2
C→CO	3.60	40794	90% 的 C 氧化成 CO
Si→2CaO·SiO_2	0.70	14226	
Mn→MnO	0.24	1519	
Fe→FeO	1.40	5648	$15\times12\%\times56/72=1.4$
P→4CaO·P_2O_5	0.11	2791	
总　计		78116	

除了考虑炉气、炉渣加热到1250℃所耗热量外，在吹炼过程中炉子也有一定的热损失，如炉子辐射和对流的热损失以及喷溅引起的热损失等。因此，真正吸收的热量比上面计算的要小，上述几项热损失一般占10%以上，则熔池所吸收的热量是：

$$78116\times90\%=70304kJ$$

（3）计算熔池从1250℃升温到1650℃所需之热量。从1250℃到1650℃需要升温400℃，钢水和熔渣加热400℃以及把炉气加热到1450℃所需热量为：

$$400\times0.837\times90+400\times1.247\times15+200\times1.13\times10=39874kJ$$

式中，0.837、1.247、1.13分别为钢液、熔渣和炉气的质量热容（一定量物质升高1℃吸收的热量称为热容，单位质量物质的热容称为质量热容），kJ/(kg·℃)；90、15、10分别为钢液、熔渣和炉气的质量，kg；200为假定炉气的平均温度为1450℃时的温升，即1450-1250=200℃。

（4）计算富余热量。根据以上的计算富余热量应为：

$$70304-39874=30430kJ$$

以上是简单的计算方法。其准确程度的关键是确定热损失的大小。

5.4.4　冷却剂的冷却效应

温度控制的办法主要是适时加入需要数量的冷却剂，其关键是准确确定冷却剂用量和最适当的加入时间。

熔池温度过高会造成：难化渣，温度过高脱碳反应更为激烈，致使渣中 FeO 保持在很低的水平，使石灰溶解更加困难，甚至出现严重"返干"；炉衬侵蚀严重，白云石炉衬的耐火温度并不是很高的，炉温升高，炉衬软化趋势大，冲击侵蚀更加容易；末期去磷困难，脱磷反应对温度的敏感性较强，虽然末期渣的碱度高，但高温下磷的分配比下降，致使钢液中的磷含量较难降到要求以下；溶解于钢液中的气体增加，从而影响钢的质量；出钢钢水温度过高，容易造成浇铸事故。

熔池温度过低会造成：前期化渣不好，后期难造高碱度渣，影响脱磷及脱硫；为了提高炉温，要采取一些强制性措施，将使铁合金消耗增加、铁损增加；使吹炼时间延长。

因此吹炼过程温度控制的基本点是：

（1）满足快速造渣的需要，保证尽快形成成分和性质符合要求的炉渣。

（2）满足去除磷、硫和其他杂质的需要，在特殊情况下，还应满足从金属中提取某些有利元素同时保留另一些有利元素的要求。

（3）满足吹炼过程平稳和顺行的要求，吹炼的前、中期，特别是强烈脱碳期，温度过高或过低都容易产生喷溅。

（4）协调熔池的升温和脱碳速度，满足准确地控制终点的要求。

5.4.4.1　各种冷却剂的比较

顶吹转炉炼钢的热量有富余，必须加入适量的冷却剂。常用的冷却剂有废钢、铁矿石、氧化铁皮等。这些冷却剂可以单独使用，也可以搭配使用。当然，加入的石灰、生白云石、菱镁矿等也能起到冷却剂作用。

（1）废钢：废钢杂质少，用废钢做冷却剂，渣量少，喷溅小，冷却效应稳定，因而便于控制熔池温度，同时可以减少渣料消耗量，降低成本。但加废钢必须使用专门设备，占用装料时间，不便于过程温度的调整。

（2）铁矿石：与废钢相比，使用铁矿石做冷却剂不需要占用装料时间，能够增加渣中 TFe，有利于化渣，同时还能降低氧气和钢铁料的消耗，吹炼过程调整方便。但是以铁矿石为冷却剂将使渣量增大，操作不当时易喷溅，同时由于铁矿石的成分波动会引起冷却效应的波动。如果采用全矿石冷却时，加入时间不能过晚。

（3）氧化铁皮：与铁矿石相比，氧化铁皮成分稳定，杂质少，因而冷却效果也比较稳定。但氧化铁皮的密度小，在吹炼过程中容易被气流带走。

由此可见，要准确控制熔池温度，用废钢作为冷却剂效果最好，但为了促进化渣，提高脱磷效率，可以搭配一部分铁矿石或氧化铁皮。目前我国各厂采用定矿石调废钢或定废钢调矿石两种冷却制度。

5.4.4.2　各种冷却剂的冷却效应

在一定条件下，加入 1kg 冷却剂所消耗的热量就是冷却剂的冷却效应。

冷却剂吸收的热量包括将冷却剂提高温度所消耗的物理热和冷却剂参加化学反应消耗的化学热两个部分，即：

$$Q_冷 = Q_物 + Q_化 \tag{5-15}$$

而 $Q_物$ 取决于冷却剂的性质以及熔池的温度：

$$Q_物 = c_固(t_熔 - t_0) + \lambda_熔 + c_液(t_出 - t_熔) \tag{5-16}$$

式中　$c_固$，$c_液$——分别为冷却剂在固态和液态时的质量热容，kJ/(kg·℃)；

　　　　t_0——室温，℃；

　　　　$t_出$——给定的出钢温度，℃；

　　　　$t_熔$——冷却剂的熔化温度，℃；

　　　　$\lambda_熔$——冷却剂的熔化潜热，kJ/kg。

$Q_化$不仅与冷却剂本身的成分和性质有关，而且与冷却剂在熔池内参加的化学反应有关。

（1）废钢的冷却效应：废钢的冷却作用主要靠吸收物理热来实现。从常温加热到全部熔化，并提高到出钢温度所需要的热量可用式（5-17）计算：

$$Q_废 = m\left[c_熔 t_熔 + \lambda + c_液(t_出 - t_熔)\right] \tag{5-17}$$

1kg 废钢在出钢温度为 1680℃时的冷却效应是：

$$Q_废 = 1 \times \left[0.699 \times (1500 - 25) + 272 + 0.837 \times (1680 - 1500)\right] = 1454 \text{kJ/kg}$$

式中　0.699，0.837——分别为固态钢和液态钢的质量热容，kJ/(kg·℃)；

　　　　1500——废钢的熔化温度，℃；

　　　　25——室温的数值，℃；

　　　　λ——熔化潜热，kJ/kg；

　　　　1680——出钢时的钢水温度，℃。

（2）根据类似方法，可以计算出铁矿石、氧化铁皮、白云石、石灰等材料的冷却效应。如果规定废钢的冷却效应值为 1.0，则其他冷却剂冷却效应与废钢冷却效应的比值即为冷却效应换算值。为了使用方便，将各种常用冷却剂冷却效应换算值列于表 5-3。

表 5-3　常用冷却剂冷却效应换算值

冷却剂	重废钢	轻薄废钢	压块	铸铁件	生铁块	金属球团
冷却效应换算值	1.0	1.1	1.6	0.6	0.7	1.5
冷却剂	无烟煤	焦炭	Fe-Si	菱镁矿	萤石	烧结矿
冷却效应换算值	-2.9	-3.2	-5.0	1.5	1.0	3.0
冷却剂	铁矿石	铁皮	石灰石	石灰	白云石	
冷却效应换算值	3.0~4.0	3.0~4.0	3.0	1.0	1.5	

5.4.4.3　冷却剂的加入时间

冷却剂的加入时间因吹炼条件不同而略有差别。由于废钢在吹炼过程中加入不方便，影响吹炼时间，通常是在开吹前加入。利用矿石或者铁皮作冷却剂时，由于它们同时又是化渣剂，加入时间往往与造渣同时考虑，多采用分批加入的方式。其中，关键是选好二批料加入时间，即必须在初期渣已化好、温度适当时加入。

5.4.5　生产中的温度控制

在生产实际中，温度的控制主要是根据所炼钢种、出钢后间隔时间的长短、补炉材料消耗等因素来考虑废钢的加入量。对一个工厂来说，由于所用的铁水成分和温度变化不大，因而渣量变化也不大，故吹炼过程的热消耗较为稳定。若所炼钢种发生改变，出钢后钢水吊运和修补炉衬使间隔时间延长和炉衬降温，则必然引起吹炼过程中热消耗发生变化，因而作为冷却剂的废钢加入量也应作相应调整。

5.4.5.1 影响终点温度的因素

在生产条件下影响终点温度的因素很多，必须经综合考虑，再确定冷却剂加入的数量。

（1）铁水成分的影响：铁水中硅、磷是强发热元素，若其含量过高时，可以增加热量，但也会给冶炼带来诸多问题，因此有条件时应进行铁水预处理脱硅、磷。

（2）铁水温度的影响：铁水温度的高低关系到带入物理热的多少，所以在其他条件不变的情况下，入炉铁水温度的高低影响终点温度的高低。铁水温度每升高10℃，钢水终点温度可提高6℃。

（3）铁水装入量的影响：铁水装入量的增加或减少，均使其物理热和化学热有所变化，若其他条件一定的情况下，铁水比越高，终点温度也越高。

（4）炉龄的影响：转炉新炉衬温度低、出钢口又小，因此炉役前期终点温度要比正常吹炼炉次高20～30℃，才能获得相同的浇铸温度，所以冷却剂用量要相应减少。炉役后期炉衬薄，炉口大，热损失多，所以除应适当减少冷却剂用量外，还应尽量缩短辅助时间。

（5）终点碳含量的影响：碳是转炉炼钢重要的发热元素。根据某厂的经验，终点$w[C]<0.24\%$时，每增减碳0.01%，则出钢温度也要相应减增2～3℃，因此，吹炼低碳钢时应考虑这方面的影响。

（6）炉与炉间隔时间的影响：间隔时间越长，炉衬散热越多。在一般情况下，炉与炉的间隔时间在4～10min。间隔时间在10min以内，可以不调整冷却剂用量，超过10min时，要相应减少冷却剂的用量。

另外，由于补炉而空炉时，根据补炉料的用量及空炉时间来考虑减少冷却剂用量。

（7）枪位的影响：如果采用低枪位操作，会使炉内化学反应速度加快，尤其是脱碳速度加快，供氧时间缩短，单位时间内放出的热量增加，热损失相应减少。

（8）喷溅的影响：喷溅会增加热损失，因此对喷溅严重的炉次，要特别注意调整冷却剂的用量。

（9）石灰用量的影响：石灰的冷却效应与废钢相近，石灰用量大则渣量大，造成吹炼时间长，影响终点温度。所以当石灰用量过大时，要相应减少其他冷却剂用量。

（10）出钢温度的影响：可根据上一炉钢出钢温度的高低来调节本炉的冷却剂用量。

5.4.5.2 确定冷却剂用量的经验数据

目前，多数厂家都是根据经验数据进行简单的计算来确定冷却剂调整数量。

知道了各种冷却剂的冷却效应和影响冷却剂用量的主要因素以后，就可以根据上炉情况和对本炉温度有影响的各个因素的变动情况综合考虑，进行调整，确定本炉冷却剂的加入数量。表5-4列出30t转炉的温度控制的经验数据。

表5-4 30t氧气顶吹转炉温度控制经验数据

因 素	变动量	终点温度变化量/℃	调整矿石量/kg
铁水 $w(C)$/%	±0.10	±9.74	±65
铁水 $w(Si)$/%	±0.10	±15	±100
铁水 $w(Mn)$/%	±0.10	±6.14	±41
铁水温度/℃	±10	±6	±40
废钢加入量/t	±1	∓47	∓310
铁水加入量/t	±1	±8	±53
停吹温度/℃	±10	±10	±66
终点 $w[C]<0.2$%	±0.01%	∓3	∓20
石灰加入量/kg	±100	∓5.7	∓38
硅铁加入量/kg·炉$^{-1}$	±100	±20	±133
铝铁加入量/kg·t^{-1}	±7	±50	±333
加合金量（硅铁除外）/kg·t^{-1}	±7	∓10	∓67

5.5 终点控制和出钢

终点控制主要是指终点温度和成分的控制。对转炉终点的精确控制不仅要保证终点碳、温度的精确命中，确保S、P成分达到出钢要求，而且要求控制尽可能低的钢水氧含量。

5.5.1 终点的标志

转炉兑入铁水后，通过供氧、造渣操作，经过一系列物理化学反应，钢水达到了所炼钢种成分和温度要求的时刻，称为"终点"。

到达终点的具体标志是：

（1）钢中碳含量达到所炼钢种的控制范围；

（2）钢中P、S含量低于规格下限以下的一定范围；

（3）钢水具有必要的温度，以保证脱氧及合金化后浇铸能顺利进行；

（4）对于沸腾钢，钢水应有一定的氧化性。

终点控制是转炉吹炼后期的重要工作。由于脱磷、脱硫比脱碳操作复杂，因此总是尽可能提前让磷、硫去除到终点要求的范围。这样，终点控制便简化为脱碳和钢水温度控制。

拉碳是指吹炼过程进行到熔池钢液中碳含量达到出钢的要求时，停止吹氧并摇炉的操作，此时钢水中P、S和温度也符合出钢要求。

终点控制不准确，会造成一系列的危害。

拉碳偏高时，需要补吹，也称后吹，后吹使渣中 $w(TFe)$ 高，金属消耗增加，降低炉衬寿命。

若拉碳偏低时，不得不改变钢种牌号，或增碳，这样既延长了吹炼时间，也打乱了车间的正常生产秩序，并影响钢的质量。

若终点温度偏低时，也需要补吹，这样会造成碳偏低，必须增碳，渣中 $w(TFe)$ 高，对炉衬不利；终点温度偏高，会使钢水气体含量增高，浪费能源，侵蚀耐火材料，增加夹杂物含量和回磷量，造成钢质量降低。

所以准确拉碳是终点控制的一项基本操作。

5.5.2　终点控制方法

终点碳控制的方法有三种，即一次拉碳法、增碳法和高拉补吹法。

5.5.2.1　一次拉碳法

按出钢要求的终点碳和终点温度进行吹炼，当达到要求时提枪。这种方法要求终点碳和温度同时到达目标，否则需补吹或增碳。一次拉碳法要求操作技术水平高，其优点颇多，归纳如下：

(1) 终点渣 TFe 含量低，钢水收得率高，对炉衬侵蚀量小；

(2) 钢水中有害气体少，不加增碳剂，钢水洁净；

(3) 余锰高，合金消耗少；

(4) 氧耗量小，节约增碳剂。

5.5.2.2　增碳法

吹炼平均碳含量 $w(C) \geqslant 0.08\%$ 的钢种，均吹炼到 $w(C) = 0.05\% \sim 0.06\%$ 时提枪，按钢种规范要求加入增碳剂。增碳法所用碳粉要求纯度高，硫和灰分要很低，否则会玷污钢水。

采用这种方法的优点如下：

(1) 终点容易命中，省去中途倒渣、取样、校正成分及温度的补吹时间，因而生产率较高；

(2) 吹炼结束时炉渣中 FeO 含量高，化渣好，去磷率高，吹炼过程的造渣操作可以简化，有利于减少喷溅、提高供氧强度和稳定吹炼工艺；

(3) 热量收入较多，可以增加废钢用量。

5.5.2.3　高拉补吹法

当冶炼中、高碳钢钢种时，终点按钢种规格稍高些进行拉碳，待测温、取样后按分析结果与规格的差值决定补吹时间。

高拉补吹方法只适用于中、高碳钢的吹炼。由于在中、高碳 ($w(C) > 0.40\%$) 钢种的碳含量范围内，脱碳速度较快，火焰没有明显变化，从火花上也不易判断，终点人工一次拉碳很难准确判断，所以采用高拉补吹的办法。

终点后吹（补吹）时出钢过程中要保证钢水成分，必须采用以下措施：

(1) 堵好出钢口，防止下渣；

(2) 出钢时加合金料前先加一部分脱氧剂；

(3) 脱氧剂总量要比平时多加；

(4) 合金料量适当增加；

(5) 必须保证足够的吹氩时间。

生产中采用高拉碳低氧控制，是指根据成品磷的要求，决定高拉碳范围，既能保证终点钢水氧含量低，又能达到成品磷的要求，并减少增碳量。

5.5.3 终点判断方法

5.5.3.1 碳的判断

A 看火焰

转炉开吹后，熔池中碳不断地被氧化，金属液中的碳含量不断降低。碳氧化时，生成大量的 CO 气体。高温的 CO 气体从炉口排出时，与周围的空气相遇，立即氧化燃烧，形成了火焰。炉口火焰的颜色、亮度、形状、长度是熔池温度及单位时间内 CO 排出量的标志，也是熔池中脱碳速度的量度。

在一炉钢的吹炼过程中，脱碳速度的变化是有规律的。所以能够从火焰的外观来判断炉内的碳含量。

在吹炼前期熔池温度较低，碳氧反应慢，所以炉口火焰短，颜色呈暗红色。吹炼中期碳开始激烈氧化，生成 CO 量大，火焰白亮，长度增加，也显得有力。这时对碳含量进行准确的估计是困难的。当碳含量进一步降低到 0.20% 左右时，由于脱碳速度明显减慢，CO 气体显著减少。这时火焰要收缩、发软、打晃，看起来火焰也稀薄些。炼钢工根据自己的具体体会就可以掌握住拉碳时机。

生产中有许多因素影响我们观察火焰和做出正确的判断。主要有如下几方面：

(1) 温度。温度高时，碳氧化速度较快，火焰明亮有力，此时看起来碳含量好像还很高，实际上已经不太高了，要防止拉碳偏低；温度低时，碳氧化速度缓慢，火焰收缩较早。另外由于温度低，钢水流动性不够好，熔池成分不易均匀，看上去碳含量好像不太高了，但实际上还较高，要防止拉碳偏高。

(2) 炉龄。炉役前期炉膛小，氧气流股对熔池的搅拌力强，化学反应速度快。并且炉口小，火焰显得有力，要防止拉碳偏低。炉役后期炉膛大，搅拌力减弱了，同时炉口变大，火焰显得软，要防止拉碳偏高。

(3) 枪位和氧压。枪位低或氧压高，碳的氧化速度快，炉口火焰有力，此时要防止拉碳偏低；反之，枪位高或氧压低，火焰相对软些，拉碳容易偏高。

(4) 炉渣情况。炉渣化得好，能均匀覆盖在钢水面上，气体排出有阻力，因此火焰发软；若炉渣没化好，或者有结团，不能很好地覆盖钢水液面，气体排出时阻力小，火焰有力。渣量大，气体排出时阻力也大，火焰发软。

(5) 炉口粘钢量。炉口粘钢时，炉口变小，火焰显得硬，要防止拉碳偏低；反之，要防止拉碳偏高。

(6) 氧枪情况。喷嘴蚀损后，氧流速度降低，脱碳速度减慢，要防止拉碳偏高。

总之，在判断火焰时，要根据各种影响因素综合考虑，才能准确判断终点碳含量。

B 看火花

从炉口被炉气带出的金属小粒，遇到空气后被氧化，其中碳氧化生成 CO 气体，由于体积膨胀，把金属粒爆裂成若干碎片。碳含量越高（$w(C) > 1.0\%$）爆裂程度越大，表现为火球状和羽毛状，弹跳有力。随着碳含量的不断降低依次爆裂成多叉、三叉、二叉的火花，弹跳力逐渐减弱。当碳含量很低（$w(C) < 0.10\%$）时，火花几乎消失，跳出来的均是小火星和流线。只有当稍有喷溅带出金属时才能观察到火花，否则无法判断。炼钢工判断终点时，在观察火焰的同时，可以结合炉口喷出火花的情况综合判断。

C　钢样判碳

从转炉内取出具有代表性的钢样，刮去钢样表面渣子，在不脱氧的情况下，根据样瓢内钢水表面颜色、沸腾状态及火花情况进行判断。

转炉人工取样要求包括：

满：样瓢内钢水占瓢内体积至少 2/3 以上；

准：取样位置要准确，要求尽量取到熔池中间、炉渣以下一定深度的钢水；

深：样瓢取样深度以钢水面位置为准，取熔池深度的 1/3 ~ 1/2 处的钢水才有代表性；

快：整个取样过程动作要连贯、迅速，否则样瓢受热时间长，易弯曲甚至熔化；

盖：钢样上面要有较厚渣层覆盖，以免钢水降温或被氧化而影响成分；

稳：从炉内取出钢样一直到操作完毕，动作要稳，不碰撞，不泼出钢水。

不同碳含量钢水的特征如下：

$w(C) = 0.3\% ~ 0.4\%$：钢水沸腾，火花分叉较多且碳花密集，弹跳有力，射程较远。

$w(C) = 0.18\% ~ 0.25\%$：火花分叉较清晰，一般分 4 ~ 5 叉，弹跳有力，弧度较大。

$w(C) = 0.12\% ~ 0.16\%$：碳花较稀，分叉明晰可辨，分 3 ~ 4 叉，落地呈"鸡爪"状，跳出的碳花弧度较小，多呈直线状。

$w(C) < 0.10\%$：碳花弹跳无力，基本不分叉，呈球状颗粒。

$w(C)$ 再低：火花呈麦芒状，短而无力，随风飘摇。

同样，由于钢水的凝固和在此过程中的碳氧反应，凝固后钢样表面出现毛刺，根据毛刺的多少可以凭经验判断碳含量。

以火花判断碳含量时，必须与钢水温度结合起来，如果钢水温度高，在同样碳含量条件下，火花分叉比温度低时多。因此在炉温较高时，估计的碳含量可能高于实际碳含量。情况相反时，判断碳含量会比实际值偏低些。

D　结晶定碳

终点钢水中的主要元素是 Fe 与 C，碳含量高低影响着钢水的凝固温度，反之，根据凝固温度不同也可以判断碳含量。如果在钢水凝固过程中连续地测定钢水温度，当到达凝固点时，由于凝固潜热补充了钢水降温散发的热量，所以温度随时间变化的曲线出现了一个水平段，这个水平段所处的温度就是钢水的凝固温度，根据凝固温度可以反推出钢水的碳含量。因此吹炼中、高碳钢时终点控制采用高拉补吹，就可使用结晶定碳来确定碳含量。

E　其他判碳方法

当喷嘴结构尺寸一定时，采用恒压变枪操作，单位时间内的供氧量是一定的。在装入量、冷却剂加入量和吹炼钢种等条件都没什么变化时，吹炼 1t 金属所需的氧气量也是一定的，因此吹炼一炉钢的供氧时间和耗氧量变化也不大。这样就可以根据上几炉的供氧时间和耗氧量，作为本炉拉碳的参考。当然，每炉钢的情况不可能完全相同，如果生产条件有变化，其参考价值就要降低。即使是生产条件完全相同的相邻炉次，也要与看火焰、看火花等办法结合起来综合判断。

随着科学技术的进步，应用红外、光谱等成分快速测定手段，可以验证经验判断碳的准确性。

5.5.3.2 钢水温度的判断

A 火焰判温

转炉炉口喷射出来的火焰温度是由两部分混合组成的：一部分是从钢水中逸出的CO气体所具有的温度，此温度实际上反映了钢水温度；另一部分是CO气体在炉口与氧进行完全燃烧后放出的化学热，使火焰温度升高，在一定的碳含量下，其值可以认为是恒定的，因此可以从火焰颜色来估计火焰温度，估计CO气体所具有的温度，最后来反映（判断）钢水的温度。

钢水温度高：火焰颜色白亮、刺眼，火焰周围有白烟，且浓厚有力。钢水温度低：火焰颜色较红（暗红），火焰周围白亮少（甚至没有），略带蓝色，并且火焰形状有刺、无力、较淡薄透明。若火焰发暗，呈灰色，则温度更低。

影响判温的因素有：

（1）冶炼时期的影响。吹炼到终点收火时，火焰一般较淡薄透明，甚至还可以隐约看到被烟气包围之中的氧枪，呈现出低温的火焰特征，但事实上收火时钢水温度已经很高了，如果在此时单凭火焰特征的一般规律来判温，就会造成很大的误差。

（2）铁水中硅含量的影响。当铁水中硅含量高时，吹炼时间较长，其火焰特征即使正常，它的终点温度也比一般情况要高，没有长期积累的丰富经验是很难从火焰特征上区别开来的。在判温时不考虑此因素的影响容易将钢水温度判低。

（3）返干的影响。冶炼中期有可能产生返干，返干时由于炉渣结块成团致使火焰相对比较白亮，显示钢水温度较高的特征，如为此而加入较多冷却剂，则随着温度的逐渐升高，当结块成团的渣料一旦熔化，往往会造成熔池较大的温降，最终造成终点温度偏低的失误。

（4）废钢铁水比的影响。金属料中若铁水配比过大，则会延长吹炼时间，中后期的火焰仍为正常配比的中期火焰特征，若不注意这一因素的影响，终点温度容易偏高。金属料中若重废钢配比过大或废钢块过大，而中期火焰正常时，要防止后期炉温偏低。

（5）补炉后炉次的影响。补炉后第一炉吹炼中，火焰较平时炉次吹炼时产生的火焰要浓厚得多，容易使操作人员误判为温度较高，最后造成低温的后果。其实是由于补炉料的作用，吹炼中产生的火焰与平常炉次的火焰显然不一样。

B 钢样判温

（1）若钢水温度高：样瓢表面的炉渣很容易拨开；钢水白亮活跃，钢样四周冒青烟；拨开炉渣后到钢水突然冒涨的一段时间长；冒涨时飞溅出来的火星也会突然增多。

（2）若钢水温度低：样瓢表面的炉渣不太容易拨开；钢水颜色比较红甚至暗红，看上去钢水混浊发黏；拨开炉渣后到钢水突然冒涨的一段时间短。

（3）在炉长刮开样瓢表面炉渣，使钢水裸露时立即刺铝，同时按下秒表，根据结膜时间的长短来判断钢水温度的高低。

1）若钢水温度高：在拨开样瓢表面炉渣使钢水裸露和刺铝后，钢水表面从边缘到中心整个表面结膜的时间长。

2）若钢水温度低：钢水表面结膜的时间短。

C 热电偶测定温度

目前常用的办法是用插入式热电偶并结合经验来判断终点温度。

D 其他判温方法

(1) 渣样判温。用样瓢从熔池中取出渣样,倒入样模后进行观察。如渣样四周白亮,从边缘到中央由红变黑的时间长,说明取出的炉渣温度高,也说明熔池中钢水温度较高。这是炉前判温常用的方法之一。

(2) 利用喷枪冷却水进出的温差来判温。喷枪冷却水进水温度与出水温度的温差 ΔT 与熔池内钢水温度有着一定的对应关系(在相邻炉次的枪位相近、冷却水流量相仿的情况下):如果喷枪冷却水的进、出水温差大,反映出熔池温度较高;相反则反映出熔池温度较低。

(3) 根据炉膛情况来判温。倒炉出钢时可以根据炉膛情况来帮助判温:如果钢水温度高,则炉膛较白亮,往往还有泡沫渣涌出;如果炉膛不那么白亮,也没有泡沫渣涌出,渣子发死,说明钢水温度低。

(4) 使用测温枪测温。此枪头上装有双金属热电偶头,并配有直读温度数字仪表,使用时把枪插入熔池深部,数秒即可读出温度。此方法测温数据准确但成本较高。终点出钢时必须使用该法。

E 假温度的辨别与避免

在生产中,冶炼或出钢时有可能出现假温度现象。所谓假温度是指:

(1) 在吹炼过程中,从火焰判断以及测量钢水温度来看,似乎温度足够,但熔池内有大型废钢未熔化,或是石灰结坨尚未成渣,至终点废钢或渣坨熔化,致使熔池温度降低。

(2) 出钢时取样或测温,都能达到要求,但出至钢包中,温度低了,也就是说,所测温度没有代表熔池实际温度。这主要是由于搅拌不均匀造成的。

避免假温度现象可采取的措施是:

(1) 如果入炉有重型废钢,过程温度的掌握应偏高一些。

(2) 要避免石灰结坨,石灰结坨时很容易根据炉口火焰或炉膛响声发现,要及时处理,一定不要等到吹炼终点时再处理。

(3) 吹炼末期,枪位要低,加强熔池搅拌,均匀熔池,绝对要避免高枪位吊吹。

5.5.4 出钢

在转炉出钢过程中,为了减少钢水吸气和有利于合金加入钢包后的搅拌均匀,需要适当的出钢时间。我国规定,小于50t 转炉为 1~4min,50~100t 转炉为 3~6min,大于100t 转炉为 4~8min。

出钢持续时间的长短受出钢口影响很大。转炉出钢时对出钢口要求是:出钢口应保持一定的直径、长度和合理的角度,以维持合适的出钢时间。若出钢口变形扩大,出钢易散流,还会大流下渣,造成出钢时间缩短等,这不仅会导致回磷,而且降低合金吸收率;出钢时间太短,加入的合金未得到充分熔化,分布也不均匀,影响合金吸收率的稳定性;出钢时间过长,加剧钢流二次氧化,加重脱氧负担,而且温降也大,同时也影响转炉的生产率。

5.5.4.1 出钢下渣

所谓"下渣",是指出钢过程中炉内熔渣流入钢包的情况。根据产生的原因不同,下渣可分为前期下渣、后期下渣和大炉口下渣三种。

(1) 前期下渣:倒炉出钢时,熔渣比钢水先到达出钢孔位置,因为炉渣密度为 3.4 ~ 3.5t/m³,钢水密度为 7.0t/m³,炉渣覆盖于钢水上面,这样总有一部分渣子先流入钢包,此渣称为前期下渣。

(2) 后期下渣:出钢过程中,在出钢孔周围会形成旋涡,使钢水旋转,如钢水层浅就会带动渣液,形成卷渣,造成钢、渣混出,所以要求在可能的范围内尽量压低炉口,保持出钢过程有较厚的钢水层可避免此现象。

(3) 大炉口下渣:如果出钢过程炉口压得过低,会造成炉渣渣面超过炉口高度,而从炉口大量溢出,落入钢包,生产上称为大炉口下渣。

前期下渣、卷渣和大炉口下渣的渣子均会冲混在钢水中,危害更加严重。因此,出钢摇炉过程中要快速通过前、后下渣区。另外出钢过程中在大炉口不下渣的前提下,尽量使转炉向下倾动,将下渣量减至最少。

若出钢过程部分下渣,钢水处理方法包括:

(1) 及时取包样确认成分,对普碳钢还要观察脱氧效果。

(2) 包样成分确实低时,钢水到精炼站进行成分调整,保证吹氩时间。

(3) 如因下渣出现普碳钢脱氧不良,必须补加脱氧剂,并保证吹氩时间。

(4) 经处理确认钢水正常后,方可转到下道工序。

5.5.4.2 红包出钢

红包出钢,就是在出钢前对钢包进行有效的烘烤,使钢包内衬温度达到 800 ~ 1000℃,以减少钢包内衬的吸热,从而达到降低出钢温度的目的。我国某厂使用的 70t 钢包,经过煤气烘烤使包衬温度达 800℃左右,取得了以下显著的效果:

(1) 采用红包出钢,可降低出钢温度 15 ~ 20℃,因而可增加废钢 15kg/t。

(2) 出钢温度的降低,有利于提高炉龄。实践表明,出钢温度降低 10℃,可提高炉龄 100 炉次左右。

(3) 红包出钢可使钢包中钢水温度波动小,从而稳定浇铸操作,提高铸坯质量。

5.5.4.3 挡渣出钢方法

挡渣出钢是为了在转炉冶炼终点做到少渣或无渣出钢。

转炉挡渣出钢方法有很多,如气动挡渣法、挡渣球法、挡渣塞法、挡渣料法、挡渣棒法、挡渣帽法等。其中,气动挡渣法和挡渣球法应用较多。

(1) 气动挡渣:气动挡渣是一个不依靠密封面的挡渣方法,它从炉体外面将强气流吹入出钢口,从而堵住渣流。出钢过程中,钢水(及炉渣)通过感应线圈从炉口流出,不同质的液体(不同比例的钢水炉渣)通过感应线圈时会产生不同的感应电流,从而使感应线圈感应出钢水中的带渣量,当带渣量超过了 3%左右时,气动挡渣设备的自动系统会打开气动阀门,从气塞中喷出的高压气流(一般为氩气或压缩空气)将正在流出的液体(钢水及炉渣)全部压回炉内,同时摇起炉子完成挡渣操作。

(2) 挡渣球挡渣:临近出钢结束时将挡渣球投到炉内出钢口附近,随钢水液面的降低,挡渣球下沉而堵住出钢口,避免了随之而出的熔渣进入钢包。

(3) 挡渣塞挡渣:挡渣塞具有一个适宜的密度使其始终漂浮在钢渣界面处,并随着钢水面下降而下降,逐渐靠近出钢口,当钢水出净时,挡渣塞就自然落在出钢口碗上,挡住了炉渣流向钢包。

（4）挡渣料法挡渣：这是以改变渣的流动性的方法来实现挡渣的，即在吹炼结束时喷射一种固态混合物，提高渣的黏稠度，使渣局部或全部凝固，或在出钢口上部渣面投入粒状耐火材料，形成块状堵塞物，防止渣流出。

（5）电磁挡渣法挡渣：日本钢管公司发明了电磁挡渣法。该方法是在转炉出钢口外围安装电磁泵，出钢时启动电动泵，通过产生的磁场使钢流直径变细，使得出钢口上方钢液面产生的吸入涡流高度降低，可以有效地防止炉渣通过出钢口流出。

（6）挡渣帽挡渣：在出钢口外堵以薄钢板制成的锥形挡渣帽，挡住出钢开始时的一次渣。

5.5.4.4 挡渣出钢效果

转炉采用挡渣出钢工艺后，取得了良好的效果：

（1）减少了钢包中的炉渣量和钢水回磷量。

（2）提高了合金收得率，减少合金消耗。

（3）降低了钢水中的夹杂物含量。

（4）提高钢包使用寿命。

5.6 脱氧及合金化制度

在转炉吹炼过程中，由于不断向金属熔池吹氧，当吹炼终点时，钢液中必然残留一定数量的溶解氧。氧在液态钢水中溶解度较大，而在固态钢中溶解度很小。因此在钢水凝固过程中将发生 C-O 的再次反应，使 CO 气体有相当部分留在钢坯内，破坏了钢坯的结构，严重时将引起钢坯头部上涨。同时，析出的氧化物使硫的危害作用加剧，生成 FeO·FeS 的低熔点共晶物，使钢坯晶界在轧制时发生热脆现象。

钢水的脱氧，就是选择一些与氧亲和力大的合金元素加入钢水中，使其降低钢水的氧化性。在实际钢水中，C-O 反应没有达到平衡，使钢水中的实际氧含量高于与碳平衡时的氧含量，其差值 $\Delta w(O) = w(O)_{实} - w(O)_{平}$ 称为钢液的氧化性（氧可以原子状态少量地溶解在钢液中，转炉吹炼终点时钢水中氧含量的多少，称为钢液的氧化性）。影响吹炼终点钢液氧化性的因素包括：

（1）终点碳，终点碳越低，则氧化性越强。

（2）终点温度，终点温度越高，则氧化性越强。

（3）枪位控制，枪位高则氧化性强。

（4）点吹次数，点吹次数多，则氧化性强。

在脱氧的同时，也使钢水中硅、锰及其他合金元素的含量达到成品钢的规格，达到合金化的目的。

5.6.1 脱氧剂的加入顺序

普通钢（一般钢种）的脱氧顺序是先弱后强，具体加入顺序是 Fe - Mn→Fe - Si→Al。这样使弱脱氧剂在钢水内均匀分布时，加入强脱氧剂，便于形成低熔点的化合物，成为液体颗粒，使脱氧产物易上浮而排除，但该加入法会造成钢水中局部地方浓度集中，也不利于形成液体脱氧产物。

目前的发展趋势是脱氧剂的加入顺序为先强后弱（拉碳较低钢种），或前强中弱后强，如 Al→Fe – Si→Fe – Mn，这样提高了硅和锰的收得率，而且使收得率稳定。这种脱氧方法提高了脱氧产物中稳定氧化物组成，减少了钢水的相互作用，有利于夹杂物的排除；同时有利于提高钢的成分合格率和纯净度。为防止加铝过多，发生二次污染，此法应采用保护性浇铸。

5.6.2 不同钢种的脱氧

目前，氧气转炉绝大多数采用沉淀脱氧，对一些有特殊要求的钢种还可以配合以钢包内扩散脱氧（或合成渣洗。所谓合成渣洗是在出钢前将合成渣加入钢包内，通过钢流对合成渣的冲击搅拌，降低钢中的硫、氧和非金属夹杂物含量，进一步提高钢水质量的方法。合成渣洗既可用于电炉炼钢，也可用于转炉炼钢。合成渣有固态渣和液态渣之分）和真空碳脱氧（真空处理及吹 Ar 搅拌）等。加入脱氧剂的方法、数量、时间、地点、顺序等都直接影响脱氧效果和钢水成分的命中率。

5.6.2.1 镇静钢的脱氧

转炉镇静钢的脱氧操作通常有两种方法：

（1）炉内脱氧方式，即炉内加 Si、Mn 合金和 Al（或铝铁）预脱氧，钢包内加锰铁等补充脱氧。在炉内脱氧因脱氧产物容易上浮，残留在钢中的夹杂物较少，钢的洁净度较高。而且，预脱氧后钢水中氧含量显著降低，可提高和稳定钢包内加入合金的收得率，特别是对于易氧化的贵重元素如 Ti、V 等更有实际意义，并可减少钢包内合金含量。缺点是占炉子作业时间，而且炉内脱氧元素收得率低，回磷量较大。

有时在冶炼优质合金钢的情况下采用这种脱氧方法。其操作要点是：到达终点后，倒出大部分炉渣，再加少量石灰使渣稠化，以提高合金收得率和防止回磷；加入脱氧剂后可摇炉助熔，加入难熔合金时可配加 Si – Fe 及 Al 等吹氧助熔。钢包内的脱氧剂应在出钢至 1/4 ~ 1/3 时开始加，到 2/3 ~ 3/4 时加完，以利于钢水成分、温度的均匀化和稳定合金收得率。

（2）钢包内脱氧方式，即全部脱氧剂都加入钢包内。其优点是脱氧剂收得率高，回磷量较少，且有利于提高转炉生产率和延长炉龄。因此，目前转炉生产的大多数钢种都采用钢包内脱氧方式。一般情况下，直接以固态形式加入少量的易熔合金；而对难熔合金或需要大量加入的合金则可预先在炉内熔化，然后加入钢包内，这样可获得更稳定的脱氧效果。

钢包内脱氧的操作要点是：锰铁加入量较多时，应适当提高出钢温度；而硅铁加入量大时，则应相应降低出钢温度。脱氧剂力求在出钢中期均匀加入（加入量大时可将 1/2 合金在出钢前加在钢包底部）。加入次序一般是先弱后强（不用复合脱氧剂时），即先加锰铁，而后加硅铁、硅锰和铝。这样更利于快速形成脱氧产物而加速其上浮。但需要加入易氧化元素如钒、钛、硼等时，则应先加入强脱氧剂铝、硅铁等，以减少钒、钛等的烧损，提高和稳定其收得率。出钢时避免过早下渣，特别是对磷含量有严格限制的钢种。钢包内应加入少量石灰，防止回磷。

此外，各种炉外精炼技术，都可看成是钢包内脱氧的继续和发展，它们能在一定程度上综合完成脱氧、除气、脱碳（或增碳）和合金化的任务。

5.6.2.2　沸腾钢的脱氧

沸腾钢的碳含量一般为 0.05% ~ 0.27%，锰含量为 0.25% ~ 0.70%。为了保证钢水在模内正常的沸腾，要求根据 C、Mn 含量控制钢中的氧含量在适当的范围。钢中 C、Mn含量高，终点钢水的氧化性宜相应强些。反之，则宜弱些。

沸腾钢主要用锰铁脱氧，脱氧剂全部加入钢包内，出钢时需加适当的铝，以调节钢液的氧化性。沸腾钢含碳越低，则加铝应该越多（碳含量小于 0.1% 时，一般吨钢加铝量约为 0.1kg）。

生产碳含量较高的沸腾钢（碳含量为 0.15% ~ 0.22%）时，为了保证钢水的氧化性，可吹炼至低碳（碳含量为 0.08% ~ 0.10%）出钢后再在钢包内增碳。

5.6.2.3　半镇静钢的脱氧

半镇静钢的脱氧程度比镇静钢弱，比沸腾钢强，钢水氧含量接近于与碳平衡时的含量，即 $\Delta w(\mathrm{O}) = 0$。这种钢在凝固时析出少量的气体，使其产生的气泡体积与钢水冷凝收缩的体积大致相等，因而对脱氧控制严格。半镇静钢一般用少量的硅铁和铝脱氧，而用锰铁合金化，钢中硅含量 $w(\mathrm{Si}) < 0.14\%$。

5.6.3　合金化原则及加入顺序

为了使钢获得一定的物理、化学性能，在出钢过程中需要向钢水中加入适量的各种有关的合金元素以调整钢水成分，使之符合所炼钢种成分的要求，从而保证获得所需要的物理、化学性能。这种工艺操作称为合金化。

5.6.3.1　钢液合金化基本原则

（1）在不影响钢材性能的前提下，按中、下限控制钢的成分以减少合金的用量。

（2）合金的收得率要高。

（3）熔在钢中的合金元素要均匀分布。

（4）不能因为合金的加入使熔池温度产生大的波动。

5.6.3.2　合金加入顺序

（1）以脱氧为目的合金元素先加，而以合金化为目的合金元素后加，保证合金元素有高而稳定的收得率。

（2）易氧化、贵重的合金元素应在脱氧良好的情况下加入。

例如 Fe – V、Fe – Nb、Fe – B 等合金应在 Fe – Mn、Fe – Si、铝等脱氧剂加入后钢水已经良好脱氧时加入，可以提高这些贵重元素的回收率。但也不可太迟，以免造成成分不均匀。

（3）难熔及不易氧化的合金如 Fe – Cr、Fe – W、Fe – Mo、Fe – Ni 等可以先加。

5.6.4　合金加入量的计算

各种铁合金的加入量可按下列公式计算：

$$合金加入量 = \frac{钢种规格中限 - 终点残余成分}{铁合金中合金元素含量 \times 合金元素吸收率} \times 1000 \qquad (5-18)$$

$$钢种规格中限 = \frac{钢种规格上限 + 钢种规格下限}{2} \qquad (5-19)$$

$$合金增碳量 = \frac{合金加入量 \times 合金碳含量 \times 碳吸收率}{1000} \times 100\% \qquad (5-20)$$

5.6.4.1 合金元素吸收率

钢水量和合金元素的吸收率必须估算准确，才能确保钢水成分稳定。钢水收得率可根据装入量确定，有的厂家按装入量的90%计算。合金元素的吸收率是指合金元素进入钢中的质量占合金元素加入总量的百分比。合金元素吸收率又称为收得率或回收率（η）；所炼钢种、合金加入种类、数量和顺序、终点碳以及操作因素，均对合金元素吸收率有影响。

先加入的合金，吸收率低；脱氧能力强的合金元素吸收率低；合金粉末多，密度小，吸收率低。

不同合金元素吸收率不同，同一种合金，钢种不同，吸收率也有差异。炼钢生产根据不同钢种，总结出各种合金元素的吸收率，见表5-5。

表5-5 部分钢种合金元素的吸收率

钢 种	Fe-Mn、$w(Mn)=68\%$时的 $\eta_{Mn}/\%$	Fe-Si、$w(Si)=74\%$时的 $\eta_{Si}/\%$	Fe-V、$w(V)=42\%$时的 $\eta_{V}/\%$
16Mn	85	80	
20g	78	66	
34	85	75	
24MnSi	88	80	
44SiMnV	90	85	75
U71	91.7	80	

镇静钢的加铝量取决于碳和硅的含量、钢水温度以及是否需要控制晶粒度。经验证明，为了得到细晶粒的钢，钢中铝含量应达到0.02%~0.04%，为此每吨钢铝的加入量应为0.4~2.0kg/t，终点碳含量高的钢种加铝量少些，碳含量低的钢种加铝量要多些。铝的吸收率波动很大，各厂家应根据自己的具体情况研究确定。

5.6.4.2 余锰量

终点钢水余锰量也是确定合金加入量的另一个经验数据，余锰量占铁水锰的百分比一般根据钢水终点碳含量确定，见表5-6。凡影响终点渣$w(TFe)$增高的因素，钢中余锰量都降低，反之余锰量会增高。目前转炉用铁水均为低锰铁水，终点钢中余锰量很低。

表5-6 沸腾钢余锰量、锰吸收率、钢包加铝量（无后吹条件推荐值）

终点$w(C)/\%$	余锰量占铁水锰的百分比/%	Fe-Mn的$\eta_{Mn}/\%$	钢包加铝量/$g \cdot t^{-1}$
0.21~0.28	40	74	
0.14~0.20	40	70	$w(C)<0.16\%$加24
0.11~0.13	34	64	48~94
0.08~0.10	24~30	60~64	119~167
0.04~0.07	20	44~60	190~286
0.02~0.04	10~20	30~40	310~448

5.6.4.3 沸腾钢合金加入量的确定

沸腾钢只加Fe-Mn，并用铝调整钢水氧化性。

例5-10 冶炼Q235A·F钢，用高碳Fe-Mn脱氧，计算1t钢锰铁加入量和锰铁的增碳量。已知条件见表 5 – 7。

表 5 – 7　例 5 – 10 的已知条件

项　目	w/%		
	C	Si	Mn
Q235A · F	0.14 ~ 0.22	< 0.07	0.30 ~ 0.60
高碳 Fe – Mn	7.0		70
η/%	90		70

解： 设余锰量 $w(Mn)_余 = 0.12\%$，$\eta_{Mn} = 70\%$

$$钢种锰规格中限 = \frac{钢种锰规格上限 + 钢种锰规格下限}{2}$$

$$= \frac{0.60\% + 0.30\%}{2} = 0.45\%$$

高碳 Fe – Mn 加入量：

$$合金加入量 = \frac{钢种规格中限 - 终点残余成分}{铁合金中合金元素含量 \times 合金元素吸收率} \times 1000$$

$$= \frac{0.45\% - 0.12\%}{70\% \times 70\%} \times 1000 = 6.73 kg/t$$

$$增碳量 = \frac{合金加入量 \times 合金碳含量 \times 碳吸收率}{1000} \times 100\%$$

$$= \frac{6.73 \times 7.0\% \times 90\%}{1000} \times 100\% = 0.042\%$$

答：1t 钢加高碳 Fe – Mn 合金 6.73kg，合金增碳量为 0.042%。

由于合金的加入，增加钢水碳含量，为此终点拉碳应考虑增碳量或者用中碳 Fe – Mn 代替部分高碳 Fe – Mn 脱氧合金化。

例 5 – 11　冶炼 Q195A · F 钢，用高碳 Fe – Mn、中碳 Fe – Mn 各一半脱氧合金化，铁水和合金成分见表 5 – 8。

表 5 – 8　例 5 – 11 中的铁水和合金成分

项　目	w/%		
	C	Si	Mn
Q195A · F	0.06 ~ 0.12	< 0.05	0.25 ~ 0.50
铁水	4.20	0.35	0.40
高碳 Fe – Mn	6.8		71
中碳 Fe – Mn	1.0		76

计算锰铁加入量和增碳量各为多少？

解： $w(C) = 0.06\%$，由表 5 – 6 知余锰量 $w(Mn) = 20\% \times 40\% = 0.08\%$，锰吸收率 $\eta_{Mn} = 58\%$。

$$钢种锰规格中限 = \frac{0.50\% + 0.25\%}{2} = 0.375\%$$

高碳 Fe – Mn 加入量为：

$$合金加入量 = \frac{0.5 \times (钢种规格中限 - 终点残余成分)}{铁合金中合金元素含量 \times 合金元素吸收率} \times 1000$$

$$= \frac{0.5 \times (0.375\% - 0.08\%)}{71\% \times 58\%} \times 1000$$

$$= 3.58 \text{kg/t}$$

中碳 Fe－Mn 加入量为：

$$合金加入量 = \frac{0.5 \times (钢种规格中限 - 终点残余成分)}{铁合金中合金元素含量 \times 合金元素吸收率} \times 1000$$

$$= \frac{0.5 \times (0.375\% - 0.08\%)}{76\% \times 58\%} \times 1000$$

$$= 3.35 \text{kg/t}$$

高碳 Fe－Mn 增碳量为：

$$增碳量 = \frac{合金加入量 \times 合金碳含量 \times 碳吸收率}{1000} \times 100\% = \frac{3.58 \times 6.8\% \times 90\%}{1000} \times 100\% = 0.022\%$$

中碳 Fe－Mn 增碳量：

$$增碳量 = \frac{合金加入量 \times 合金碳含量 \times 碳吸收率}{1000} \times 100\% = \frac{3.35 \times 1.0\% \times 90\%}{1000} \times 100\% = 0.003\%$$

总增碳量为：

$$0.022\% + 0.003\% = 0.025\%$$

答：每吨钢水加高碳 Fe－Mn 合金 3.58kg，中碳 Fe－Mn 合金 3.35kg。合金增碳量为 0.025%。

5.6.4.4 镇静钢合金加入量的确定

镇静钢使用两种以上合金脱氧时，合金加入量计算步骤如下：

(1) 若用单一合金 Fe－Mn 或 Fe－Si 脱氧时，分别计算 Fe－Mn 和 Fe－Si 加入量；

(2) 若用 Mn－Si、Fe－Si、Al－Ba－Si 等复合合金脱氧合金化时，先按钢中锰含量中限计算 Mn－Si 加入量，再计算各合金增硅量；最后把增硅量作残余成分，计算硅铁补加数量；

(3) 当钢中 $\dfrac{w(\text{Mn})_中 - w(\text{Mn})_余}{w(\text{Si})_中}$ 比值低于硅锰合金中 $\dfrac{w(\text{Mn})}{w(\text{Si})}$ 比值时，根据硅含量计算 Mn－Si 合金加入量及补加 Fe－Mn 量。

例 5－12 冶炼 16Mn 钢，若采用 Mn－Si、Al－Ba－Si、Ca－Si 合金脱氧合金化，每 1t 钢水加 Al－Ba－Si 合金 0.70kg，Ca－Si 合金 0.65kg，计算 Mn－Si 合金和 Fe－Si 合金加入量各为多少？各种合金成分见表 5－9。

表 5－9 例 5－12 中各种合金的成分

项 目	w/%		
	C	Si	Mn
Mn－Si	1.7	18.5	68.0
Fe－Si		75	
Al－Ba－Si	0.15	42	

项 目	w/%		
	C	Si	Mn
Ca－Si	0.85	56	
16Mn	0.14～0.22	0.20～0.60	1.20～1.60
η/%	90	80	85

解：设 $w(Mn)_{余}=0.13\%$，先计算 Mn－Si 加入量：

$$Mn－Si\ 合金加入量 = \frac{钢种规格中限 - 终点残余成分}{铁合金中合金元素含量 \times 合金元素吸收率} \times 1000$$

$$= \frac{1.40\% - 0.13\%}{68\% \times 85\%} \times 1000 = 21.97 kg/t$$

21.97kgMn－Si 合金增硅量为：

$$增硅量 = \frac{合金加入量 \times 合金硅含量 \times 硅吸收率}{1000} \times 100\% = \frac{21.97 \times 18.5\% \times 80\%}{1000} \times 100\% = 0.325\%$$

每 1t 钢水加入 0.70kgAl－Ba－Si 和 0.65kgCa－Si 合金的增硅量为：

$$Al－Ba－Si\ 合金增硅量 = \frac{0.70 \times 42\% \times 80\%}{1000} \times 100\% = 0.0235\%$$

$$Ca－Si\ 合金增硅量 = \frac{0.65 \times 56\% \times 80\%}{1000} \times 100\% = 0.0291\%$$

因 Si 量不足，补加 Fe－Si 合金，其加入量为：

$$Fe－Si\ 合金加入量 = \frac{钢种规格中限 - 终点残余成分}{铁合金中合金元素含量 \times 合金元素吸收率} \times 1000$$

$$= \frac{0.40\% - 0.325\% - 0.0235\% - 0.0291\%}{75\% \times 80\%} \times 1000 = 0.373 kg/t$$

答：每 1t 钢水需加 Mn－Si 合金 21.97kg，Fe－Si 合金 0.373kg。

例 5－13　在例 5－12 中，若取包样分析成分为 $w(Si)=0.38\%$，$w(Mn)=1.35\%$，问钢水成分是否超出规格，并核算合金元素的实际吸收率。

解：$合金元素吸收率 = \dfrac{钢种实际成分 - 终点残余成分}{铁合金中合金元素含量 \times 合金加入量} \times 1000$

锰元素吸收率：

$$\eta_{Mn} = \frac{1.35\% - 0.13\%}{68\% \times 21.97} \times 1000 = 81.66\%$$

硅元素吸收率：

$$\eta_{Si} = \frac{0.38\% - 0\%}{18.5\% \times 21.97 + 75\% \times 0.373 + 42\% \times 0.70 + 56\% \times 0.65} \times 1000 = 76.00\%$$

答：钢水成分未出格，锰、硅元素的实际吸收率分别为 81.66%、76.00%。

5.6.5　合金元素吸收率的影响因素

在氧气顶吹转炉炼钢中，合金元素的吸收率受很多因素的影响，如脱氧前钢水氧含量、终渣的氧化性及元素与氧的亲和力等。

5.6.5.1 脱氧前钢水氧含量的影响

脱氧前钢水的氧含量越高，合金元素的烧损量越大，吸收率越低。例如，用"拉碳法"吹炼中、高碳钢时，终点钢水的氧化性弱，合金元素烧损少，吸收率高，如果钢水温度偏高，吸收率就更高；反之，吹炼低碳钢时，终点钢水的氧化性强，合金的吸收率低。

5.6.5.2 终渣氧化性的影响

终渣的氧化性越强，合金元素的吸收率越低。因为终渣中的总 FeO 含量高时，钢水中的氧含量也高，使合金元素吸收率降低；而且合金元素加入时，必然有一部分消耗于炉渣脱氧，使吸收率更低。

由于氧气转炉的合金化操作多是在钢包中进行的，所以出钢时出钢口或炉口下渣越早、下渣量越大，则合金元素的吸收率降低越明显。

5.6.5.3 钢水成分的影响

钢水的成分不同，合金元素的吸收率也不同。表 5 – 5 为某厂转炉钢元素吸收率的经验数据。成品钢规格中元素含量高，合金加入量多，烧损量所占比例就小，吸收率就提高。例如，冶炼含硅钢用硅铁进行脱氧合金化时，硅的吸收率可达 85%，较一般钢种提高 10% 以上。

同时使用几种合金脱氧和合金化时，强脱氧剂用量增多，则与氧亲和力小的合金元素的吸收率就提高。例如，冶炼硅锰钢时由于硅铁的加入，锰的吸收率从一般钢种的 80% ~85% 提高到 90%。显然，加铝量增加时，硅、锰的吸收率都将有所提高。

5.6.5.4 钢种的影响

沸腾钢只有碳含量和锰含量的要求，硅含量越低越好，所以只用锰铁进行合金化操作，而且全部加在钢包内；镇静钢中碳、锰、硅是常存元素，所以需要加入锰铁、硅铁、硅锰合金等进行合金化操作。显然沸腾钢调成分时合金元素的吸收率与镇静钢合金化时的不会相同。

5.7 吹损和喷溅

5.7.1 吹损

在转炉吹炼过程中，出钢量总是比装入量少，在吹炼过程中有一部分金属损耗，这部分损耗的数量就是吹损，用吹损率表示，即：

$$吹损率 = \frac{入炉金属料 - 出炉钢水量}{入炉金属料} \times 100\% \qquad (5-21)$$

在物料平衡计算中，吹损值常用每 1kg 铁水（或金属料）的吹炼损失来表示。

吹损包括化学烧损、烟尘损失、渣中金属铁损失、渣中 FeO 和 Fe_2O_3 的损失、机械喷溅损失等。

化学损失是吹损组成的主要部分，约占吹损总量的 70% ~90%，而碳、硅、锰、磷、硫的氧化烧损又是化学损失的主要部分，约占吹损总量的 40% ~80%，而机械喷溅损失只占 10% ~30%。化学损失是不可避免的，而且一般也不易控制，但机械喷溅损失只要操作得当，是完全可以尽量减少的。应该强调指出：在顶吹转炉吹炼过程中机械喷溅损失和其他损失（特别是化学烧损）比较，虽仅占次要地位，但机械损失不仅导致吹损增加，还会引起对炉衬的冲刷加剧，对提高炉龄不利，同时还会引起粘枪事故，且减弱了去磷、硫的作用，影响炉温，限制了顶吹转炉的进一步强化操作的稳定性，所以防止喷溅是十分重要的问题。

减少吹损的主要途径包括：

（1）采用精料方针，减少渣量。

（2）采用合理的造渣制度。

（3）采用合理的供氧制度、装入制度，减少机械喷溅。

（4）采用热补偿技术，多吃废钢，降低化学烧损。

（5）采用合理的复吹技术。

5.7.2 喷溅

通常人们把随炉气携走、从炉口溢出或喷出炉渣与金属的现象称为喷溅。喷溅的类型有爆发性喷溅、泡沫性喷溅和金属喷溅。

5.7.2.1 喷溅产生的原因

（1）熔池内碳氧反应不均衡发展，瞬时产生大量的 CO 气体往外排出，这是发生喷溅的根本原因。

（2）严重的泡沫渣渣量大、渣层厚等，阻碍 CO 气体畅通排出，是导致喷溅发生的另一重要原因。

（3）熔池温度突然变化及渣中 FeO 积聚，如铁水温度低或前期渣料、矿石投入过多和长期高枪位吹炼等，当快速升温脱碳时极易导致大喷溅。

5.7.2.2 爆发性喷溅

熔池内碳氧反应不均衡发展，瞬时产生大量的 CO 气体。这是发生爆发性喷溅的根本原因。

控制和防止爆发性喷溅的措施有：

（1）控制好熔池温度。前期温度不要过低，中后期温度不要过高，均匀升温；严禁突然冷却熔池，消除爆发性碳氧反应的条件。

（2）控制 $w(TFe)$ 不出现聚积现象，以避免熔渣过分发泡或引起爆发性的碳氧反应。

（3）吹炼过程一旦发生喷溅就不要轻易降枪，可适当提枪，一方面缓和碳氧反应和降低熔池升温速度，另一方面也可以借助于氧气射流的冲击作用吹开熔渣，以利于气体的排出。

（4）在炉温很高时，可以在提枪的同时适当加一些石灰，稠化熔渣，有时对抑制喷溅也有些作用，但加入量不宜过多。

（5）留渣操作，保证在兑铁前将炉渣凝固。

5.7.2.3 泡沫性喷溅

吹炼过程中，由于炉渣中表面活性物质较多，炉渣泡沫化严重，在炉内 CO 气体大量排出时，从炉口溢出大量泡沫渣的现象，称为泡沫渣喷溅。

在铁水中 Si、P 含量高，渣中 SiO_2、P_2O_5 含量较高，渣量大时，再加上熔渣内 TFe 含量较高，熔渣表面张力降低，熔渣泡沫太多，在炉内 CO 气体大量排出时，从炉口溢出大量泡沫渣。因此严重的泡沫渣就是造成泡沫性喷溅的原因。

泡沫性喷溅由于渣中 TFe 含量较高，往往伴随着爆发性喷溅。

控制和防止泡沫性喷溅的措施有：

（1）控制好铁水中的 Si、P 含量，最好是采用铁水预处理进行"三脱"，如果没有铁水预处理设施，可在吹炼过程中倒出部分酸性泡沫渣，采用二次造渣技术可避免中期泡沫性喷溅。

（2）控制好熔渣中 TFe 含量，不出现 TFe 积聚现象，以免熔渣过分发泡。

5.7.2.4 金属喷溅

渣中 TFe 含量过低，熔渣流动性不好，氧气流直接接触金属液面，由于碳氧反应生成的 CO 气体排出时，带动金属液滴飞出炉外，形成金属喷溅。飞溅的金属液滴黏附于氧枪喷嘴上，严重恶化了氧枪喷嘴的冷却条件，导致喷嘴损坏。金属喷溅又称为返干性喷溅。可见，金属喷溅产生的原因与爆发性喷溅正好相反。当长时间低枪位操作、二批料加入过早、炉渣未化透就急于降枪脱碳时，都有可能产生金属喷溅。

控制和防止金属喷溅的措施有：

（1）保证合理装入量，避免超装，防止熔池过深，炉容比过小。

（2）炉底上涨应及时处理；经常测量炉液面高度，以防枪位控制不当。

（3）控制好枪位，化好渣，避免枪位过低、TFe 含量过低。

（4）控制合适的 TFe 含量，保持正常熔渣性能。

5.8　物料平衡和热平衡计算

氧气转炉炼钢过程中的物料平衡和热平衡计算也是建立在物质不灭和能量守恒的基础上的。它是根据供给转炉内或参与炼钢过程的全部物质数据和全部产物数据，依据炉内的反应，进行物质质量和热能分配的平衡计算。由于转炉内发生复杂的物理化学反应，故不可能做到十分精确的计算。因此，要结合生产实际情况进行假设，做近似计算，然后再到生产实践中加以修正。

通过物料平衡和热平衡的计算，结合炼钢生产的实践，可以确定许多重要的工艺参数。对于指导生产和分析、研究、改造冶炼工艺、设计炼钢车间、选用炼钢设备以及实现炼钢过程的自动控制都具有重要意义。

5.8.1　原始数据的选取

5.8.1.1 原材料成分

铁水、废钢成分如表 5-10 所示。

表 5-10　铁水、废钢成分

原料	$w(C)/\%$	$w(Si)/\%$	$w(Mn)/\%$	$w(P)/\%$	$w(S)/\%$	温度/℃
铁水	4.240	0.84	0.58	0.150	0.037	1250
废钢	0.18	0.20	0.42	0.022	0.024	25

渣料和炉衬成分见表 5-11；各原料的质量热容见表 5-12；反应的热效应见表 5-13。

表5-11 渣料和炉衬材料成分（质量分数） （%）

种类	CaO	SiO₂	MgO	Al₂O₃	S	P	CaF₂	FeO	Fe₂O₃	烧减	H₂O	C
石灰	91.0	2.0	2.0	1.5	0.05					3.45		
矿石	1.0	4.61	0.42	1.10	0.07			29.4	61.8		0.50	
萤石		6.0	0.48	1.78	0.09	0.44	89.0				2.00	
白云石	55.0	3.0	33.0	3.0					1.0	5.0		
炉衬	54.0	2.0	38.0	1.0								5.0

表5-12 各原料的质量热容

项目	固态平均质量热容 /kJ·(kg·K)⁻¹	熔化潜热/kJ·kg⁻¹	液（气）态平均质量热容 /kJ·(kg·K)⁻¹
生铁	0.744	217.468	0.8368
钢	0.699	271.96	0.8368
炉渣		209.20	1.247
炉气			1.136
烟尘	1.000	209.20	
矿石	1.046	209.20	

表5-13 反应热效应（25℃）

元 素	反 应	元素反应热/kJ·kg⁻¹
C	[C]+1/2O₂=CO	10940
C	[C]+O₂=CO₂	34420
Si	[Si]+O₂=SiO₂	28314
P	2[P]+5/2O₂=P₂O₅	18923
Mn	[Mn]+1/2O₂=MnO	7020
Fe	[Fe]+1/2O₂=FeO	4020
Fe	[Fe]+3/2O₂=Fe₂O₃	6670
SiO₂	SiO₂+2CaO=2CaO·SiO₂	2070
P₂O₅	P₂O₅+4CaO=4CaO·P₂O₅	4020

5.8.1.2 假设条件

根据各类转炉生产实际过程做以下假设：

（1）炉渣中铁珠量为渣量的8%；

（2）喷溅损失为铁水量的1%；

（3）熔池中碳的氧化生成90% CO，10% CO₂；

（4）烟尘量为铁水量的1.6%，其中烟尘中 $w(FeO)=77\%$，$w(Fe_2O_3)=20\%$；

（5）炉衬侵蚀量为铁水量的0.5%；

（6）炉气温度取1450℃，炉气中自由氧含量为总炉气量的0.5%；

（7）氧气成分：98.5%氧气，1.5%氮气。

5.8.1.3 冶炼钢种及规格成分要求

冶炼低碳钢，以 Q235 钢为例，其规格成分如下：

$w(C) = 0.14\% \sim 0.22\%$，$w(Si) = 0.12\% \sim 0.30\%$，$w(Mn) = 0.40\% \sim 0.65\%$，$w(P) \leqslant 0.045\%$，$w(S) \leqslant 0.040\%$。

5.8.2 物料平衡计算

根据铁水、渣料质量以及冶炼钢种要求，采用单渣操作。以 100kg 铁水为计算基础。

5.8.2.1 渣量及成分计算

(1) 铁水中元素氧化量见表 5-14。

说明：参考转炉脱磷、脱硫情况，取脱磷率为 90%，脱硫率为 35%；钢水中残余锰占铁水 [Mn] 的 30% ~ 40%，取 30%，钢水中 [C] 取规格下限，因为合金加入后还要增碳。

表 5-14 铁水中元素氧化量（质量分数） （%）

元素 项目	C	Si	Mn	P	S
铁水	4.24	0.85	0.58	0.150	0.037
钢水	0.14	0	0.17	0.015	0.025
氧化量	4.10	0.85	0.41	0.135	0.012

(2) 各元素耗氧量及氧化产物量见表 5-15。

表 5-15 铁水中元素氧化耗氧量、氧化产物量

元素	反 应	元素氧化量/kg	耗氧量/kg	氧化产物量/kg
C	$[C] + 1/2O_2 = CO$	$4.10 \times 90\% = 3.69$	$3.69 \times 16/12 = 4.92$	$3.69 \times 28/12 = 8.61$
C	$[C] + O_2 = CO_2$	$4.10 \times 10\% = 0.41$	$0.41 \times 32/12 = 1.094$	$0.41 \times 44/12 = 1.503$
Si	$[Si] + O_2 = SiO_2$	0.85	$0.85 \times 32/28 = 0.972$	$0.85 \times 60/28 = 1.82$
Mn	$[Mn] + 1/2O_2 = MnO$	0.41	$0.41 \times 16/55 = 0.119$	$0.41 \times 71/55 = 0.529$
P	$2[P] + 5/2O_2 = P_2O_5$	0.135	$0.135 \times 80/62 = 0.174$	$0.135 \times 142/62 = 0.309$
S	$[S] + O_2 = SO_2$	$0.012 \times 1/3 = 0.004$	$0.004 \times 32/32 = 0.004$	$0.004 \times 64/32 = 0.008$[①]
S	$[S] + (CaO) = CaS + [O]$	$0.012 \times 2/3 = 0.008$	$0.008 \times (-16)/32 = -0.004$	$0.008 \times 72/32 = 0.018$
Fe	$[Fe] + 1/2O_2 = FeO$	0.782	$0.782 \times 16/46 = 0.272$	1.096[②]
Fe	$[Fe] + 3/2O_2 = Fe_2O_3$	0.033	$0.033 \times 48/112 = 0.014$	0.047[②]
	总 计	6.322	7.565	

①假定炉内气化脱硫 1/3；②铁的氧化由渣量反算得出。

(3) 渣料加入量，其中：

1) 矿石加入量及成分见表 5-16。为了化渣，本例中加入矿石 1%，而不另加氧化铁皮（若不加矿石，改用氧化铁皮，则成分不同）。其中：

$$[S] + (CaO) = (CaS) + [O]$$

$$CaS \text{ 生成量} = 0.001 \times \frac{72}{32} \approx 0.002 \text{kg/t}$$

$$CaO \text{ 消耗量} = 0.001 \times \frac{56}{32} \approx 0.002 \text{kg/t}$$

表 5 – 16 矿石加入量及成分

成 分	质量/kg	成 分	质量/kg
Fe_2O_3	$1 \times 61.80\% = 0.618$	FeO	$1 \times 29.40\% = 0.294$
SiO_2	$1 \times 4.61\% = 0.0461$	Al_2O_3	$1 \times 1.10\% = 0.011$
CaO	$1 \times 1.0\% = 0.01$	MgO	$1 \times 0.42\% = 0.004$
S	$1 \times 0.07\% \approx 0.001$	H_2O	$1 \times 0.50\% = 0.005$

2）萤石加入量及成分见表 5 – 17。根据原冶金部转炉操作规程，萤石加入量不大于 4kg/t，本例取 4kg/t。其中：

$$2[P] + 5/2\{O_2\} \Longrightarrow (P_2O_5)$$

$$P_2O_5 生成量 = 0.002 \times \frac{142}{62} = 0.004 kg/t$$

表 5 – 17 萤石加入量及成分

成 分	质量/kg	成 分	质量/kg
CaF_2	$0.4 \times 89.0\% = 0.356$	MgO	$0.4 \times 0.48\% = 0.002$
SiO_2	$0.4 \times 6\% = 0.024$	S	$0.4 \times 0.09\% = 忽略$
Al_2O_3	$0.4 \times 1.78\% = 0.007$	H_2O	$0.4 \times 2\% = 0.008$
P	$0.4 \times 0.44\% = 0.002$		

3）白云石加入量及成分见表 5 – 18。为了提高炉衬寿命，采用白云石造渣，控制渣中 MgO 含量在 6% ~ 8% 范围内。根据已投产转炉的经验，生白云加入量在 30 ~ 40kg/t，轻烧白云石加入量在 20 ~ 40kg/t，本例取轻烧白云石 30kg/t。

表 5 – 18 白云石加入量及成分

成 分	质量/kg	成 分	质量/kg
CaO	$3.0 \times 55\% = 1.65$	MgO	$3.0 \times 33\% = 0.99$
SiO_2	$3.0 \times 3\% = 0.09$	Fe_2O_3	$3.0 \times 1\% = 0.03$
Al_2O_3	$3.0 \times 3\% = 0.09$	烧减	$3.0 \times 4\% = 0.15$

注：烧减是指白云石中 $Ca \cdot MgCO_3$ 分解产生的 CO_2 气体。

4）炉衬侵蚀量及成分见表 5 – 19。转炉炉衬在炉渣作用下，将被侵蚀和冲刷进入渣中，本例取其为铁水量的 0.5%。

表 5 – 19 炉衬侵蚀量及成分

成 分	质量/kg	成 分	质量/kg
CaO	$0.5 \times 55\% = 0.27$	SiO_2	$0.5 \times 2\% = 0.01$
MgO	$0.5 \times 38\% = 0.19$	C	$0.5 \times 5\% = 0.025$
Al_2O_3	$0.5 \times 1\% = 0.005$		

注：炉衬中碳的氧化与金属中氧化生成的 CO 和 CO_2 比例相同。

$$C \rightarrow CO 数量 = 0.025 \times 90\% \times \frac{28}{12} = 0.053 kg$$

$$C \rightarrow CO_2 数量 = 0.025 \times 10\% \times \frac{44}{12} = 0.009 kg$$

$$共消耗氧量 = 0.053 \times \frac{16}{28} + 0.009 \times \frac{32}{44} = 0.037 kg$$

5）石灰加入量及成分见表 5-20。根据铁水成分，取终渣碱度 $R = 3.5$。

$$石灰加入量 = \frac{2.14 w(Si) R - 白云石带入 CaO 量}{w(CaO)_{有效}} \times 100$$

$$= \frac{2.14 \times 0.85 \times 3.5 - 1.65}{91 - 3.5 \times 2} \times 100$$

$$= 5.61 kg/100kg 铁水$$

表 5-20 石灰加入量及成分

成 分	质量/kg	成 分	质量/kg
CaO	$5.61 \times 91\% = 5.105$	SiO_2	$5.61 \times 2\% = 0.11$
MgO	$5.61 \times 2\% = 0.11$	S	$5.61 \times 0.05\% = 0.003$
Al_2O_3	$5.61 \times 1.5\% = 0.08$	烧减	$5.61 \times 3.45\% = 0.19$

说明：若要详细计算石灰加入量，则可用下式：

$$石灰加入量 = \frac{\sum w(SiO_2) R - \sum w(CaO)}{w(CaO)_{有效}}$$

式中　$\sum w(SiO_2) = $ 铁水中 Si 生成的 SiO_2 + 炉衬、矿石、白云石、萤石带入的 SiO_2；

　　　$\sum w(CaO) = $ 白云石、矿石、炉衬带入的 CaO - 铁水、矿石中硫消耗的 CaO。

其中　　　　　　　　$S \rightarrow CaS 数量 = 0.003 \times \frac{72}{32} = 0.007 kg$

6）渣中铁的氧化物。对于冶炼 Q235 钢，根据已投产转炉渣中含 $\sum w(FeO)$ 量，取 $w(FeO) = 10\%$，$w(Fe_2O_3) = 5\%$。

7）终渣质量及成分。表 5-15 ~ 表 5-20 中不计 FeO、Fe_2O_3 在内的炉渣成分见表 5-21，由表 5-21 中可得：

$$m(CaO) + m(MgO) + m(SiO_2) + m(P_2O_5) + m(MnO) +$$
$$m(Al_2O_3) + m(CaF_2) + m(CaS) = 11.849 kg$$

表 5-21 终渣质量及成分

成 分	氧化产物 /kg	石灰 /kg	矿石 /kg	白云石 /kg	炉衬 /kg	萤石 /kg	总计 /kg	比例 /%
CaO		5.105	0.01	1.65	0.27		7.035	50.48
MgO		0.11	0.004	0.99	0.19	0.002	1.296	9.30
SiO_2	1.82	0.11	0.046	0.09	0.01	0.024	2.1	15.07
P_2O_5	0.309					0.004	0.313	2.25
MnO	0.529						0.529	3.80
Al_2O_3		0.08	0.011	0.09	0.005	0.007	0.193	1.39
CaF_2						0.356	0.356	2.55
CaS	0.018	0.007	0.002				0.027	0.19
FeO	1.096		0.294				1.39	9.98
Fe_2O_3	0.047		0.618	0.03			0.695	4.99
合 计							13.934	100.00

由表 5-21 可知：总渣量为 13.934kg，其中 FeO 为 1.39kg，Fe_2O_3 为 0.695kg。由于矿石和白云石中带入部分 FeO 和 Fe_2O_3，故实际铁氧化产物为：

$$m(FeO) = 1.39 - 0.294 = 1.096kg$$

$$m(Fe_2O_3) = 0.695 - 0.618 - 0.03 = 0.047kg$$

因此
$$[Fe]氧化量 = 1.096 \times \frac{56}{72} + 0.047 \times \frac{112}{160} = 0.885kg$$

5.8.2.2 冶炼中的吹损计算

根据假设条件，渣中铁珠量为渣量的 8%，喷溅损失为铁水量的 1%，烟尘损失为铁水量的 1.6%，故可得到：

渣中铁珠量 = $13.934 \times 8\% = 1.115kg$

喷溅铁损量 = $100 \times 1\% = 1.0kg$

烟尘铁损量 = $100 \times 1.6\% (77\% \times \frac{56}{72} + 20\% \times \frac{112}{160}) = 1.182kg$

元素氧化损失 = 6.322kg（见表 5-15）

吹损总量 = 1.115 + 1.0 + 1.182 + 6.322 = 9.619kg

钢水量 = 100 - 9.619 = 90.381kg

5.8.2.3 氧气消耗量的计算

主要是元素氧化耗氧 7.565kg（见表 5-15），烟尘铁氧化消耗氧 $100 \times 1.6\% (77\% \times \frac{16}{72} + 20\% \times \frac{48}{160}) = 0.363kg$，其次是炉衬中碳氧化耗氧 0.037kg，故总耗氧量为 7.965kg，换算为标准体积为 $7.965 \times \frac{22.4}{32} = 5.576m^3/100kg = 55.76m^3/t$。若考虑到氧气利用率为 75% ~ 90%，则生产实际中供氧量为 60 ~ 70m^3/t。

由于氧气不纯，含有 1.5% N_2，故供氧时带入 N_2 为 $7.965 \times 1.5\% = 0.119kg$，其体积量为：

$$0.119 \times 22.4 \div 28 = 0.096m^3/100kg = 0.96m^3/t$$

5.8.2.4 炉气量及成分

炉内产生的炉气由 CO、CO_2、SO_2、H_2O、N_2 和自由 O_2 组成，以上计算的炉气成分除自由 O_2 以外占炉气体积总量的 99.5%，由表 5-22 可得：

$$V(CO) + V(CO_2) + V(SO_2) + V(H_2O) + V(N_2) = 7.988m^3$$

表 5-22 炉气量及成分

成 分	质量/kg	体积/m^3	体积/%
CO	8.61 + 0.053	$8.663 \times 22.4/28 = 6.93$	86.32
CO_2	1.503 + 0.19 + 0.009 + 0.15	$1.852 \times 22.4/44 = 0.943$	11.75
SO_2	0.008	$0.008 \times 22.4/64 = 0.003$	0.03
H_2O	0.005 + 0.008	$0.013 \times 22.4/18 = 0.016$	0.20
N_2	0.119	0.096	1.20
O_2	0.057	0.040	0.50
总 计	10.712	8.028	100.0

因此炉气总量为 7.988/99.5% = 8.028m^3。自由 O_2 量为 8.028 × 0.5% = 0.040m^3，其质量为 0.040 × 32/22.4 = 0.057kg。

5.8.2.5 物料平衡表

把以上各种物质的总收入和总支出汇总起来，便可得到物料平衡表 5 – 23。

表 5 – 23 物料平衡表

收　入			支　出		
项目	质量/kg	比例/%	项目	质量/kg	比例/%
铁水	100.00	84.32	钢水	90.381	76.12
石灰	5.61	4.73	炉渣	13.934	11.73
白云石	3.0	2.53	炉气	10.712	9.02
矿石	1.0	0.84	烟尘	1.60	1.35
萤石	0.4	0.34	喷溅	1.0	0.84
炉衬	0.5	0.42	铁珠	1.115	0.94
氧气	7.965	6.72			
氮气	0.119	0.10			
总　计	118.594	100.00	总　计	118.742	100.00

$$计算误差 = \frac{收入项 - 支出项}{收入项} \times 100\% = -0.125\%$$

5.8.3 热平衡计算

为了简化计算，取加入炉内的炉料温度均为 25℃。

5.8.3.1 热收入

热收入主要是铁水的物理热和元素氧化的化学热。

(1) 铁水物理热：根据传热原理计算物理热。铁水熔点为：

T_f = 1539 – (100 × 4.24 + 8 × 0.85 + 5 × 0.58 + 30 × 0.15 + 25 × 0.037) – 7 = 1093℃

铁水物理热为：

100 × [0.744 × (1093 – 25) + 217.486 + 0.8368 × (1250 – 1093)] = 114343.76kJ

(2) 铁水中元素氧化放热和成渣热：根据表 5 – 13、表 5 – 15 和表 5 – 21 数据可以计算如下：

C→CO	3.69 × 10940 = 40368.6kJ
C→CO_2	0.41 × 34420 = 14112.2kJ
Si→SiO_2	0.85 × 28314 = 24066.9kJ
Mn→MnO	0.41 × 7020 = 2878.2kJ
P→P_2O_5	0.135 × 18923 = 2554.6kJ
Fe→FeO	0.782 × 4020 = 3143.64kJ
Fe→Fe_2O_3	0.033 × 6670 = 220.1kJ
SiO_2→2CaO·SiO_2	2.11 × 2070 = 4367.7kJ
P_2O_5→4CaO·P_2O_5	0.315 × 4020 = 1266.3kJ
总计	92978.2kJ

（3）烟尘氧化放热为：

$$1.6 \times (77\% \times \frac{56}{72} \times 4020 + 20\% \times \frac{112}{160} \times 6670) = 5346.13 kJ$$

（4）炉衬中碳氧化放热为：

$$0.5 \times 5\% \times (90\% \times 10940 + 10\% \times 34420) = 332.2 kJ$$

因此，炉内热收入总量为：

$$114343.76 + 92978.2 + 5346.13 + 332.2 = 213000.3 kJ$$

5.8.3.2 热支出

（1）钢水物理热：钢水熔点为：

$$T_f = 1539 - (65 \times 0.14 + 5 \times 0.17 + 30 \times 0.015 + 25 \times 0.024) - 7 = 1521℃$$

出钢温度为：

$$T = 1521 + 30 + 57 + 40 = 1648℃$$

钢水物理热为：

$$90.381 \times [0.699 \times (1521 - 25) + 271.96 + 0.8368 \times (1648 - 1521)] = 128696.9 kJ$$

（2）炉渣物理热：计算取炉渣终点温度与钢水温度相同。

炉渣物理热为：

$$13.934 \times [1.247 \times (1648 - 25) + 209.2] = 31115.8 kJ$$

（3）矿石分解吸热为：

$$1 \times (29.4\% \times \frac{56}{72} \times 4020 + 61.8\% \times \frac{112}{160} \times 6670 + 209.20) = 4013.9 kJ$$

（4）烟尘物理热为：

$$1.6 \times [1.0 \times (1450 - 25) + 209.20] = 2614.7 kJ$$

（5）炉气物理热为：

$$10.712 \times 1.136 \times (1450 - 25) = 17340.6 kJ$$

（6）渣中铁珠物理热为：

$$1.115 \times [0.744 \times (1521 - 25) + 217.468 + 0.8368 \times (1648 - 1521)] = 1602.0 kJ$$

（7）喷溅金属物理热为：

$$1 \times [0.744 \times (1521 - 25) + 217.468 + 0.8368 \times (1648 - 1521)] = 1436.8 kJ$$

（8）吹炼过程热损失：吹炼过程热损失包括炉体和炉口的热辐射、对流和传导传热、冷却水带走热等，它根据炉容大小而异，一般为热量总收入的3%～8%，本例取热损失为5%。所以吹炼过程热损失为：

$$212375.9 \times 5\% = 10618.8 kJ$$

（9）废钢耗热：总的热收入减去以上热支出，得到的富余热量用加入废钢来调节。

富余热量为：

$$212375.9 - (128696.9 + 31115.8 + 4013.9 + 2614.7 + 17340.6 + 1602.0 + 1436.8 + 10618.8) = 14936.4 kJ$$

1kg 废钢熔化耗热为：

$$1 \times [0.699 \times (1521 - 25) + 271.96 + 0.8368 \times (1648 - 1521)] = 1432.9 kJ$$

废钢加入量为：

$$14936.4/1432.9 = 10.42\text{kg}$$

5.8.3.3 热平衡表

把全部热收入和热支出汇总，得到热平衡表 5-24。

转炉炼钢热效率是有效热占总热量的百分比，其中有效热指钢水物理热、矿石分解热和废钢熔化热。

$$热效率 = \frac{钢水物理热 + 矿石分解热 + 废钢熔化热}{热收入} \times 100\% = 62.58\%$$

可以采取少渣冶炼、减少喷溅和延长吹炼时间等措施来提高转炉热效率。

表 5-24 热平衡表

热 收 入			热 支 出		
项目	热量/kJ	比例/%	项目	热量/kJ	比例/%
铁水物理热	114343.76	53.68	钢水物理热	128696.9	60.60
元素放热和成渣热总和	92978.2	43.65	炉渣物理热	31115.8	14.65
其中 C	54480.8		矿石分解热	4013.9	1.89
其中 Si	24066.9		烟尘物理热	2614.7	1.23
其中 Mn	2878.2		炉气物理热	17340.6	8.17
其中 P	2554.6		铁珠物理热	1602.0	0.75
其中 Fe	3363.7		喷溅物理热	1436.8	0.68
其中 SiO_2	4367.7		吹炼过程热损	10618.8	5.00
其中 P_2O_5	1266.3		废钢熔化热	14936.4	7.03
烟尘氧化放热	5346.1	2.51			
炉衬 C 放热	332.2	0.16			
共计	213000.3	100.00	共计	212375.9	100.00

5.8.4 吨钢物料平衡

废钢加入后，忽略废钢中含硅、锰元素的氧化损失，使钢水量达到 100.801kg（90.381 + 10.42），即使用 100kg 铁水、10.42kg 废钢可以生产出 100.801kg 钢水。根据比例关系，用 100/100.801 去乘以表 5-23 中各项，就可得到吨钢物料平衡表 5-25。

表 5-25 吨钢物料平衡表

收 入			支 出		
项目	质量/kg	比例/%	项目	质量/kg	比例/%
铁水	992.05	77.51	钢水	1000	78.04
石灰	55.65	4.35	炉渣	138.23	10.79
白云石	29.76	2.32	炉气	106.27	8.29

收　　入			支　　出		
项目	质量/kg	比例/%	项目	质量/kg	比例/%
矿石	9.92	0.78	烟尘	15.87	1.24
萤石	3.96	0.31	喷溅	9.92	0.78
炉衬	4.96	0.39	铁珠	11.06	0.86
氧气	79.02	6.17			
氮气	1.18	0.09			
废钢	103.37	8.08			
总　计	1279.87	100.00	总　计	1281.35	100.00

5.9　转炉冶炼特征

5.9.1　硅锰氧化期的火焰特征

5.9.1.1　火焰特征

冶炼前期为硅锰氧化期,一般在 4min 左右。此时期由于加入了废钢和第一批渣料等冷料,所以温度较低,多数元素尚未活跃反应,火焰一般浓而暗红。

当开吹到 3min 左右时要特别仔细观察,此时火焰开始由浓而暗红渐渐浓度变淡,颜色也逐渐由暗红变红。当吹炼到 3~4min 时,只要见到火焰中有一束束白光出现(俗称碳焰初起)时,则说明铁水中硅、锰的氧化反应基本结束,吹炼开始进入碳氧化期(碳已开始剧烈氧化),可以开始分批加入第二批渣料。

5.9.1.2　控制操作

如果发现火焰较早发亮且起渣较早,则说明铁水温度较高,可以提前分批加入第二批渣料,促使及早成渣、全程化渣。

如果发现火焰较暗红,说明硅、锰氧化还未结束,温度还较低,第二批渣料需推迟加入,以保证冶炼正常进行。

5.9.2　碳反应期的火焰特征

5.9.2.1　火焰特征

随着冶炼的进行,火焰从暗红色渐渐变红,而且浓度变淡,当见到红色火焰中有一束束白光出现时,说明碳开始剧烈反应,进入碳氧化期。碳氧化期是整个吹炼过程中碳氧化最为剧烈的阶段,其正常的火焰特征为:火焰的红色逐渐减退,白光逐步增强;火焰比较柔软,看上去有规律的一伸一缩。当火焰几乎全为白亮颜色且有刺眼感觉,很少有红烟飘出,火焰浓度略有增强且柔软度稍差时,说明碳氧反应已经达到高峰值。之后随着碳氧反应的减弱,火焰浓度降低,白亮度变淡(此时一般可以隐约看到氧枪)。当火焰开始向炉口收缩,并更显柔软时,说明 $w(C)$ 已不高(大致在 0.2%~0.3%),这时要注意终点控制。

5.9.2.2　控制操作

如果火焰正常,在碳氧化期(冶炼中期)内将第二批渣料分几小批适时加入炉内,以保证碳氧反应激烈而均匀地进行和促使过程化渣。冶炼过程中观察碳氧化期的火焰特征时要注意炉渣返干和喷溅的影响。

5.9.3 炉渣返干的火焰特征

5.9.3.1 火焰特征

返干一般在冶炼中期（碳氧化期）的后半阶段发生，是化渣不良的一种特殊表现形式。

冶炼中期后半阶段正常的火焰特征是：白亮、刺眼，柔软性稍微变差。但如果发生返干，其火焰特征则变为：由于气流循环不正常而使正常的火焰（有规律、柔和的一伸一缩）变得直窜、硬直，火焰不出烟罩；同时由于返干炉渣结块成团未能化好，氧流冲击到未化的炉渣上面会发出刺耳的怪声；有时还可看到有金属颗粒喷出。一旦发生上述现象说明熔池内炉渣已经返干。

5.9.3.2 控制操作

应用音频化渣仪来预报返干的发生比较灵敏，当音频强度曲线走势接近或达到返干预警线时，操作工应及时采取相应措施，进行预防或处理。

5.9.4 喷溅的火焰特征

5.9.4.1 火焰特征

（1）当发现火焰相对于正常火焰较暗，熔池温度较长时间升不上去，少量渣子随着喷出的火焰被带出炉外时，如果摇炉不当往往会发生低温喷溅。

（2）当发现火焰相对于正常火焰较亮，火焰较硬、直冲，有少量渣子随着火焰带出炉外，且炉内发出刺耳的声音时，说明炉渣化得不好，大量气体不能均匀逸出，一旦有局部渣子化好，声音由刺耳转为柔和，就有可能发生高温喷溅。

5.9.4.2 控制操作

一旦发生喷溅，操作人员特别是炉长头脑要保持冷静，首先正确判断喷溅类型，然后果断采取相应措施来减轻和消除喷溅。切忌发生喷溅后，在不明原因的情况下就盲目采取措施，这样有可能加剧喷溅程度，造成更大危害。

5.9.5 钢样判断成分

从转炉内取出具有代表性的钢样，刮去钢样表面的渣子，在不脱氧的情况下，根据样瓢内钢水表面颜色、沸腾状况及火花情况对钢样成分进行判断。

（1）判碳：根据钢样火花分叉的多少、弹跳力的强弱、钢样表面颜色、钢样冷却后其表面形态来判断钢中碳含量（具体方法详见 5.5.3 节中有关钢液判碳内容）。

（2）判硫：从化渣情况（样瓢表面覆盖的渣子状况以及取样瓢上凝固的炉渣情况）和熔池温度高低来间接判断硫含量的高低。根据渣况判断：如果化渣不良，渣料未化好（或结块、结坨），或未化透，渣层发死，流动性差，说明炉渣碱度较低，反应物和反应产物的传递速度慢，脱硫反应不能迅速进行，可以判断硫含量可能较高；反之，如果炉渣化好化透，泡沫化适度，流动性良好，脱硫效果必然很好，硫含量应该较低。

（3）判磷：根据钢水颜色判断：一般来讲，钢水中磷含量高钢水颜色发白、发亮，有时呈银白色似一层油膜或者发青；如果颜色暗淡发红，则说明钢水中磷含量可能较低。根据钢水特点判断：钢水中有时出现似米粒状的小点；在碳含量较低时钢样表面有水泡眼呈白亮的小圈出现，此种小圈俗称磷圈。一般来讲，小点和磷圈多，说明钢水中磷含量高；反之，磷含量较低。根据钢水温度判断：脱磷反应是在钢–渣界面上进行的放热反应。如果钢水温度高，不利于放热的脱磷反应进行，钢中磷含量容易偏高。如果钢水温度偏低，脱磷效果好，磷含量可能较低。

（4）判锰：根据钢水颜色判断：如果钢水颜色较红，跳出的火花中有小红颗粒随出，则说明钢水中锰含量较高。

5.10 溅渣护炉

溅渣护炉是吹炼终点钢水出净后，利用 MgO 含量达到饱和或过饱和的终点熔渣，通过喷枪在熔池理论液面以上约 0.8~2.0m 处吹入高压氮气，用氮气射流将熔渣溅起来，在炉衬表面形成一层高熔点的熔渣层，并与炉衬很好地黏结附着，达到对炉衬的保护和提高炉龄的目的。

5.10.1 溅渣护炉机理

溅渣护炉技术是采用氧枪喷吹高压氮气，在 2~4min 内将出钢后留在炉内的残余炉渣涂敷在转炉内衬整个表面上，生成炉渣保护层的技术。炉渣的分熔现象（也叫选择性熔化或异相分流），是指附着于炉衬表面的溅渣层，其矿物组成不均匀，当温度升高时，溅渣层中低熔点物首先熔化，与高熔点相分离，并缓慢地从溅渣层流淌下来；而残留于炉衬表面的溅渣层为高熔点矿物，反而提高了溅渣层的耐高温性能。在溅渣层的形成过程中，经过多次"溅渣–熔化–溅渣"的循环和反复，溅渣层表面一些低熔点氧化物发生"分熔"现象，使溅渣层 MgO 结晶和 $C_2S(2CaO \cdot SiO_2)$ 等高熔点矿物逐渐富集，从而提高了溅渣层的抗高温性能，炉衬得到保护。

5.10.2 溅渣护炉工艺

转炉采用溅渣护炉技术后，吹炼过程更要注意调整熔渣成分，要做到"初期渣早化，过程渣化透，终点渣做黏"；溅渣用终点熔渣要"溅得起、粘得住、耐侵蚀"。

溅渣护炉用终点渣成分、留渣量、供氮压力、溅渣层和炉衬砖烧结等是溅渣护炉的重要内容。

5.10.2.1 溅渣护炉工艺操作要点

（1）调整熔渣成分，控制终渣合适的 MgO 含量和 TFe 含量。调渣剂就是 MgO 质材料，常用的有轻烧白云石、生白云石、轻烧菱镁球、菱镁矿等。

（2）合适的留渣量，在确保炉衬内表面形成足够厚度的溅渣层后，还要留有满足对装料侧和出钢侧进行倒炉挂渣的需用量。

（3）溅渣枪位，最好使用溅渣专用枪，控制在吹炼时最低枪位溅渣。

（4）氮气的压力与流量，根据转炉吨位大小应控制合适的氮压与流量。

（5）溅渣时间，一般在 2~4min。

必须注意：氮气压力低于规定值或炉内有未出净的余钢液时不得溅渣。

5.10.2.2 熔渣成分的调整

终点渣的成分决定了熔渣的耐火度和黏度。影响终点渣耐火度的主要因素是 $w(MgO)$、$w(TFe)$ 和碱度 $w(CaO)/w(SiO_2)$；其中 $w(TFe)$ 波动较大，一般在 10% ～30% 范围内。为了使溅渣层有足够的耐火度，主要应调整熔渣的 $w(MgO)$。表 5-26 为终点渣 $w(MgO)$ 推荐值。

表 5-26 终点渣 $w(MgO)$ 推荐值

终点渣 $w(TFe)/\%$	8～11	15～22	23～30
终点渣 $w(MgO)/\%$	7～8	9～10	11～13

根据理论分析与国外溅渣护炉实践来看，在正常情况下，转炉终点渣 $w(MgO)$ 应控制在表 5-26 所示的范围内，以使溅渣层有足够的耐火度。

溅渣护炉对终点渣 $w(TFe)$ 并无特殊要求，只要把溅渣前熔渣中 $w(MgO)$ 调整到合适的范围，$w(TFe)$ 无论高低都可以取得溅渣护炉的效果。如果终点渣 $w(TFe)$ 较低，渣中 C_2F 量少，RO 相的熔化温度就高。在保证足够耐火度情况下，渣中 $w(MgO)$ 可以降低些。终点渣 $w(TFe)$ 低的转炉溅渣护炉的成本低，也容易获得高炉龄。

调整熔渣成分有两种方式：一种是转炉开吹时将调渣剂随同造渣材料一起加入炉内，控制终点渣成分，尤其是 $w(MgO)$ 达到目标要求，出钢后不必再加调渣剂；倘若终点熔渣成分达不到溅渣护炉要求，则采用另一种方式，即出钢后加入调渣剂，调整 $w(MgO)$ 达到溅渣护炉要求的范围。

调渣剂应选择价格便宜的。从以上这些材料对比来看，生白云石成本最低，轻烧白云石和菱镁矿渣粒价格比较适中，高氧化镁石灰、冶金镁砂、轻烧菱镁球的价格偏高。

终点渣的碱度一般控制在 3 以上。

5.10.2.3 留渣量

留渣量一方面要保证足够的渣量，在溅渣过程中使炉渣均匀地喷溅涂敷在整个炉衬表面，形成 10～20mm 厚的溅渣层；另一方面，随炉内留渣量的增加，熔渣可溅性增强，有利于快速溅渣。

合理的留渣量主要取决于以下因素：

(1) 熔渣可溅性：根据熔池溅渣动力学研究，转炉上部溅渣主要依靠氮气流溅射炉渣。渣量少，渣层过薄，气流易于穿透渣层，削弱气流对渣层的乳化和破碎作用，使反射气流中携带的液体滴数目减少，不利于转炉上部溅渣。

转炉留渣量过大，强化了转炉上部喷射溅渣的效果，往往造成炉口粘渣，炉膛变形。

(2) 溅渣层的厚度与均匀性：渣量过少，溅渣层薄，上部不均匀，甚至溅不上渣。

(3) 溅渣时间的长短：溅渣时间一般随溅渣量的增加而延长，但渣量过少，会使溅渣的效率降低。

(4) 溅渣成本：留渣量过大，调渣剂的用量将会增加，使溅渣成本提高。

溅渣护炉所需实际渣量可按溅渣理论渣量的 1.1～1.3 倍进行估算。留渣量计算公式为：

$$Q_s = KABC \tag{5-22}$$

式中　Q_s——留渣量，t/炉；

K——渣层厚度，m;

A——炉衬的内表面积，m^2;

B——炉渣密度，t/m^3;

C——系数，一般取 $1.1 \sim 1.3$。

根据国内溅渣的生产实践，合理的留渣量也可根据转炉的具体容量按式（5-23）计算：

$$Q_s = 0.301W^n \quad (n = 0.583 \sim 0.650) \tag{5-23}$$

式中　Q_s——转炉留渣量，t/炉;

　　　 W——转炉公称吨位，t。

5.10.2.4　溅渣工艺

A　直接溅渣工艺

直接溅渣工艺是指以炼钢过程中调整炉渣为主，出钢后基本不再调渣，直接进行溅渣操作。直接溅渣工艺适用于大型转炉，要求铁水等原材料条件比较稳定，吹炼平稳，终点控制准确，出钢温度较低。其操作程序是：

（1）吹炼开始在加入第一批造渣材料的同时，加入大部分所需的调渣剂；控制初期渣 $w(MgO)$ 在8%左右，可以降低炉渣熔点，并促进初期渣早化。

（2）在炉渣"返干期"之后，根据化渣情况，再分批加入剩余的调渣剂，以确保终点渣 $w(MgO)$ 达到目标值。

（3）出钢时，通过炉口观察炉内熔渣情况，确定是否需要补加少量的调渣剂；在终点碳、温度控制准确的情况下，一般不需再补加调渣剂。

（4）根据炉衬实际蚀损情况进行溅渣操作，并确定是否需要对炉衬上的特殊部位进行喷补，以保证溅渣护炉的效果和控制良好炉型。

B　出钢后调渣工艺

出钢后调渣工艺是指在炼钢结束后，根据炉渣状况适当加入少量调渣剂用以降低炉渣过热度，提高炉渣黏度，然后进行溅渣。出钢后调渣工艺适用于中小型转炉。出钢后的调渣操作程序如下：

（1）终点渣 $w(MgO)$ 控制在 $8\% \sim 10\%$。

（2）出钢时，根据出钢温度和炉渣状况，决定调渣剂加入的数量，进行炉后调渣。

（3）调渣后进行溅渣操作。

出钢后调渣的目的是使熔渣 MgO 含量达到饱和值，提高其熔化温度，同时由于加入调渣冷料吸热，从而降低了熔渣的过热度，提高了黏度，以达到溅渣的要求。

若单纯调整终点渣 $w(MgO)$，加调渣剂只调整 $w(MgO)$ 达到过饱和值，同时吸热降温稠化熔渣，达到溅渣要求。如果同时调整终点渣 $w(MgO)$ 和 $w(TFe)$，除了加入适量的含氧化镁调渣剂外，还要加一定数量的含碳材料，以降低渣中 $w(TFe)$，也有利于 $w(MgO)$ 达到饱和。

5.10.2.5　溅渣时间与溅渣频率

A　溅渣时间

溅渣时间一般为 $2.5 \sim 4.0min$。溅渣时间过短，炉渣没有得到充分的冷却和混匀，炉渣条件比较差，即使溅到炉壁上，也不能很好地挂上，起不到护炉的作用。在渣况正常的条件下，溅渣时间越长，炉衬挂渣越多，但也易造成炉底上涨和粘枪。

B 溅渣频率

（1）开始溅渣护炉的时机：在一个炉役中，什么时间开始溅渣护炉，要根据各厂的具体情况确定。原则上由操作工根据对炉衬侵蚀情况的观察结果决定，若炉衬有明显的损耗，则应开始溅渣护炉。一般从炉役的中期开始溅渣护炉，即在起始补炉时就应开始溅渣护炉。

（2）溅渣的频率：溅渣频率，即为合理溅渣的间隔炉数，是溅渣护炉的重要操作工艺参数之一。一般情况下为"前期不溅、中期两炉一溅、中后期炉炉溅"。

5.10.3 溅渣护炉操作

（1）吹炼终点，控制渣中的 MgO 含量达到 8% ~12%。

（2）溅渣护炉炉次必须保证出净钢水，炉内有钢水时严禁溅渣。

（3）转炉出钢过程结束后，炉长应观察炉渣的颜色及流动性，判断炉渣的温度、黏度等状况，决定是否加入镁球及调质剂数量。同时，炉长应观察炉衬的侵蚀情况，决定是否对某些部位进行重点溅渣。

（4）操作工将炉子摇回零位，将氧枪降到预定枪位，切换氮氧开关至氮气位，打开开关调节合理的氮气流量（压力）。

（5）操作工在溅渣过程中，可适当改变枪位，以求得到最佳的溅渣效果。

（6）操作工观察溅渣情况，如果在正常时间内炉口喷出小渣块，说明渣况良好，可在规定时间结束溅渣。

（7）溅渣结束前适当降低枪位，进一步提高溅渣效果，然后结束溅渣，提枪，切换氮气。

（8）观察氧枪是否粘枪，如粘枪严重，则采取措施进行处理。

（9）将剩余炉渣倒掉，观察炉衬判断溅渣效果。

（10）当转炉的炉龄达到 500 炉时，我们开始对炉子进行溅渣护炉操作，要求每班溅渣不少于三次；当炉龄达到 1000 炉时，要求每两炉溅渣护炉一次；当炉龄达到 2000 炉时，要求每炉溅渣护炉，根据炉衬情况具体操作。

（11）溅渣时氮气的工作压力要求为 1.0 ~1.2MPa；工作压力低于 0.8MPa 时，不再进行溅渣。

（12）溅渣护炉时间为 2.5 ~4min，以炉口几乎不见渣粒弹起（低枪位时）为提枪条件，力争炉壁多挂渣。

5.10.4 炉底上涨

应用溅渣护炉技术之后，转炉炉底容易上涨。主要原因是溅渣用终渣碱度高，MgO 含量达到或超过饱和值，倒炉出钢后炉膛温度降低，有 MgO 结晶析出，高熔点矿物 C_2S、C_3S 也同时析出，熔渣黏度又有增加；溅渣时部分熔渣附着于炉衬表面，剩余部分都集中留在了炉底，与炉底的镁炭砖方镁石晶体结合，引起了炉底的上涨。复吹工艺溅渣时，底部仍然供气，上、下吹入的都是冷风，炉温又有降低，熔渣进一步变黏；高熔点晶体 C_2S、C_3S 发育长大，并包围着晶体 MgO 或固体颗粒，形成了坚硬的致密层。在底部供气不当时会加剧炉底的长高。

炉底增高，则渣线上移，从而威胁炉帽，给枪位控制带来影响，所以冶炼过程中对炉底上涨必须加以消除。

为避免炉底上涨，应采取以下措施：

（1）应控制好终点熔渣成分和温度，避免熔渣过黏。

（2）采用较低的合适溅渣枪位溅渣。

（3）要有足够的氮气压力与流量。

（4）溅渣后及时倒出剩余熔渣。

（5）采用合理的溅渣频率。

（6）发现炉底上涨超过规定时，通过氧枪吹氧熔化，或加入适量的硅铁熔化上涨的炉底。

5.11　停炉与开新炉

5.11.1　停炉操作

转炉炉役后期，按计划停炉时，应对炉衬、炉口、炉体外部及烟罩等各处残钢、残渣进行清理，为炉子检修做好准备。

（1）洗炉：

1）冶炼最后一炉钢，出钢酌情剩点钢水，对炉子内部检查确认后，留渣洗炉；

2）洗炉操作氧压 0.6~0.8MPa，枪位 1.2~1.5m，每 30~40s 提枪检查一次，确保炉壁残渣清洗干净；

3）在清洗过程中，炉内的过氧化渣，要加适量的石灰降温、稠化处理后方可倒入渣罐；

4）液渣倒净后，需向炉内打水进行粉炉作业，要求用溅渣氮气搅动，粉炉时间控制在 6~8h。

（2）将炉口粘钢、粘渣清理干净。

（3）将炉壳外部及周围挡板等处的残钢、残渣清理干净。清理前可打少量水进行冷却和除尘。

（4）停炉前必须保证烟罩无粘钢、残渣。

（5）停炉前必须保证氧枪提出氧枪口，氧枪口加盖板。

（6）根据要求确认石灰、轻烧白云石称量斗和高位料仓放空。

（7）确认底吹系统阀门全部关闭。

（8）清除钢包车及渣罐车上的残钢、残渣。

（9）清理好渣道及炉下轨道。

5.11.2　开新炉操作

开新炉操作的好坏对转炉炉衬寿命有很大影响。生产实践表明，新炉子炉衬的侵蚀速度，一般比炉子的中、后期要大得多。开新炉操作不当，还会发生炉衬塌落现象，严重影响着炉衬寿命及各项技术经济指标。因此，对开新炉的要求是，在保证烘烤、烧结好炉衬的基础上。同时要炼出合格的钢水。

5.11.2.1 开新炉前的准备工作

转炉开炉前必须有专人负责对所有的设备及各项准备工作进行全面检查，保证开新炉后运行正常、安全可靠。

（1）认真检查炉衬的修砌质量，如果采用下修法时，要特别注意检查炉底与炉身接缝处是否严密，否则开炉后容易发生漏钢事故。

（2）检查转炉倾动机构是否能正常倾动；喷枪升降机构是否能正常升降，喷枪提升事故手柄应处于备用状态；散状材料的各料仓及上料皮带机是否正常，开炉用料是否备好，电子秤及活动流槽是否收放灵活。

（3）炉下车供电导轨是否正常，开动灵活；炉前、炉后挡火板、吹氩装置等设备运转是否正常。

（4）检查烟气净化回收系统的风机、可调文氏管、汽化冷却设备等是否能够正常运行。

（5）检查供水系统、喷枪、水冷炉口、烟罩、炉前、炉后挡火板、烟气净化系统等，所用冷却水的压力和流量应符合要求，所有管路应畅通无阻塞。

（6）检查炉前所用的测试仪表，读数显示应该正确可靠。

（7）检查喷枪与炉子、喷枪与供水和氧压等各项连锁装置（喷枪下到炉内时，炉子转不动，炉子不正（±30°），喷枪不下来；高压水压低于某一数值或高压水温高于某一数值或氧气压力表压力小于某一数值时，喷枪自动提升），使之保证灵活可靠。

（8）炉前所用的各种工具及材料必须准备并全。除样勺、钎子、铁锤、样模、铁锹等常用工具，硅铁、锰铁、铝等合金料，堵出钢口所用红泥、泥盘等用具、材料外，还必须把烧出钢口用的氧气胶皮管及氧管准备好，当在打不开出钢口时，可以及时吹氧烧熔，保证及时出钢。

5.11.2.2 炉衬的烧结过程

开新炉的主要目的是迅速烧结炉衬，并使之加热到炼钢的温度，以利于吹炼的顺利进行。为了保证获得良好的烧结炉衬，开新炉操作必须符合炉衬砖升温过程中强度变化规律。研究资料表明：焦油结合砖加热到300℃左右，大量挥发物开始逸出，砖体软化，在200~400℃前炉衬砖强度迅速下降，当温度上升到400℃左右时，挥发物逸尽，砖体内石墨炭素骨架初步形成，砖体强度又迅速上升，而后当温度达到1200℃时，由于砖体内低熔点物质的存在，衬砖强度又逐渐下降，降低的程度取决于砖内低熔点杂质含量的多少。石墨炭素骨架对炉衬的性能有很大影响，温度越高，石墨化越多，炉衬砖越牢固。焦油分解所形成的碳化物有很好的黏结力，特别是在高温下形成的石墨有更高的黏结力，把砖中的白云石颗粒黏结成一个整体，达到烧结的目的，并保持炉衬的强度。烧结过程中的变化，主要是在高温下焦油转化为石墨，形成的石墨对炉衬的性能有很大影响，在提高炉龄方面起着重要作用。从这一情况出发，开新炉操作必须保证均匀升温，使炉衬砖的结合剂快速形成石墨炭素骨架，并使之形成一个具有一定强度的整体。

5.11.2.3 炉衬的烘烤

炉衬的烘烤就是将处于常温的转炉内衬砖加热烘烤到炼钢要求的高温。目前转炉的内衬全部都采用镁碳砖砌筑，采用焦炭烘炉法。

焦炭烘炉步骤如下:

(1) 根据转炉吨位的不同,首先装入适量的焦炭、木柴,用油棉丝引火,立即吹氧使其燃烧,避免断氧。

(2) 炉衬烘烤过程中,定时分批补充焦炭,适时调整氧枪位置和氧气流量,使其与焦炭燃烧所需氧气量相适应,以使焦炭完全燃烧。

(3) 烘炉过程要符合炉衬的升温速度,保证足够的炉衬烘烤时间,使炉衬具有一定厚度的高温层,以达到炼钢要求的高温。

(4) 烘炉结束后,倒炉观察炉衬烘烤情况,并进行测温。

(5) 烘炉前,可解除氧枪提升氧气工作压力连锁报警,烘炉结束及时恢复。

(6) 复吹转炉在烘炉过程中,炉底应一直供气,只是比正常吹炼的供气量要少些。

210t 转炉的烘炉实例介绍如下:

烘炉曲线如图 5-2 所示。

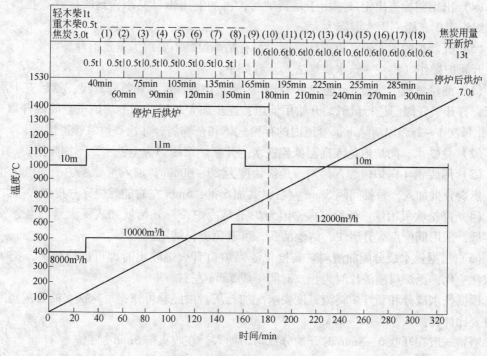

图 5-2 210t 转炉烘炉曲线

(1) 首先加入焦炭 3000kg,再加入木柴 800kg。

(2) 用油棉丝火把点火,一经引火,立即吹氧,不能断氧。开氧 5min 后,将罩裙降至距炉口 400mm。

(3) 在前 2h 30min 内,氧气流量(标态)控制在 10000m^3/h,氧枪高度为 10~11m(距地面)。

(4) 吹氧 40min 后,开始分批补充加入焦炭,每隔 15min 加入焦炭 500kg。

(5) 2h 30min 以后,氧气流量(标态)调整到 12000m^3/h,氧枪高度在 10m;每隔 15min 补加焦炭 600kg;焦炭加入后,氧枪控制在 11~9.5m 范围内,调节枪位 2~3 次。

（6）炉衬烘烤总时间不得少于 5h 30min。

（7）烘炉结束停氧，关上炉前挡火板，倒炉观察炉衬及出钢口等部位烘烤质量及残焦情况，并进行测温，若符合技术要求即可装入铁水炼钢。

（8）因故停炉时间超过 2 天或炉龄小于 10 炉并停炉 1 天，均需按开新炉方式用焦炭烘炉，烘炉时间为 3h。不准用冷炉炼钢。

5.11.2.4 开新炉第一炉钢吹炼操作

第一炉钢的吹炼操作也称开新炉操作。虽然炉衬经过了几个小时的烘烤，但只是内衬表面具有一些热量，而炉衬的内部温度仍然较低，所以有以下要求：

（1）第一炉钢不需加废钢，全部装入铁水。

（2）根据铁水成分配加造渣材料；由于炉衬温度较低，可以配加适量 Fe–Si 或焦炭，以补充热源。

（3）根据铁水温度、所配加材料数量及热平衡计算，确定出钢温度。

（4）出钢前检查出钢口。由于是新炉衬，再加上出钢口又小，到吹炼终点拉碳后要快速组织出钢，否则钢水温降太大。

（5）开新炉的前 4 炉，应连续炼钢，没有精炼设备不要冶炼重要钢种。

开新炉操作（焦炭–铁水烘烤法）步骤如下：

（1）测量氧枪"零位"，进行试氧操作。测量炉底深度，调整好算尺，然后安上氧气胶管，打开氧气阀门进行试氧。开始用低压，逐步加大氧压，在上部炉子空间内开氧 2～3 次，每次 1～2s，以清除下部管道内的存留气体和杂物屑，并检查供氧管道情况。

（2）兑铁水。向炉内兑入高温低硫铁水。开新炉第一炉为全铁水，不加废钢。

（3）用废钢斗向炉内加入焦炭。焦炭块度为 20～60mm，加入量要视炉子吨位大小而异。焦炭分批加入，每批间隔 5min 左右，共加 5 批，5min 左右能燃烧完一批焦炭。

（4）降枪吹氧冶炼。低枪点火，因为炉子是冷炉，一开始就加入了大量石灰，铁水温度低，采用低枪点火升温快，熔池活跃，可避免渣料结坨。

（5）根据铁水成分配加渣料。高枪化渣当炉口有火焰喷出时即可提枪化渣，把炉渣大致化一化，至炉口喷渣片时为止。时间一般 5min 左右。

根据铁水成分和新开炉终渣碱度要求配加石灰。由经验可知：每吨铁水的石灰实际加入量要比计算加入量多 10～15kg。

渣料一般在开吹 6～8min 时开始分批均匀加入，在收火前 5min 加完。

开新炉一般不加任何冷却剂，如温度不够可配加少量硅铁；为加速成渣也可配加少量锰铁。

（6）控制炉况及时出钢。加完最后一批焦炭后 4～5min 焦炭燃烧完毕，以后的炼钢过程与一般炼钢操作相似，前 5 炉连续炼钢，要堵好出钢口并防止出钢口打不开。等铁水时应将炉子摇到直立位置，以防塌炉。

新开炉 1～3 炉只能冶炼沸腾钢（如全连铸炼钢车间则只能冶炼普碳钢），同时完成烘烤炉衬的任务。这是因为目前转炉炉衬砖基本都采用镁碳砖，其结合剂多为酚醛树脂，它在 100～150℃开始脱水并在高温下分解出氢，特别是熔池部位炉衬砖中分解出来的氢将会溶于钢水中，影响钢材质量。

如果冶炼沸腾钢，因其脱氧不完全在浇铸中模内发生的碳氧反应形成沸腾，CO 气体在逸出的同时将氢气带走，因而不会影响沸腾钢的结构和质量。

全连铸炼钢车间因无沸腾钢，故新开炉第一炉只能冶炼钢质一般的普碳钢，而不能冶炼高质量的品种钢（一般要待冶炼 10 炉左右后钢水中氢含量才能正常，此时方可冶炼高质量的品种钢）。

5.12 顶吹转炉计算机自动控制

转炉炼钢过程复杂，终点成分和温度的控制范围窄，使用的原材料和生产的品种多、数量大，冶炼过程温度高，时间短，可变因素多，变化范围大。因此，凭经验和直接观察很难适应现代转炉炼钢生产的需要。随着电子计算机和检测技术的迅速发展，近几十年来开始采用计算机控制炼钢过程。

与经验炼钢相比，计算机控制炼钢具有以下优点：

（1）能较精确地计算吹炼参数。计算机控制炼钢计算模型是半机理半经验的模型，且可不断优化，比凭经验炼钢的粗略计算精确得多，可将其吹炼的氧气消耗和渣料数量控制在最佳范围，合金和原材料消耗量有明显的降低。

（2）无倒炉出钢。计算机控制炼钢补吹率一般小于 8%，其冶炼周期可缩短 5～10min。

（3）终点命中率高。计算机控制终点命中率一般水平不小于 80%，先进水平不小于 90%，经验炼钢终点命中率一般在 70% 左右。终点命中率大幅度提高，因此钢中气体含量低，钢质量得到改善。

（4）改善劳动条件。计算机控制炼钢采用副枪或者其他设备测温、取样，能减轻工人劳动强度，也能减少倒炉冒烟的污染，改善劳动环境。

（5）使炉衬耐材消耗达到最低限度，有利于提高炉龄，减少吹损，提高经济效益。

美国于 1959 年首次利用计算机计算转炉供氧量和冷却剂用量，对转炉终点实行静态控制。随后，很多国家也开展了相关研究并相继采用。在此基础上，又出现了转炉终点的动态控制法。

在发展转炉过程控制技术的同时，转炉生产管理系统的自动控制也得到了很大发展。

5.12.1 转炉自动控制系统

转炉钢厂的全盘自动化控制系统，包括原料、冶炼、钢水处理、浇铸及生产管理等全部工艺环节在内的若干子系统。其中，转炉冶炼的自动控制系统是主要子系统。

转炉自动控制系统包括计算机系统、电子称量系统、检测调节系统、逻辑控制系统、显示装置及副枪设备等。其主体部分的构成、布置和功能如下。

用于转炉炼钢过程自动控制的电子计算机由运算器、存放数据和程序的存储器、指挥机器工作的控制器和输入输出设备构成。

转炉冶炼的计算机控制系统通常应具备如下的功能：工艺过程参数的自动收集、处理和记录；根据模型计算铁水、废钢、辅助原料、铁合金和氧气等各种原料用量；吹炼过程的自动控制，包括静态控制、动态控制和全自动控制；人－机联系，包括用各种显示器报告冶炼过程和向计算机输入信息，控制系统自身的故障处理；生产管理，包括向后步工序输出信息以及打印每炉冶炼记录和报表等。图 5－3 是典型的转炉计算机控制系统。

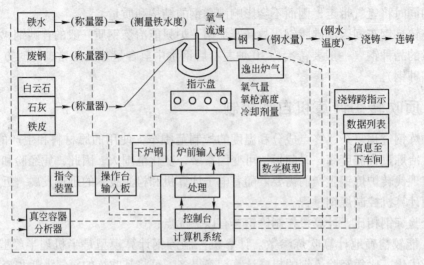

图 5 - 3 转炉计算机控制系统示意图

氧气转炉炼钢自动控制系统中，利用计算机对冶炼过程控制的目标是使吹炼终点同时达到预定的成分和温度。图 5 - 4 是典型的转炉冶炼作业工作顺序和计算机静态、动态控制的工作顺序。该转炉具有 OG 装置，控制系统包括对 OG 的控制。根据前炉情况，计算机就会对预定炉次进行炉料计算。在预定炉次冶炼开始前，通过手动或自动向计算机输入设定的吹炼数据，以及测定和分析的铁水温度和成分数据、辅助原料数据等。然后根据操作者的要求，按静态或动态控制吹炼。吹炼停止后对数学模型进行修正并向下步工序输出信息。

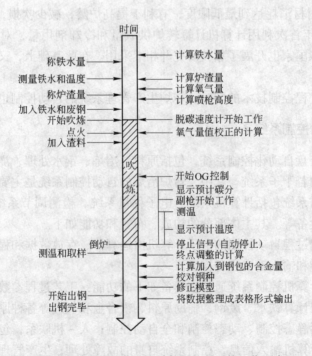

图 5 - 4 转炉冶炼作业和计算机控制系统工作顺序

5.12.2 静态控制与动态控制

转炉的自动控制一般分为静态控制和动态控制。就炼钢生产来讲，要求采用动态控制。目前由于缺乏可靠的测试手段，特别是温度和碳含量尚不能可靠地连续测定，无法将信息正确、迅速、连续地传送到计算机中去，因此世界各国在实现动态控制之前都先设计静态控制。

5.12.2.1 静态控制

静态控制是以物料平衡及热平衡为基础，建立一定的数学模型，即以已知的原料条件和吹炼终点钢水温度及成分为依据，计算铁水、废钢、各种造渣材料及冷却剂等物料的加入量、氧耗量和供氧时间，并按照计算结果由计算机控制整个吹炼过程至终点，在吹炼过程中不按任何新信息量进行修正的一种控制方法。

静态控制是采用计算机控制转炉炼钢较早的一种方法，始于20世纪60年代初。曾经使用过的静态数学模型有理论模型、统计模型和增量模型。

（1）理论模型是根据物理化学原理，运用质量和能量守恒定律建立物料平衡和热平衡，用数学式描述各个过程，建立初始变量和终点变量之间的关系。它不考虑过程和速度的变化，物理意义明确，但由于炼钢过程的因素复杂多变，计算过程中需作很多假设处理，所以理论模型预报精度较低。

（2）统计模型是运用数理统计方法，对大量生产数据进行统计分析而建立的数学模型。尽管人们对炼钢过程的认识还很有限，但由于使用了实际生产数据，所以统计模型能较好地符合实际生产情况。

（3）增量模型是把整个炉役期中工艺因素变化的影响看作是连续函数，相邻两炉钢的炉型变化甚微而看作对操作无影响。这样，以上一炉操作情况为基础，对本炉操作因素的变化加以修正，修正结果作为本炉的数学模型。增量模型比统计模型更接近于实际情况。

目前，人们对炼钢过程的理论认识还不完全清楚，未能建立起能供实际使用的纯理论模型，一般是将理论模型和经验模型相结合使用。

因此，实际应用中静态模型是根据物料平衡和热平衡计算，再参照经验数据统计分析得出的修正系数，确定吹炼加料量和氧气消耗量，预测终点钢水温度及成分目标的模型。

静态控制只考虑始态和终态之间量的差别，不考虑各种变量随时间的变化，得不到炉内实际进展的反馈信息，不能及时修正吹炼轨道。因此，静态控制的命中率仍然不高。

5.12.2.2 动态控制

动态控制是在静态控制基础上，应用副枪等测试手段，将吹炼过程中金属成分、温度及熔渣状况等有关的变量随时间变化的动态信息传送给计算机，依据所测到的动态信息对吹炼参数及时修正，达到预定的吹炼目标。由于它比较真实地反映了熔池情况，命中率比静态控制显著提高，具有更好的适应性和准确性，可实现最佳控制。动态控制的关键在于迅速、准确、连续地获得熔池内各参数的反馈信息，尤其是熔池温度和碳含量。

与静态相比，动态控制具有更好的适应性和准确性，可实现最佳控制。动态控制的关键是吹炼过程中要快速、准确并连续地获得熔池内各工艺参数，因此测试手段是很重要的。目前，普遍应用计算机副枪控制技术和炉气分析动态控制技术。

副枪动态控制技术是在吹炼接近终点时，向熔池内插入副枪，检测熔池温度和碳含量及钢水氧活度，并取出金属样。根据检测数据，修正静态模型的计算结果，计算命中终点所需的供氧量（或供氧时间）和冷却剂加入量，调整吹炼参数，以达到出钢时温度与碳同时命中。

炉气分析动态控制技术，是在转炉吹炼时全程快速分析炉气成分，根据炉气变化情况动态计算脱碳速率和钢水碳含量，特别是在吹炼末期炉内碳氧反应趋于平衡后，动态计算、校正熔池温度，准确预报吹炼末期熔池的碳含量、温度值，根据动态计算、预报的终点碳含量、温度并结合转炉烟气变化曲线确定吹炼终点并自动提枪结束吹炼，实现转炉不倒炉直接出钢的自动化炼钢技术。

5.12.3 计算机控制炼钢的条件

用计算机控制炼钢，不仅需要计算机硬件和软件，同时还应具备以下条件：

（1）设备无故障或故障率很低。计算机控制炼钢要求生产连续稳定，设备准确地执行基础自动化发出的工作指令，基础自动化准确控制设备的运行，因此设备的稳定运行是实施计算机控制炼钢的基础条件。

（2）过程数据检测准确可靠。无论是静态控制还是动态控制，都是建立在对各种原材料数量和成分，以及温度、流量等相关参数的准确测量的基础上，因此保证过程参数准确可靠是计算机控制炼钢的必要条件。

（3）原材料达到精料标准，质量稳定。计算机控制炼钢要进行操作条件计算，这些计算是以吹炼正常炉次和正常吹炼控制为基础的。

（4）要求人员素质高。计算机控制炼钢是一个复杂的系统工程，它对原材料管理、工艺过程控制、设备运行等有很高的要求。因此企业要具有高水平的管理人员、技术人员、操作人员和维护人员，才能保证整个系统的正常运转。

耐火材料与转炉炉衬

转炉从开新炉到停炉，整个炉役期间炼钢的总炉数称为炉衬寿命，或简称炉龄。它是炼钢生产中的一项重要技术经济指标。炉龄延长可以增加钢的产量和降低耐火材料消耗，并有利于提高钢的质量。但对于具有一定生产条件和技术水平的车间，存在着一个经济炉龄。根据转炉炉龄与成本、钢产量之间的关系，在材料的综合消耗量最少、成本最低、产量最多、确保钢质量条件下所确定的最佳炉龄，就是经济炉龄。

6.1 炼钢耐火材料

6.1.1 耐火材料的种类

凡是具有抵抗高温及在高温下能够抵抗所产生的物理化学作用的材料统称为耐火材料。

（1）耐火材料按其原料的化学性质可分为酸性、中性和碱性三类。

1）酸性耐火材料以 SiO_2 为主要组分，主要特点是在高温下能抵抗酸性熔渣的侵蚀，易与碱性熔渣起反应。如石英玻璃制品、熔融石英制品、硅砖及硅质不定形耐火材料均属酸性耐火材料；黏土质耐火材料属于半酸性或弱酸性耐火材料；锆英石质和碳化硅质耐火材料作为特殊酸性耐火材料也归在此类之中。

2）碱性耐火材料是指以 MgO 或 MgO 和 CaO 为主要成分的耐火材料。这类耐火材料的耐火度都很高，能够抵抗碱性熔渣的侵蚀，像镁砖、镁铝质、镁铬质、镁橄榄石质、白云石质材料等均属此类耐火材料；其中镁质、白云石质属强碱性耐火材料；而镁铝质、镁铬质、镁橄榄石质及尖晶石类材料均属弱碱性耐火材料。

3）中性耐火材料的主要组分是 Al_2O_3、C、SiC 等。在高温下，与碱性或酸性熔渣都不易起明显反应的耐火材料为中性耐火材料，如碳质、铬质耐火材料均属此类。高铝质耐火材料则是具有酸性倾向的中性耐火材料；而铬质耐火材料则是具有碱性倾向的中性耐火材料。

（2）耐火材料按耐火度的高低可分为普通级耐火材料、高级耐火材料、特级耐火材料和超级耐火材料。普通级耐火材料的耐火度为 1480~1770℃；高级耐火材料的耐火度为 1770~2000℃；特级耐火材料的耐火度在 2000℃以上；耐火度在 3000℃以上的称为超级耐火材料。

（3）耐火材料按其化学矿物组成，可分为硅酸铝质耐火材料、硅质耐火材料、镁质耐火材料和碳质耐火材料等。

（4）耐火材料按其加工方式和外观可分为烧成砖、不烧成砖、电熔砖、不定形耐火材料（包括浇注料、捣打料、可塑料、喷射料等）、绝热材料、耐火纤维、高温陶瓷材料等。

6.1.2 耐火材料的性质

（1）耐火度：耐火度是指耐火材料在高温下不软化的性能。耐火材料是多种矿物的组合体，在受热过程中，熔点低的矿物首先软化进而熔化；随着温度的升高，高熔点矿物也逐渐软化进而熔化。因此，耐火材料没有固定的熔点，耐火材料受热软化到一定程度时的温度称为该材料的耐火度。

（2）荷重软化温度：荷重软化温度也称荷重软化点。耐火制品在常温下耐压强度很高，但在高温下承受载荷后就会发生变形，耐压强度显著降低。所谓荷重软化温度就是耐火制品在高温条件下，承受恒定压负荷条件下发生一定变形的温度。

（3）耐压强度：耐火材料试样单位面积承受的极限载荷称为耐压强度，单位是 MPa。在室温下所测耐压强度为耐火材料的常温耐压强度；在高温下所测数值为高温耐压强度。

（4）抗热震性：耐火材料抵抗由于温度急剧变化而不开裂或不剥落的性能称为抗热震性，又称温度急变抵抗性，或耐急冷急热性。耐火材料经常处于温度急剧变化状态下作业，由于耐火材料的导热性较差，所以材料内部会产生应力，当应力超过材料的结构强度极限时就会产生裂纹或剥落。因此，抗热震性也是耐火材料的重要性质之一。

（5）热膨胀性：耐火材料及其制品受热膨胀遇冷收缩，这种热胀冷缩是可逆的变化过程，其热胀冷缩的程度取决于材料的矿物组成和温度。耐火材料的热膨胀性可用线胀率或体积胀率来表示，以每升高 1℃ 制品的长度或体积的相对增长率作为热胀性的量度，即用线膨胀百分率或体积膨胀百分率表示。

（6）导热性：耐火材料及制品的导热能力用导热系数表示，即单位时间内，单位温度梯度、单位面积耐火材料试样所通过的热量称为导热系数，也称热导率，单位是 W/(m·K)。

（7）重烧线变化：耐火材料及其制品在高温下长期使用体积发生不可逆变化，也就是继续完成在焙烧过程中未完成的物理化学变化；有些材料产生膨胀，称其为重烧膨胀，也称残存膨胀；有些材料是发生收缩，称其为重烧收缩，也称残存收缩。用膨胀或收缩的数值占原尺寸的百分数来表示高温下耐火材料或制品的体积稳定性。

黏土砖在使用过程中经常发生重烧收缩，而硅砖则经常发生重烧膨胀现象，只有碳质耐火材料高温体积稳定性良好。各种耐火材料的重烧膨胀或重烧收缩允许值应在 0.4% ~ 1.0% 范围内。

（8）抗渣性：耐火材料在高温下抵抗熔渣侵蚀的能力称为抗渣性。耐火材料的抗渣性与熔渣的化学性质、工作温度和耐火材料的致密程度有关。

对耐火材料的侵蚀包括化学侵蚀、物理溶解和机械冲刷三个方面。化学侵蚀是指熔渣与耐火材料发生化学反应，其所形成的产物进入熔渣，从而改变了熔渣的化学成分，同时耐火材料遭受蚀损。物理溶解是指由于化学侵蚀和耐火材料颗粒结合不牢固，固体颗粒溶解于熔渣之中。机械冲刷是指由于熔渣流动而将耐火材料中结合力差的固体颗粒带走或溶于熔渣中。

（9）气孔率：气孔率是耐火材料制品中气体的体积占制品体积的百分比，表示耐火材料或制品致密程度的指标。耐火材料内气孔与大气相通的称为开口气孔，其中贯穿的气孔称为连通气孔；不与大气相通的气孔称为闭口气孔，如图 6-1 所示。

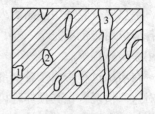

图 6-1 耐火材料中气孔类型
1—开口气孔；2—闭口气孔；
3—连通气孔

耐火材料中全部气孔体积占耐火材料总体积的百分比称为真气孔率，亦称全气孔率，其表达式为：

$$真气孔率 = [(V_1 + V_2 + V_3)/V] \times 100\% \quad (6-1)$$

式中　V——耐火材料总体积；

V_1——开口气孔体积；

V_2——闭口气孔体积；

V_3——连通气孔体积。

开口气孔与连通气孔的体积占耐火材料总体积的百分比称为显气孔率，亦称假气孔率，其表达式为：

$$显气孔率 = [(V_1 + V_2)/V] \times 100\% \quad (6-2)$$

显而易见，显气孔率高时，说明耐火材料与大气相通的气孔多，在使用过程中耐火材料易受侵蚀和水化作用。

（10）抗折强度：抗折强度是单位断面面积承受弯矩作用直至断裂时的应力。

6.1.3　镁碳砖

目前转炉炉衬普遍采用的是镁碳砖。镁碳砖由镁砂、炭素原料、添加剂和结合剂制造而成。

（1）镁砂：要求镁砂 $w(MgO) > 95\%$，杂质含量要低，方镁石晶粒直径要大，这样，晶界数目少，晶界面积小，熔渣沿晶粒表面难以渗入；同时镁砂的体积密度要高，气孔率要低。

（2）炭素原料：炭素原料性能同样对砖和制品的耐蚀性、耐剥落性、高温强度和抗氧化性等均有直接的关系，所以用于制作镁碳砖的炭素原料必须要符合制砖的技术要求，高纯度石墨是制作镁碳砖的最佳炭素原料。

（3）结合剂：结合剂有煤焦油、煤沥青、石油沥青及酚醛树脂等，以酚醛树脂最好。

（4）添加剂：抗氧化添加剂有 Ca、Si、Al、Mg、Zr、SiC、B_4C 和 BN 等金属元素或化合物，它们的作用有两个，一是在工作温度之下，添加剂或添加剂和碳的反应产物与氧的亲和力比碳与氧的亲和力大，先于碳被氧化，从而起到保护碳的作用；二是添加剂与氧气、CO 或者碳反应生成的化合物可以改变碳复合耐火材料的显微结构，堵塞气孔增加致密度，同时阻碍氧及反应产物的渗入扩散等。

因此，镁碳砖具有抗渣性强、导热性能好的特点，避免了镁砂颗粒产生热裂；同时由于有结合剂固化后形成的碳网络，将氧化镁颗粒紧密牢固地连接在一起。用镁碳砖砌筑转炉炉衬，可大幅度提高炉衬使用寿命。

6.2　转炉炉衬

6.2.1　炉衬用砖

转炉的内衬是由绝热层（也称隔热层）、永久层和工作层组成的。

绝热层一般是用多晶耐火纤维砌筑，炉帽的绝热层也有用树脂镁砂打结而成的；永久层各部位用砖也不完全一样，多用低档镁碳砖、焦油白云石砖或烧结镁砖砌筑；工作层全部用镁碳砖砌筑。

在冶炼过程中由于各个部位工作条件不同，因而工作层各部位的蚀损情况也不一样，针对这一情况，视其损坏程度砌筑不同的耐火砖，容易损坏的部位砌筑高档镁碳砖，损坏较轻的地方可以砌筑中档或低档镁碳砖，这样整个炉衬的蚀损情况较为均匀，这就是所谓的综合砌炉（均衡炉衬）。综合砌炉根据炉衬各部位的损失机理及侵蚀情况，在不同部位使用不同材质的耐火砖，砌筑不同厚度的炉衬。砌筑时要遵循"靠紧、背实、填严"的原则。

炉衬材质性能及使用部位如表6-1所示。

表6-1　炉衬材质性能及使用部位

性能及使用 类别	气孔率 /%	体积密度 /g·cm⁻³	常温耐压强度 /MPa	高温抗折强度 /MPa	使用部位
优质镁碳砖	2	2.82	38	10.4	耳轴、渣线
普通镁碳砖	4	2.76	23	4.6	耳轴部位、炉帽液面以上
复吹供气砖	2	2.84	46	14	复吹供气砖及保护砖
高强度镁碳砖	10~14	2.84~3.0	>40		炉底及钢液面以下
合成高钙镁砖	10~14	2.84~3.1	>40		装料侧
高纯镁砖	10~14	2.94	>60		装料侧
镁质白云石烧成砖	2.8	2.8	38.4		装料侧

6.2.2　炉衬的破损机理

吹炼前期渣中氧化铁含量较高，而二氧化硅含量较高，碱度较低，炉衬受酸性渣和氧化铁的作用破损较严重；吹炼中期渣中氧化铁和二氧化硅含量降低，炉衬损失较轻；吹炼末期受高温钢水和高氧化铁炉渣的综合作用炉衬侵蚀更为严重。

转炉炉衬的破损机理主要有以下几个方面：

（1）高温热流的作用。来自液体金属和炉渣，特别是一次反应区的高温作用有可能使炉衬表面软化和熔融，炉衬表面逐渐分层熔化，一般分为三层，即熔化层、软熔层、原质层。

（2）急冷急热的作用。出钢和装铁之间以及补炉、检修等过程使转炉有一定的时间间隔，再次装铁后炉衬受急冷急热的作用，体积膨胀产生炸裂和剥落。

（3）机械破损。装铁水和加废钢过程以及吹炼过程中钢水流动，对炉衬产生机械冲刷作用。

（4）化学侵蚀。主要来自炉气和炉渣，钢水和炉渣中的氧与耐火材料中的碳等元素发生化学反应，对炉衬形成化学侵蚀。

转炉炉衬各部位所受侵蚀的原因不同，所以炉衬各部位的砌筑要求也各异。

（1）炉口部位：这个部位温度变化剧烈，熔渣和高温废气的冲刷比较厉害，在加料和清理残钢、残渣时，炉口受到撞击。因此用于炉口的耐火砖必须是具有较高的抗热震性和抗渣性，耐熔渣和高温废气的冲刷，且不易粘钢，即便粘钢也易于清理的镁碳砖。

（2）炉帽部位：这个部位是受熔渣侵蚀最严重的部位，同时还受温度急变的影响和含尘废气的冲刷，故使用抗渣性强和抗热震性好的镁碳砖。此外，若炉帽部位不便砌筑绝热层时，可在永久层与炉壳钢板之间填筑镁砂树脂打结层。

（3）炉衬的装料侧：这个部位除受吹炼过程熔渣和钢水喷溅的冲刷、化学侵蚀外，还要受到装入废钢和兑入铁水时的直接撞击与冲蚀，给炉衬带来严重的机械性损伤，因此应砌筑具有高抗渣性、高强度、高抗热震性的镁碳砖。

（4）炉衬出钢侧：此部位基本上不受装料时的机械冲撞损伤，热震影响也小，主要是受出钢时钢水的热冲击和冲刷作用，损坏速度低于装料侧。若与装料侧砌筑同样材质的镁碳砖时，其砌筑厚度可稍薄些。

（5）渣线部位：这个部位是在吹炼过程中，炉衬与熔渣长期接触受到严重侵蚀而形成的。在出钢侧，渣线的位置随出钢时间的长短而变化，大多情况下并不明显，但在排渣侧就不同了，受到熔渣的强烈侵蚀，再加上吹炼过程其他作用的共同影响，衬砖损毁较为严重，需要砌筑抗渣性能良好的镁碳砖。

（6）两侧耳轴部位：此部位炉衬除受吹炼过程的蚀损外，其表面又无保护渣层覆盖，砖体中的炭素极易被氧化，并难以修补，因而损坏严重。所以，此部位应砌筑抗渣性能良好、抗氧化性能强的高级镁碳砖。

（7）熔池和炉底部位：此部位炉衬在吹炼过程中受钢水强烈的冲蚀，但与其他部位相比损坏较轻。可以砌筑碳含量较低的镁碳砖，或者砌筑焦油白云石砖。若是采用顶底复合吹炼工艺时，炉底中心部位容易损毁，可以与装料侧砌筑相同材质的镁碳砖。

6.2.3 提高炉衬寿命的措施

提高炉衬寿命的措施主要有：

（1）提高炉衬砖的材质质量。改进炉衬材质，可提高炉衬寿命，转炉炉衬砌筑镁碳砖，可使炉衬寿命得到大幅度的提高。

（2）采用综合砌炉技术，使炉衬的蚀损均衡，炉龄也有一定的提高。

（3）系统优化炼钢工艺。采用铁水预处理→转炉冶炼→炉外精炼→连续铸钢的现代化炼钢模式生产钢坯。这样，进入转炉的是精料，炉外钢水精炼又可以承担传统转炉炼钢的部分任务；实现少渣操作工艺后，转炉只是进行脱碳升温，这样不仅缩短了冶炼周期，更重要的是减轻了酸性高氧化性炉渣对炉衬的侵蚀。

转炉实现过程自动控制，提高终点控制命中率的精度，也可以减轻对炉衬的蚀损。转炉应用复吹技术和活性石灰，不仅加快成渣速度，缩短冶炼时间，还可降低渣中 $w(\mathrm{TFe})$ 含量，从而也减轻了对炉衬的蚀损量。

（4）粘渣补炉。氧气转炉在吹炼过程中，两个大面和耳轴部位损坏十分严重，喷补两个大面补炉料消耗非常大，且耳轴部位难以修补。粘渣补炉工艺既提高了炉衬寿命又降低了耐火材料消耗。

（5）炉衬的喷补。粘渣补炉技术，不可能在炉衬表面所有部位都均匀地涂挂一层熔渣，尤其是炉体两侧耳轴部位无法挂渣，从而影响炉衬整体使用寿命。所以，在粘渣补炉的同时还需配合炉衬喷补。

　　炉衬喷补是通过专门设备将散状耐火材料喷射到红热炉衬表面，进而烧结成一体，使损坏严重的部位形成新的烧结层，炉衬得到部分修复，可以延长炉衬的使用寿命。根据补炉料含水与否、水含量的多少、喷补方法的不同，炉衬喷补分为湿法、干法、半干法及火法喷补等。

　　喷补料由耐火材料、化学结合剂、增塑剂等组成。

　　（6）溅渣护炉技术的应用大大提高了转炉炉龄。

　　（7）先进技术的应用，如计算机控制的采用、炉衬激光测厚仪的使用等，可准确控制炉况，提高转炉炉龄。

　　（8）加强生产管理。

转炉车间主要设备

氧气转炉车间的设备可分为转炉主体设备，原料供应系统设备，供氧系统设备，出渣、出钢和浇铸系统设备，烟气净化和回收系统设备以及修炉设备等。

7.1 转炉主体设备

转炉主体设备由转炉炉体（包括炉壳和炉衬）、炉体支撑设备（包括托圈、耳轴、耳轴轴承及支座）以及倾动机构所组成，如图 7 - 1 所示。

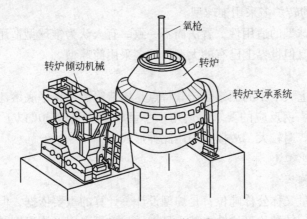

图 7 - 1 转炉主体设备

7.1.1 转炉炉型

转炉炉型是指用耐火材料砌成的炉衬内型。转炉的炉型是否合理直接影响着工艺操作、炉衬寿命、钢的产量与质量以及转炉的生产率。

合理的炉型应满足以下要求：

（1）要满足炼钢的物理化学反应和流体力学的要求，使熔池有强烈而均匀的搅拌；

（2）符合炉衬被侵蚀的形状，以利于提高炉龄；

（3）减轻喷溅和炉口结渣，改善劳动条件；

（4）炉壳易于制造，炉衬的砌筑和维修方便。

7.1.1.1 炉型类型

按金属熔池形状的不同，转炉炉型可分为筒球型、锥球型和截锥型三种，如图 7 - 2 所示。

大型转炉多采用筒球型这种炉型，我国 20 ~ 80t 的转炉多采用锥球型，我国 30t 以下的转炉多用截锥型。

A 筒球型

这种熔池形状由一个球缺体和一个圆筒体组成。它的优点是炉型形状简单，砌筑方便，炉壳制造容易。熔池内型比较接近金属液循环流动的轨迹，在熔池直径足够大时，能保证在较大的供氧强度下吹炼而喷溅最小，也能保证有足够的熔池深度，使炉衬有较高的寿命。大型转炉多采用这种炉型。

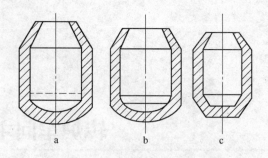

图 7 – 2　顶吹转炉常用炉型示意图
a—筒球型；b—锥球型；c—截锥型

B 锥球型

锥球型熔池由一个锥台体和一个球缺体组成。这种炉型与同容量的筒球型转炉相比，若熔池深度相同，则熔池面积比筒球型大，有利于冶金反应的进行，同时，随着炉衬的侵蚀熔池变化较小，对炼钢操作有利。欧洲生铁含磷相对偏高的国家，采用此种炉型的较多。我国 20～80t 的转炉多采用锥球型。

对筒球型与锥球型的适用性，看法尚不一致。有人认为锥球型适用于大转炉，有人却认为适用于小转炉。但世界上已有的大型转炉多采用筒球型。

C 截锥型

截锥型熔池为上大下小的圆锥台。其特点是构造简单，且平底熔池，便于修砌。这种炉型基本上能满足炼钢反应的要求，适用于小型转炉。我国 30t 以下的转炉多用这种炉型。国外转炉容量普遍较大，故极少采用此种形式。

7.1.1.2　炉型参数

A 转炉的公称容量

转炉的公称容量又称公称吨位，是炉型设计、计算的重要依据，但其含义目前尚未统一。公称容量可以用转炉的平均铁水装入量表示，也可以用平均出钢量表示，或者用转炉年平均炉产良坯（锭）量表示。

由于出钢量介于装入量和良坯（锭）量之间，其数量不受装料中铁水比例的限制，也不受浇铸方法的影响，所以大多数采用炉役平均出钢量作为转炉的公称容量。根据出钢量可以计算出装入量和良坯（锭）量。

$$装入量 = 出钢量 \times 金属消耗系数 \qquad (7-1)$$

金属消耗系数是指吹炼 1t 钢所消耗的金属料数量，视铁水硅含量、磷含量的高或低，波动于 1.1～1.2 之间。

B 炉容比

转炉的炉容比是转炉的有效容积与公称容量之比，其单位是 m^3/t。

炉容比的大小决定了转炉吹炼容积的大小，它对转炉的吹炼操作、喷溅、炉衬寿命、金属收得率等都有比较大的影响。如果炉容比过小，即炉膛反应容积小，转炉就容易发生喷溅和溢渣，造成吹炼困难，降低金属收得率，并且会加剧炉渣对炉衬的冲刷侵蚀，降低炉衬寿命；同时也限制了供氧量或供氧强度的增加，不利于转炉生产能力的提高。反之，如果炉容比过大，就会使设备重量、倾动功率、耐火材料的消耗和厂房高度增加，使整个车间的投资增大。

选择炉容比时应考虑铁水比、铁水成分、供氧强度、冷却剂的种类等。

目前使用的转炉，炉容比波动在 $0.85 \sim 0.95 m^3/t$ 之间（大容量转炉取下限）。近些年来，为了在提高金属收得率的基础上提高供氧强度，新设计转炉的炉容比趋于增大，一般为 $0.9 \sim 1.05 m^3/t$。

C 高宽比

高宽比是指转炉总高（$H_{总}$）与炉壳外径（$D_{壳}$）之比，是决定转炉形状的另一主要参数。它直接影响转炉的操作和建设费用。因此高宽比的确定既要满足工艺要求，又要考虑节省建设费用。

目前，新设计转炉的高宽比一般在 $1.35 \sim 1.65$ 的范围内选取，小转炉取上限，大转炉取下限。

7.1.2 炉体结构

转炉炉体包括炉壳（如图 7-3 所示）和炉壳内的耐火材料炉衬。

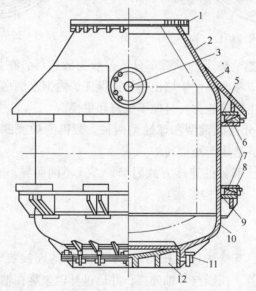

图 7-3 转炉炉壳示意图

1—水冷炉口；2—锥形炉帽；3—出钢口；4—护板；5，9—上、下卡板；
6，8—上、下卡板槽；7—斜块；10—圆柱形炉身；11—销钉和斜楔；12—可拆卸活动炉底

转炉炉壳的作用是承受炉衬、钢液、渣液的重量，保持炉子固有的形状，承受倾动扭转力矩和机械冲击力，承受炉壳轴向和径向的热应力以及炉衬的膨胀力。

炉壳本身主要由三部分组成：锥形炉帽、圆柱形炉身和炉底。各部分用钢板加工成型后焊接和用销钉连接成整体。三部分连接的转折处必须以不同曲率的圆滑曲线来连接，以减小应力集中。

（1）炉帽：炉帽通常做成截锥型，这样可以减少吹炼时的喷溅损失以及热量的损失，并有利于引导炉气排出。为了便于出钢、提高炉帽寿命、减少炉口结渣、结渣后易清理、防止炉口钢板在高温下变形，目前普遍采用通入循环水强制冷却的水冷炉口。水冷炉口有

水箱式和埋管式两种结构,如图7-4和图7-5所示。水箱式水冷炉口在水箱内焊有若干块隔板,使进入水箱的冷却水形成蛇形回路。这种结构的冷却强度大,并且容易制造,但比铸铁埋管式容易烧穿。埋管式水冷炉口是把通冷却水的蛇形钢管埋铸于铸铁内。这种结构冷却效果稍逊于水箱式,但安全性和寿命比水箱式炉口高,故采用十分广泛。

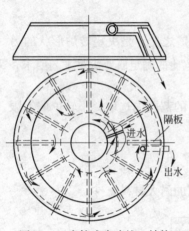

图7-4 水箱式水冷炉口结构

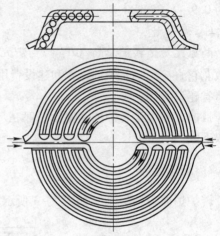

图7-5 埋管式水冷炉口结构

(2)炉身:炉身是整个炉子的承载部分,一般为圆柱形。在炉帽和炉身耐火砖交界处设有出钢口,设计时应考虑要便于堵出钢口,保证炉内钢水倒尽和出钢时钢流应对钢包内的铁合金有一定的冲击搅拌能力,且便于维修和更换。

(3)炉底:炉底部分有截锥型和球缺型两种。截锥型炉底制作和砌砖都较为简便,但其强度不如球缺型好,适用于小型转炉。

炉帽、炉身和炉底三部分的连接方式因修炉方式不同而异。有所谓"死炉帽,活炉底"、"活炉帽,死炉底"等结构形式。

7.1.3 炉体支撑装置

炉体支撑装置包括:支撑炉体的托圈、炉体和托圈的连接装置,以及支撑托圈的耳轴、耳轴轴承和轴承座等。托圈与耳轴连接,并通过耳轴坐落在轴承座上,炉体则坐落在托圈上。转炉炉体的全部重量通过支撑装置传递到基础上,而托圈又把倾动机构传来的倾动力矩传给炉体,并使其倾动。

7.1.3.1 托圈与耳轴

托圈和耳轴是用来支撑炉体并传递转矩的构件。

图7-6为剖分成四段加工制造的托圈结构示意图。

转炉的耳轴支撑着炉体和托圈的全部重量,并通过轴承座传给地基,同时倾动机构低转速的大扭矩又通过耳轴传给托圈和转炉。耳轴要承受静、动载荷产生的转矩、弯曲和剪切的综合负荷,因此,耳轴应有足够的强度和刚度。同时耳轴本身也需要水冷,因此耳轴要做成空心的。

7.1.3.2 托圈与耳轴的连接

托圈与耳轴的连接有法兰螺栓连接、静配合连接、直接焊接等三种方式,如图7-7

所示。

　　法兰螺栓连接如图7-7a所示。耳轴用过渡配合装入托圈的耳轴座中，再用螺栓和圆销连接、固定，以防止耳轴与孔发生相对转动和轴向移动。这种连接方式连接件较多，而且耳轴需要一个法兰，从而增加了耳轴的制造难度。

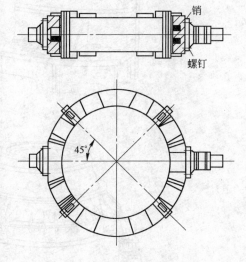

　　静配合连接如图7-7b所示。耳轴有过盈尺寸，装配时用液体氮将耳轴冷缩后插入耳轴座中，或把耳轴孔加热膨胀，将耳轴在常温下装入耳轴孔中。为了防止耳轴与耳轴孔产生转动和轴向移动，传动侧耳轴的配合面应拧入精制螺钉，游动侧采用带小台肩的耳轴。

　　耳轴与托圈直接焊接如图7-7c所示。这种结构没有耳轴座和连接件，结构简单，重量轻，加工量少。制造时先将耳轴与耳轴板用双面环形焊缝焊接，然后将耳轴板与托圈腹板用单面焊缝焊接。但制造时要特别注意保证两耳轴的平行度和同心度。

图7-6　剖分式托圈

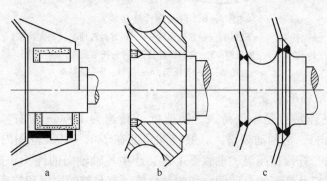

图7-7　托圈与耳轴的连接方式

a—法兰螺栓连接；b—静配合连接；c—直接焊接

7.1.3.3　炉体与托圈的连接装置

连接装置的基本形式以下两种：

　　（1）支撑夹持器。它的基本结构是沿炉壳圆周接有若干组上、下托架，托架和托圈之间有支撑斜垫板。炉体通过上、下托架和斜垫板夹住托圈，借以支撑其重量。炉壳与托圈膨胀或收缩的差异由斜楔的自动滑移来补偿，并不会出现间隙。

　　（2）吊挂式连接装置。这类结构通常是由若干组拉杆或螺栓将炉体吊挂在托圈上。有两种方式：法兰螺栓连接和自调螺栓连接装置。自调螺栓连接装置又称为三点球面支撑装置，应用较多。

　　图7-8为自调螺栓连接装置示意图。自调螺栓连接装置是目前吊挂装置形式中比较理想的一种结构，在炉壳上部焊接两个加强圈，炉体通过加强圈和三个带球面垫圈的自调螺栓与托圈连接在一起。

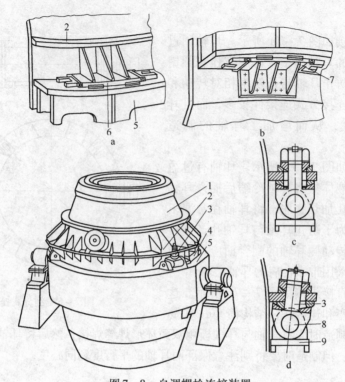

图 7 – 8 自调螺栓连接装置

a—上托架；b—下托架；c—原始位置；d—正常运转情况（最大位移）

1—炉壳；2—加强圈；3—自调螺栓装置；4—托架装置；5—托圈；

6—上托架；7—下托架；8—销轴；9—支座

7.1.3.4 耳轴轴承装置

耳轴轴承的工作特点是：负荷大，转速低（转速为 1r/min 左右），工作条件恶劣（高温、多尘、冲击），启制动频繁，一般转动角度在 280°~290° 范围内，轴承零件处于局部工作状态。由于托圈在高温、重载下工作会产生耳轴轴向的伸长和挠曲变形，因此，耳轴轴承必须有适应此变形的自动调心和游动性能，有足够的刚度和抗疲劳极限。

无论是驱动侧还是游动侧轴承，我国普遍采用自动调心滚柱轴承。这种轴承的结构如图 7 – 9 所示。

这种轴承能承受重载，有自动调位性能，在静负荷作用下，轴承允许的最大偏斜度为 ±1.5°，可以满足耳轴轴承的要求，并能保持良好的润滑，磨损较少。

7.1.4 炉体倾动机构

炉体倾动机构的作用是倾转炉体，倾动角度为 ±360°，从而满足转炉兑铁水、加废钢、取样、测温、补炉、出渣、出钢等工艺操作的需要。

炉体倾动机构主要由倾动电动机、减速系统、制动装置、支座轴承等组成。

7.1.4.1 对倾动机构的要求

(1) 能使炉体连续转 ±360°，并能平稳而准确地停止在任意角度位置上，以满足工艺操作的要求。

(2) 一般应具有两种以上的转速。转炉在出钢倒渣、人工取样时，要平稳缓慢地倾动，避免钢、渣猛烈摇晃甚至溅出炉口。转炉在空炉和刚从垂直位置摇下时要用高速倾动，以减少辅助时间，在接近预定停止位置时，采用低速，以便停准、停稳。

（3）应安全可靠，避免传动机构的任何环节发生故障，即使某一部分环节发生故障，也要具有备用能力，能继续进行工作直到本炉冶炼结束。此外，还应与氧枪、烟罩升降机构等保持一定的连锁关系，以免误操作而发生事故。

（4）倾动机构对载荷的变化和结构的变形而引起耳轴轴线偏移时，仍能保持各传动齿轮的正常啮合，同时，还应具有减缓动载荷和冲击载荷的性能。

（5）结构紧凑，占地面积小，效率高，投资少，维修方便。

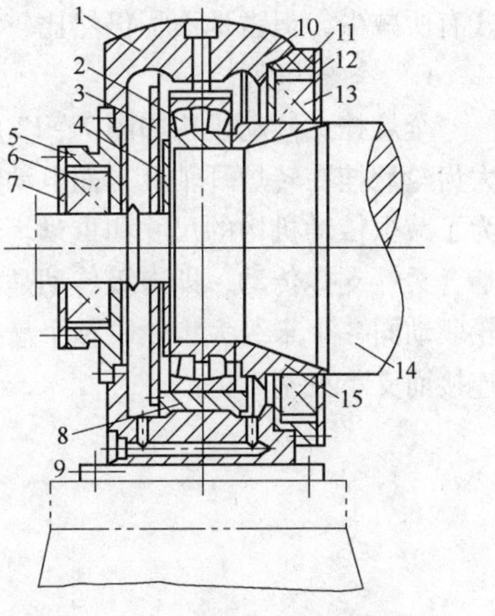

7.1.4.2 倾动机构的工作特点

倾动机构的工作特点如下：

（1）低转速，大减速比。

（2）重载，倾动力矩大。

（3）启动、制动频繁，承受较大的动载荷。

（4）倾动机构工作在高温、多渣尘的环境中，工作条件十分恶劣。

7.1.4.3 倾动机构的类型

倾动机构有落地式、半悬挂式、全悬挂式和液压传动式四种类型。

A 落地式

图 7 - 9 自动调心滚柱轴承

1—轴承盖；2—自动调心双列圆柱滚子轴承；
3，10—挡油板；4—轴端压板；
5，11—轴承端盖；6，13—毡圈；
7，12—压盖；8—轴承套；
9—轴承底座；14—耳轴；
15—甩油推环

落地式倾动机构如图 7 - 10 所示。落地式倾动机构除末级大齿轮装在耳轴上外，其余全部安装在地基上，大齿轮与安装在地基上传动装置的小齿轮相啮合。

这种倾动机构的特点是结构简单，便于制造、安装和维修。但是当托圈挠曲严重而引起耳轴轴线产生较大偏差时，影响大小齿轮的正常啮合。大齿轮系开式齿轮，易落入灰渣，磨损严重，寿命短。

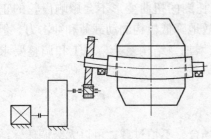

图 7 - 10 落地式倾动机构

B 半悬挂式

半悬挂式倾动机构如图 7 - 11 所示。半悬挂式倾动机构是在落地式基础上发展起来的，它的特点是把末级大、小齿轮通过减速器箱体悬挂在转炉耳轴上，其他传动部件仍安装在地基上，所以叫半悬挂式。悬挂减速器的小齿轮通过万向联轴器或齿式联轴器与主减速器相连接。

当托圈变形使耳轴偏移时，不影响大、小齿轮间正常啮合。其重量和占地面积比落地式有所减少，但占地面积仍然比较大，它适用于中型转炉。

C 全悬挂式

全悬挂式倾动机构如图7-12所示。全悬挂式倾动机构是把转炉传动的二次减速器的大齿轮悬挂在转炉耳轴上，而电动机、制动器、一级减速器都装在悬挂大齿轮的箱体上。为了减少传动机构的尺寸和重量，使工作安全可靠，目前大型悬挂式倾动机构均采用多点啮合柔性支撑传动，即末级传动是由数个（4个、6个或8个）各自带有传动结构的小齿轮驱动同一个末级大齿轮，整个悬挂减速器用两端铰接的两根立杆通过曲柄与水平扭力杆连接而支承在基础上。

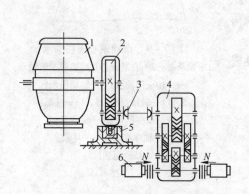

图7-11 半悬挂式倾动机构

1—转炉；2—悬挂减速器；3—万向联轴器；
4—减速器；5—制动装置；6—电动机

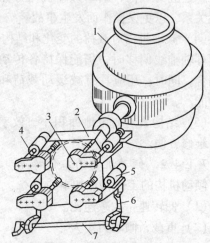

图7-12 全悬挂式倾动机构

1—转炉；2—末级减速器；3—初级减速器；4—联轴器；
5—电动机；6—连杆；7—缓冲抗扭轴

全悬挂式倾动机构的特点是：结构紧凑、重量轻、占地面积小、运转安全可靠、工作性能好。多点啮合由于采用两套以上传动装置，当其中1~2套损坏时，仍可维持操作，安全性好。由于整套传动装置都悬挂在耳轴上，托圈的扭曲变形不会影响齿轮的正常啮合。柔性抗扭缓冲装置的采用，传动平稳，可有效地降低机构的动载荷和冲击力。但是全悬挂机构进一步增加了耳轴轴承的负担，啮合点增加，结构复杂，加工和调整要求也较高，新建大、中型转炉采用悬挂式的比较多。

D 液压传动式

目前一些转炉已采用液压传动的倾动机构。

液压传动的突出特点是：适于低速、重载的场合，不怕过载；可以无级调速，结构简单、重量轻、体积小。因此转炉倾动机械使用液压传动是大有前途的。液压传动的主要缺点是加工精度要求高，加工不精确时容易引起漏油。

图7-13为一种液压传动倾动转炉的原理图：变量油泵1经滤油器2从油箱3中把油液经单向阀4、电液换向阀5、油管6送入工作油缸8，驱动带齿条10的活塞杆9上升，齿条推动装在转炉12耳轴上的齿轮11使转炉炉体倾动。工作油缸8与回程油缸13固定在横梁14上。当电液换向阀5换向后，油液经油管7进入回程油缸13（此时，工作油缸中的油液经换向阀流回油箱），通过活塞杆15、活动横梁16，将活塞杆9下拉，使转炉恢复原位。

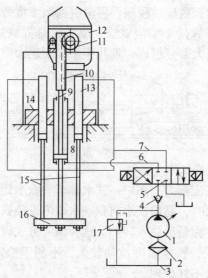

图 7 - 13　液压传动倾动机械

1—变量油泵；2—滤油器；3—油箱；4—单向阀；5—电液换向阀；6，7—油管；8—工作油缸；9，15—活塞杆；
10—齿条；11—齿轮；12—转炉；13—回程油缸；14—横梁；16—活动横梁；17—溢流阀

7.2　原料供应系统设备

7.2.1　铁水供应设备

7.2.1.1　混铁炉供应铁水

混铁炉供应铁水工艺流程为：高炉→铁水罐车→混铁炉→铁水罐→称量→转炉。

混铁炉的作用主要是贮存并混匀铁水的成分和温度。另外，高炉每次出的铁水成分和温度往往有波动，尤其是几座高炉向转炉供应铁水波动更大，采用混铁炉后可使供给转炉的铁水相对稳定，有利于实现转炉自动控制和改善技术经济指标。采用混铁炉的缺点是：一次投资较大，比混铁车多倒一次铁水，因而铁水热量损失较大。

如图 7 - 14 所示，混铁炉由炉体、炉盖开启机构和炉体倾动机构组成。

混铁炉容量取决于转炉容量和转炉定期停炉期间的受铁量。目前国内标准混铁炉系列为 300t、600t、900t、1300t。世界上最大容量的混铁炉达 2500t。

7.2.1.2　混铁车供应铁水

混铁车供应铁水工艺流程为：高炉→混铁车→铁水罐→称量→转炉。

混铁车（见图 7 - 15）又称鱼雷罐车。采用混铁车供应铁水时，高炉铁水出到混铁车内，由铁路机车将混铁车牵引到转炉车间罐坑旁。转炉需要铁水时，将铁水倒入坑内的铁水罐中，经称量后由铁水吊车兑入转炉。如果铁水需要预脱硫

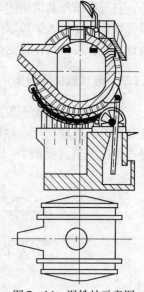

图 7 - 14　混铁炉示意图

处理时，则先将混铁车牵引到脱硫站脱硫，再牵引到倒罐坑旁。混铁车兼有运送和贮存铁水两种作用，实质上是列车式的小型混铁炉，或者说是混铁炉型铁水罐车。混铁车由罐体、罐体倾动机构和车体三大部分组成，近几年来，新建大型转炉车间多采用混铁车。

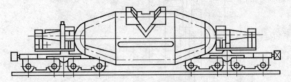

图 7 - 15 混铁车

7.2.1.3 铁水罐车供应铁水

铁水罐车供应铁水工艺流程为：高炉→铁水罐车→铁水罐→称量→转炉。

采用铁水罐车供应铁水时，高炉铁水出到铁水罐内，经铁路运进转炉车间，转炉需要时倒入转炉车间铁水罐内，称量后兑入转炉。这种供应方式设备最简单，投资最少。但在运输和待装过程中降温较大，铁水温度波动较大，不利于稳定操作，还容易出现粘罐现象，当转炉出现故障时铁水不好处理。

7.2.2 废钢供应设备

废钢是作为冷却剂加入转炉的，加入量一般为 10% ～30% 。加入的废钢体积和重量都有一定要求。如果体积过大或重量过大，应破碎或切割成适当的重量和块度。密度过小而体积过大的轻薄料，应打包，压成密度和体积适当的废钢块。

目前有两种加入方式，一种是用桥式吊车吊运废钢斗向转炉倒入。这种方法是用吊车的主钩加副钩吊起废钢料斗，向兑铁水那样靠主、副钩的联合动作把废钢加入转炉。另一种方式是用设置在炉前或炉后平台上的专用废钢料车加废钢。废钢料车上可安放两个废钢斗，它可以缩短装废钢的时间，减轻吊车的负担，避免装废钢与铁水吊车之间的干扰，并可使废钢料斗伸入炉口以内，减轻废钢对炉衬的冲击。但用专用废钢料车时，在平台上需铺设轨道，废钢料车往返行驶，易与平台上的其他作业发生干扰。

7.2.3 散状料供应设备

散状料供应系统一般由贮存、运送、称量和向转炉加料等几个环节组成。整个系统由存放料仓、运输机械、称量设备和向转炉加料设备组成。目前国内典型散状材料供应方式是全胶带上料（见图 7 - 16）。工艺流程为：低位料仓→固定胶带运输机→转运漏斗→可

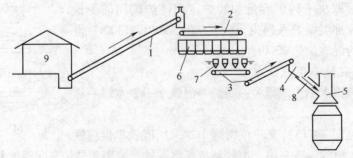

图 7 - 16 全胶带上料系统

1—固定胶带运输机；2—可逆式胶带运输机；3—汇集胶带运输机；4—汇集料斗；
5—烟罩；6—高位料仓；7—称量料斗；8—加料溜槽；9—散状材料间

逆胶带运输机→高位料仓→称量料斗→电磁振动给料器→汇集料斗→转炉。

这种系统的特点是运输能力大，速度快且可靠，能连续作业，原料破损少，但占地面积大，运料时粉尘大，劳动条件不够好，适合大中型车间。

7.2.3.1 低位料仓

低位料仓兼有贮存和转运的作用。低位料仓的数目和容积，应保证转炉连续生产的需要。

7.2.3.2 输送系统

目前大、中型转炉车间，散状材料从低位料仓运输到转炉上的高位料仓，都采用胶带运输机。为了避免厂房内粉尘飞扬污染环境，有的车间对胶带运输机整体封闭，同时采用布袋除尘器进行胶带机通廊的净化除尘。也有的车间在高位料仓上面，采用管式振动运输机代替敞开的可逆活动胶带运输机配料，如图7-17所示，并将称量的散状材料直接送入汇集料斗，取消了汇集胶带运输机。

7.2.3.3 给料系统

高位料仓的作用是临时贮料，保证转炉随时用料的需要。料仓的布置形式有共用、独用和部分共用三种，如图7-18所示。

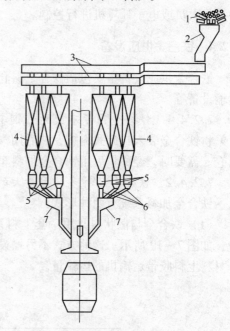

图7-17 固定胶带和管式振动输送机上料系统
1—固定胶带运输机；2—转运漏斗；
3—管式振动输送机；4—高位料仓；
5—称量漏斗；6—电磁振动给料器；7—汇集料斗

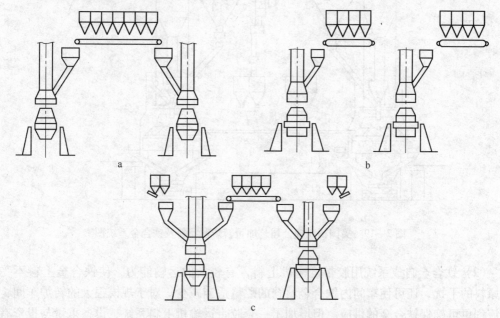

图7-18 共用、独用、部分共用高位料仓布置
a—共用高位料仓；b—独用高位料仓；c—部分共用高位料仓

为了保证及时而准确地加入各种散状材料，给料、称量和加料都在转炉的中央控制室由操作人员或电子计算机进行控制。

7.2.4 铁合金供应设备

铁合金供应设备主要包括铁合金料仓、倾翻式烘烤炉、合金称量小车、电子秤、合金运输设备等。

7.2.4.1 铁合金用量不大的炼钢车间

将铁合金装入自卸式料罐，然后用汽车运到转炉车间，再用吊车卸入转炉炉前铁合金料仓。需要时，经称量后用铁合金加料车经溜槽或铁合金加料漏斗加入钢包。

7.2.4.2 铁合金品种多、用量大的大型转炉炼钢车间

铁合金加料系统有两种形式：

(1) 铁合金与散状料共用一套上料系统，然后从炉顶料仓下料，经旋转溜槽加入钢包，如图7-19所示。这种方式不另增设铁合金上料设备，而且操作可靠，但稍增加了散状材料上料胶带运输机的运输量。

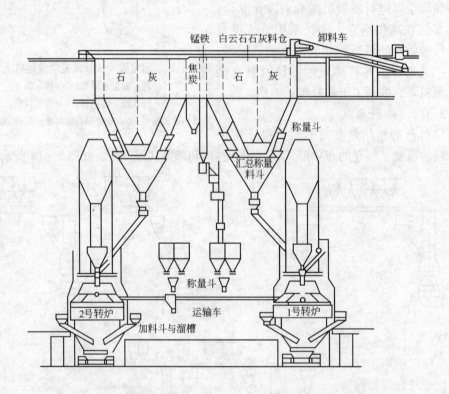

图7-19 美国扬斯顿公司芝加哥转炉散状料及铁合金系统图

(2) 铁合金自成系统用胶带运输机上料，有较大的运输能力，使铁合金上料不受散状原料的干扰，还可使车间内铁合金料仓的贮量适当减少。对于规模很大的转炉车间，这种流程更可确保铁合金的供应。但增加了一套胶带运输机上料系统，设备重量与投资有所增加。

7.3 供氧系统设备

7.3.1 氧气转炉车间供氧系统

氧气转炉炼钢车间的供氧系统一般由制氧机、压氧机、中压储气罐、输氧管、控制闸阀、测量仪表及氧枪等主要设备组成。我国某钢厂供氧系统流程如图7-20所示。

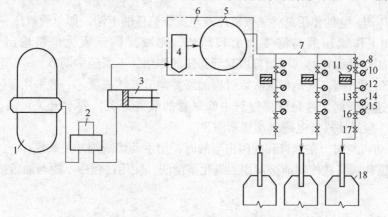

图7-20 供氧系统工艺流程图

1—制氧机；2—低压储气柜；3—压氧机；4—桶形罐；5—中压储气罐；6—氧气站；7—输氧总管；
8—总管氧压测定点；9—减压阀；10—减压后氧压测定点；11—氧气流量测定点；
12—氧气温度测定点；13—氧气流量调节阀；14—工作氧压测定点；
15—低压信号连锁；16—快速切断阀；17—手动切断阀；18—转炉

转炉炼钢要消耗大量的氧，因此现代钢铁厂都有相当大规模的制氧设备。工业制氧采取空气深冷分离法，先将空气液化，然后利用氮气与氧气的沸点不同，将空气中的氮气和氧气分离，这样就可以制出纯度为99.5%的工业纯氧。

制氧机生产的氧气，经加压后送至中压储气罐，其压力一般为$(25 \sim 30) \times 10^5 Pa$，经减压阀可调节到需要的压力$(6 \sim 15) \times 10^5 Pa$，减压阀的作用是使氧气进入调节阀前得到较低和较稳定的氧气压力，以利于调节阀的工作。吹炼时所需的工作氧压是通过调节阀得到的。快速切断阀的开闭与氧枪连锁，当氧枪进入炉口一定距离时（即到达开氧点时），切断阀自动打开，反之，则自动切断。手动切断阀的作用是当管道和阀门发生故障时快速切断氧气。

7.3.1.1 低压储气柜

低压储气柜用于储存从制氧机分馏塔出来的压力为0.0392MPa左右的低压氧气。储气柜的构造与煤气柜相似。

7.3.1.2 压氧机

由制氧机分馏塔出来的氧气压力仅有0.0392MPa，而炼钢用氧要求的工作氧压为0.785～1.177MPa，需用压氧机把低压储气柜中的氧气加压到2.45～2.94MPa。氧压提高后，中压储气罐的储氧能力也相应提高。

7.3.1.3 中压储气罐

中压储气罐把由压氧机加压到2.45～2.94MPa的氧气储备起来，直接供转炉使用。

转炉生产有周期性，而制氧机要求满负荷连续运转，因此通过设置中压储气罐来平衡供求，以解决车间高峰用氧的问题。中压储气罐由多个组成，其形式有球形和长筒形（卧式或立式）等。

7.3.1.4 供氧管道

供氧管道包括总管和支管，在管路中设置有控制闸阀、测量仪表等，通常有以下几种：

(1) 减压阀。它的作用是将总管氧压减至工作氧压的上限。如总管氧压一般为 2.45 ~ 2.94MPa，而工作氧压最高需要为 1.177MPa，则减压阀就人为地将输出氧压调整到 1.177MPa，工作性能好的减压阀可以起到稳压的作用，不需经常调节。

(2) 流量调节阀。它是根据吹炼过程的需要调节氧气流量。一般采用薄膜调节阀。

(3) 快速切断阀。这是吹炼过程中吹氧管的氧气开关，要求开关灵活、快速可靠、密封性好。一般采用杠杆电磁气动切断阀。

(4) 手动切断阀。在管道和阀门出事故时，用手动切断阀开关氧气。

氧气管道和阀门在使用前必须用四氯化碳清洗，使用过程中不能与油脂接触，以防引起爆炸。

7.3.2 车间需氧量的计算

氧气转炉车间每小时平均耗氧量取决于车间转炉座数、炉容量大小、每吨良坯（锭）耗氧定额和吹炼周期的长短。

氧气转炉吹炼的周期性很强，一般吹氧时间仅占冶炼周期的一半左右，在吹氧时间内就会出现氧气的高峰负荷。因此需根据工艺过程计算出转炉生产中的平均耗氧量和高峰耗氧量，以此为依据选择配置制氧机的能力（m^3/h）和机数。

7.3.2.1 一座转炉吹炼时的小时耗氧量

(1) 平均耗氧量（标态，m^3/h）为：

$$平均耗氧量 = \frac{炉产良坯量 \times 每吨良坯耗氧量定额}{平均吹炼周期} \times 60 \qquad (7-2)$$

式中　　炉产良坯量——一般为炉产钢水量的 98%，t；

每吨良坯耗氧量定额——在生产实践中单位良坯耗氧量（标态）一般波动在 50 ~ 60m^3/t；

平均吹炼周期——从本炉兑铁水到下炉兑铁水的时间，min；

60——换算系数，min/h。

(2) 高峰耗氧量（标态，m^3/h）为：

$$高峰耗氧量 = \frac{炉产良坯量 \times 每吨良坯耗氧量定额}{平均每炉吹氧时间} \times 60 \qquad (7-3)$$

7.3.2.2 车间小时耗氧量

(1) 平均耗氧量（标态，m^3/h）为：

$$平均耗氧量 = 经常吹炼炉子数 \times 每座转炉平均小时耗氧量$$

$$= \frac{经常吹炼炉子数 \times 炉产良坯量 \times 每吨良坯耗氧量定额}{平均吹炼周期} \times 60$$

$$(7-4)$$

（2）车间高峰耗氧量：指几座转炉同时处在吹氧期所需供应的氧气量，一般可以考虑两座转炉同时吹氧时间内有一半重叠，因此，车间高峰耗氧量就等于一座转炉高峰耗氧量的 1.5 倍。

例 7-1　某二吹二车间，炉子容量为 30t，良坯收得率为 98%，平均吹炼周期 30min，平均吹氧时间 15min，每吨良坯耗氧定额（标态）取 55m³/t，则车间每小时耗氧数量计算如下：

车间平均耗氧量（标态）：

$$Q_{平均} = \frac{2 \times 30 \times 98\% \times 55}{30} \times 60 = 6468 \text{m}^3/\text{h}$$

车间高峰耗氧量（标态）：

$$Q_{高峰} = 1.5 \times \frac{30 \times 98\% \times 55}{15} \times 60 = 9702 \text{m}^3/\text{h}$$

7.3.3　制氧机能力的选择配置

对于专供氧气转炉炼钢车间使用的制氧机，其生产能力必须根据转炉车间的需氧量来选择。

制氧机的总容量根据炼钢车间小时平均耗氧量来确定，通过在制氧机和转炉之间设置储气罐来满足车间高峰用氧量。在决定制氧机组的能力时，还需考虑制氧机国家标准系列的情况。

目前可供我国氧气转炉车间选用的制氧机系列有：1000m³/h、1500m³/h、3200m³/h、6000m³/h、10000m³/h、20000m³/h、26000m³/h、35000m³/h 等。

各种容量氧气转炉配备制氧机时可参考表 7-1 中所列方案。

表 7-1　各种容量氧气转炉与制氧机配置

转炉吨位/t		8	15	30	50	80	120	300
制氧机座数及能力 /m³·h⁻¹	经常吹炼 1 座	1000	3200	6000	1×6000	1×10000	20000 3×6000	2×26000 全厂用
	经常吹炼 2 座	2×1000	2×3200	2×6000	2×6000	2×10000	2×20000	4×26000 全厂用

制氧设备的选择，除考虑转炉的用氧量外，还需考虑车间其他工序的小额氧气用户，如炉外精炼、铸坯切割、精整等。

7.4　烟气净化和回收系统设备

通常将炉内原生的气体称为炉气，炉气出炉口后则称为烟气。

7.4.1　烟气的处理方法

转炉烟气从炉口逸出，在进入烟罩过程中或燃烧，或不燃烧，或部分燃烧，然后经过汽化冷却烟道或水冷烟道，温度有所下降；进入净化系统后，烟气还需进一步冷却，以有利于提高净化效率，简化净化系统设备。

（1）全燃烧法：此法不回收煤气，不利用余热。在炉气从炉口进入烟罩过程中，吸入大量空气，使烟气中 CO 完全燃烧，利用大量的过剩空气和水冷烟道冷却燃烧后的烟气，在烟道出口处烟气温度降低到 800 ~ 1000℃，然后再向烟气喷水，进一步降温到 200℃ 以下，最后用静电除尘器或文氏管除尘器除去烟气中的烟尘，然后放散。这种方法主要缺点是不能回收煤气；吸入空气量大，进入净化系统的烟气量大大增加，使设备占地面积大，投资和运转费用增加；烟尘粒度细小，烟气净化困难。因此国内新建的大中型转炉，一般不采用全燃烧法。但因其不回收煤气，烟罩结构和净化系统的操作、控制较简单，系统运行安全，对不回收煤气的小型转炉仍可采用。新设计转炉一般不再采用全燃烧法。

（2）半燃烧法：此法不回收煤气，利用余热。控制从炉口与烟罩间缝隙吸入的空气量，一方面使烟气中 CO 完全燃烧，另一方面又要防止空气量过多对烟气的冷却作用。高温烟气从烟罩进入余热锅炉，利用余热生产蒸汽。冷却后的烟气一般用湿法除尘净化。

（3）未燃法：此法回收煤气，利用余热。未燃法在炉气离开炉口后，利用一个活动烟罩将炉口和烟罩之间的缝隙缩小，并采取控制炉口压力或用氮气密封的方法控制空气进入炉气，使炉气中少量的 CO 燃烧（一般为 8% ~ 10%），而大部分不燃烧，经过冷却净化后即为转炉煤气，可以回收作为燃料或化工原料，每吨钢可以回收煤气（标态）60 ~ 70m³，也可点火放散。

此法由于烟气 CO 含量高，需注意防爆防毒，要求整个除尘系统必须严密，另外设置升降烟罩的机械和控制空气进入的系统。未燃法具有回收大量煤气及部分热量，废气量少，整个冷却、除尘系统设备体积较小，烟尘粒度较大等特点，国内外广泛采用此种方法。

7.4.2　烟气的来源和特征

在吹炼过程中，熔池碳氧反应生成的 CO 和 CO_2，是转炉烟气的基本来源；其次是炉气从炉口排出时吸入部分空气，可燃成分有少量燃烧生成废气，也有少量来自炉料和炉衬中的水分，以及生烧石灰中分解出来的 CO_2 气体等。

烟气的特征是：

（1）成分变化大。转炉烟气的化学成分随烟气处理方法不同而异。全燃烧法与未燃法两种烟气成分和含量差别很大。

（2）温度高。未燃法烟气温度一般为 1400 ~ 1600℃，全燃烧法废气温度一般为 1800 ~ 2400℃。因此，在转炉烟气净化系统中必须设置冷却设备。

（3）数量大。未燃法平均吨钢烟气量（标态）为 60 ~ 80m³/t，全燃烧法的烟气量为未燃法的 4 ~ 6 倍。

（4）发热量大。未燃法中烟气中 CO 含量在 60% ~ 80% 时，其发热量波动在 7745.95 ~ 10048.8kJ/m³ 之间。全燃烧法的废气仅含有物理热。

7.4.3　烟气净化系统

烟气从炉口逸出经烟罩到烟囱口放散或进入煤气柜回收，这中间经过降温、除尘、抽引等一系列设备，称为转炉烟气净化系统。

7.4.3.1 全湿法"双文"净化系统

图7-21为某厂"双文"净化系统示意图。该系统应用炉口微压差法进行转炉煤气回收。

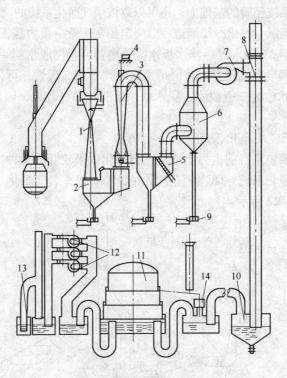

图7-21 某厂烟气净化回收系统

1—溢流文氏管；2—重力脱水器；3—可调喉口文氏管；4—电动执行机构；5—喷淋箱；

6—复挡脱水器；7—D700-13鼓风机；8—切换阀；9—排水水封器；10—水封逆止阀；

11—10000m³储气柜；12—D110-11煤气加压机；13—水封式回火防止器；14—储气柜高位放散阀

净化系统的流程为：转炉烟气→活动烟罩、固定烟罩→汽化冷却烟道→溢流定径文氏管→重力挡板脱水器→可调喉口文氏管→喷淋箱→复挡脱水器→抽风机→三通切换阀→水封逆止阀→煤气柜。

高温（1300~1600℃）、含尘（80~100g/m³）的炉气从炉口逸出后，经过活动烟罩、固定烟罩，进入汽化冷却烟道内进行热交换，温度降至900~1000℃左右，再进入二级串联的内喷文氏管除尘。第一级溢流定径文氏管将烟气降温至70~80℃并进行粗除尘，第二级可调喉口文氏管进行精除尘，利用变径调节烟气量，含尘量达100mg/m³以下，烟气温度降至50~70℃左右。二文后的喷淋箱和复挡脱水器进一步用水洗涤煤气并脱水。

在煤气回收过程中，为了提高煤气质量和保证系统安全，在一炉钢吹炼的前、后期采用全燃烧法（提升烟罩）不回收煤气。在吹炼中期进行煤气回收操作。

这种未燃法的全湿法净化系统的特点是：

（1）采用汽化冷却烟道能节约大量冷却水，并回收烟气物理热生产蒸汽；同时回收煤气，净化效率较高，煤气质量能达到作为燃料和化工原料的要求。

（2）两个文氏管串联阻力损失较高，需使用高速风机（48r/s），电耗较高，风机叶轮磨损也较快。

（3）回收煤气仅在吹炼中期进行，回收时要求控制炉口压力（调节二文喉径），还要防爆防毒，要求有较完善的控制系统和较高的操作管理水平。

在上述烟气净化系统经验的基础上，还可以对该烟气净化系统的流程改进如下：转炉烟气→活动烟罩、固定烟罩→汽化冷却烟道→溢流定径文氏管→重力挡板脱水器→矩形 R – D 可调喉口文氏管→90°弯头脱水器→挡水板水雾分离器→丝网脱水器→除尘风机。

用矩形 R – D 可调喉口文氏管代替圆形重锤可调喉口文氏管，可使系统阻力降低；出二文后由原来二级脱水改为三级脱水，脱水效果也明显得到改善，因此提高了风机的使用寿命。

7.4.3.2 日本 OG 法净化系统

日本 OG 法净化系统是目前世界上湿法系统净化效果较好的一种。宝钢曾引进日本君津钢厂第三代 OG 法净化系统。OG 装置主要由烟气冷却、烟气净化、煤气回收和污水处理等系统成，如图 7 – 22 所示。

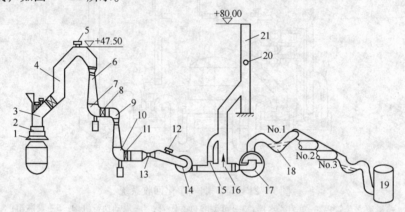

图 7 – 22　宝钢 OG 装置流程图

1—罩裙；2—下烟罩；3—上烟罩；4—汽化冷却烟道；5—上部安全阀；6——级文氏管；
7——文脱水器；8，11—水雾分离器；9—二级文氏管；10—二文脱水器；
12—下部安全阀；13—流量计；14—风机；15—旁通阀；16—三通阀；17—水封逆止阀；
18—V 形水封；19—煤气罐；20—测定孔；21—放散烟囱

净化系统的流程为：转炉烟气→罩裙→下烟罩→上烟罩→汽化冷却烟道→一级文氏管→90°弯头脱水器→水雾分离器→二级文氏管→90°弯头脱水器→水雾分离器→抽风机→煤气回收。

烟气净化系统包括两级文氏管、90°弯头脱水器和水雾分离器。第一级除尘器采用两个并联的手动可调喉口溢流文氏管，烟气进入一文时温度为 1000℃，流量为 980000m^3/h，含尘量（标态）为 200g/m^3。烟气逸出一文时温度降至 75℃，流量为 449400m^3/h，一文的除尘效率为 95%，经过一文粗除尘并经过 90°弯头脱水器及水雾分离器后的烟气进入二文进行精除尘。

二级文氏管采用两个并联的 R – D 型自调喉口文氏管，控制波动的烟气以变速状态通过喉口，以达到精除尘的目的。烟气进入二文时温度为 75℃，流量为 449400m^3/h，出口烟气温度降至 67℃，流量为 426000m^3/h，二文的除尘效率为 99%。二文后仍采用 90°弯头脱水器及水雾分离器（脱水器和水雾分离器内的集污均设有清水喷洗装置），进一步分离烟气中的剩余水分，然后通过流量计，由抽风机送入转炉煤气回收系统。

该系统的主要特点是：

（1）净化系统管道化，流程简单，设备少，中间无迂回曲折，系统阻损小；煤气不易滞留，有利于安全生产和工艺布置。

（2）设备装备水平较高。设有炉口微压差控制装置，操纵二文喉口 R－D 阀板，使刚进入烟罩内的烟气与周围空气保持在 20Pa 左右的压差，确保回收煤气中 CO 含量为 55% ～ 65%，吨钢回收煤气量（标态）在 $60m^3$ 以上。此外，整个吹炼过程有 5 个控制顺序进行自动操作。

（3）节约用水量显著。烟罩及罩裙采用高温热水密闭循环冷却系统，烟道采用汽化冷却方式，一、二文串接供水，使新水吨钢补给量维持在 2t 左右的先进水平。

（4）烟气净化效率高。烟气排放含尘浓度（标态）低于 $100mg/m^3$，净化效率高达 99.9%；配备半封闭式二次集尘系统，对一次烟罩不能捕集的，如兑铁水、加废钢、出钢、修炉等作业的烟尘进行二次捕集，确保操作平台区的粉尘浓度（标态）不超过 $5mg/m^3$。

（5）系统安全装置完善。设有 CO 含量与烟气中氧含量的测定装置，以保证回收与放散系统的安全。

（6）实现了煤气、蒸汽、烟尘的综合利用。

由于 OG 法技术安全可靠，自动化程度高，综合利用好，目前已成为世界各国广泛应用的转炉烟气处理方法。

在未燃法净化系统中，还有一种方法只回收煤气，但不利用余热，它与前述两种方法的最大区别在于不设置余热锅炉（汽化冷却烟道），而改用水冷烟道，并辅之以溢流文氏管等方式来冷却烟气。因此设备相对简单，占地面积略小，但水冷烟道较长。

7.4.4 烟气净化和回收系统的主要设备

烟气净化和回收系统可分为烟气的收集和输导、降温和净化、抽引和放散等三部分。烟气的收集有活动烟罩和固定烟罩。烟气的输导管道称为烟道。烟气的降温装置主要是烟道和溢流文氏管。烟气的净化装置主要有文氏管、脱水器、布袋除尘器和电除尘器等。转炉回收煤气时，系统还必须设置煤气柜和回火防止器等设备。

7.4.4.1 烟罩

烟罩是转炉炉气通道的第一道关口，要求能有效地把炉气收集起来，最大限度地防止炉气外溢。在转炉吹炼过程中，为了防止炉气从炉口与烟罩间溢出，特别是在未燃法系统中，控制外界空气进入是非常重要的。

在未燃法净化系统中，烟罩由活动烟罩和固定烟罩两部分组成，二者之间用水封连接，如图 7－23 所示。

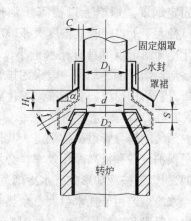

图 7－23 活动烟罩结构

　　吹炼时，可将活动烟罩降下，转炉倾动时活动烟罩升起；吹炼末期，为了便于观察炉口火焰，也要求活动烟罩能上下升降。

　　活动烟罩的下沿直径应大于炉口直径（$D_2 \approx 2.5 \sim 3d$），活动烟罩的高度约等于炉口直径的一半（$H_t \approx 0.5d$），可使罩口下沿能降到炉口以下 $200 \sim 300mm$ 处。活动烟罩的升降行程（S）为 $300 \sim 500mm$。这种结构的烟罩容量较大，容纳烟气瞬间波动量也较大，缓冲效果好，烟气外溢量也较少。

　　固定烟罩内的直径要大于炉口烟气射流进入烟罩时的直径。烟气从炉口喷出自由射流的扩张角在 $18° \sim 26°$ 之间，由此即可求出烟气射流直径。对小于 100t 级转炉烟气在烟道内的流速取 $15 \sim 25m/s$，大于 100t 转炉取 $30 \sim 40m/s$。烟罩全高取决于在吹炼最不利的条件下，喷出的钢渣不致带到斜烟道内造成堵塞，一般为 $3 \sim 4m$。烟罩斜段的倾斜角要求大一些，则烟尘不易沉积在斜烟道内。但倾斜角越大，吹氧管插入口水套的标高就越高，从而增加了厂房的高度。倾斜角一般为 $55° \sim 60°$。

　　活动烟罩可分为闭环式（氮幕法）和敞口式（微压差法）两种。闭环式活动烟罩（OG法活动烟罩，见图 7-24）的特点是：当活动烟罩下降至最低位置时，炉口与烟罩之间最小缝隙为 50mm 左右，通过向炉口与烟罩之间的缝隙吹氮气密封来隔绝空气。敞口式活动烟罩的特点是：采用下口为喇叭形较大的罩裙，降罩后将炉口全部罩上，能容纳瞬时变化较大的烟气量，使之不外逸。但由于敞开，要控制进入罩口的空气量需要设置较精确的微压差自动调节系统。

　　在固定烟罩上，设有加料孔、氧枪插入孔以及密封装置（氮气或蒸汽密封）。

　　全燃烧法一般均不设活动烟罩，而仅设固定烟罩。烟罩上口径等于烟道内径，

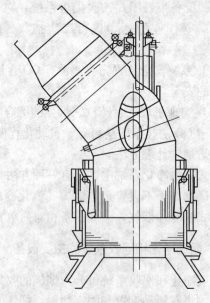

图 7-24　OG法活动烟罩

下口径大于上口径，其锥度大于 60°。固定烟罩的冷却有：循环水冷和汽化冷却等形式。汽化冷却固定烟罩具有耗水量小、不易结垢、使用寿命长等优点，在生产中使用效果良好。活动烟罩的冷却，一般采用排管式或外淋式水冷。排管式结构效果较好。外淋式水冷烟罩具有结构简单、易于维修等优点，多为小型转炉厂采用。

7.4.4.2　烟道

　　烟气的输导管道又称烟道，其作用是将烟气导入除尘系统，并冷却烟气，回收余热。为了保护设备和提高净化效率，必须对通过的烟气进行冷却，使烟道出口处烟气温度低于900℃。烟道按冷却形式有水冷烟道、废热锅炉和汽化冷却烟道三种。

　　水冷烟道由于耗水量大、余热未被利用、容易漏水、寿命低，现在很少采用。废热锅炉由辐射段和对流段组成，如图 7-25 所示，适用于全燃烧法，可充分利用煤气的物理热和化学热生产蒸汽，废热锅炉出口的烟气可降至 300℃ 以下。但锅炉设备复杂，体积庞

大，自动化水平要求高，又不能回收转炉煤气，因此采用的也不多。

目前国内的转炉大都采用汽化冷却烟道，如图 7-26 所示。与废热锅炉不同的是汽化冷却烟道只有辐射段，没有对流段。烟道出口的烟气温度在 900～1000℃左右，回收热量较少。优点是烟道结构简单，适用于未燃法煤气的回收操作。

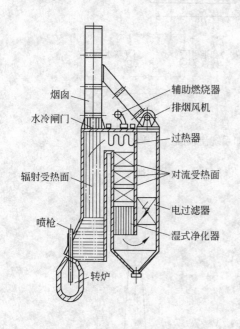

图 7-25 废热锅炉

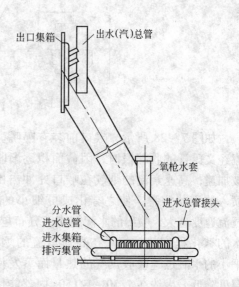

图 7-26 汽化冷却烟道

汽化冷却烟道管壁结构有水管式、隔板管式和密排管式。水管式烟道容易变形；隔板管式烟道的加工费时，焊接处容易开裂且不易修补；密排管式烟道加工简单，只需在筒状的密排管外边加上几道钢箍，再在箍与排管接触处点焊而成，密排管即使烧坏，更换也较方便。

汽化冷却系统有自然循环和强制循环之分。图 7-27 为汽化冷却系统流程。汽化冷却烟道内由于汽化产生的蒸汽同水混合，经上升管进入汽包，使汽水分离后，热水经下降管到循环泵，又送入汽化冷却烟道继续使用（取消循环泵，自然循环的效果也很好）。当汽包内蒸汽压力升高到 (6.87～7.85)×10⁵Pa 时，气动薄膜调节阀自动打开，使蒸汽进入蓄热器供用户使用。当蓄热器的蒸汽压力超过一定时，蓄热器上的气动薄膜调节阀自动打开放散。当汽包需要补给软水时，由软水泵送入。

汽化冷却系统的汽包布置高度应高于烟道顶面。一个炉子设有一个汽包，汽包不宜合用也不宜串联。

7.4.4.3 文氏管

文氏管除尘器是一种效率较高的湿法除尘设备，也兼有冷却降温作用。它由文氏管本体、雾化器和脱水器三部分组成，分别起着凝聚、雾化和脱水的作用。

A 文氏管工作原理

文氏管本体由收缩段、喉口和扩张段三部分组成。

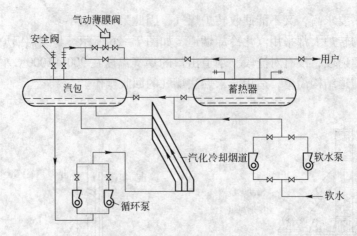

图 7-27 汽化冷却系统流程图

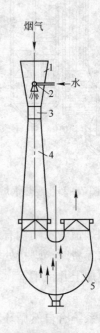

图 7-28 文氏管除尘器的组成
1—文氏管收缩段；2—碗形喷嘴；
3—喉口；4—扩张段；5—弯头脱水器

如图 7-28 所示，喉口前装有喷嘴。烟气流经文氏管的收缩段时，因截面积逐渐收缩而被加速，高速紊流的烟气在喉口处冲击由喷嘴喷入的雾状水幕，使之雾化成更细小的水滴。气流速度越大，喷出的水滴越小，分布越均匀，水的雾化程度就越好。在高速紊流的烟气中，细小的水滴迅速吸收烟气的热量而蒸发使烟气温度降低，大约在 1/50~1/150s 内就能使烟气温度从进口时的 900℃ 左右降至 70~80℃。同时烟尘被水滴捕捉润湿，水雾被烟气流破碎得越均匀，粒径越小，水的表面积就越大，烟尘被捕捉的就越多，润湿效果越好。被水雾润湿后的烟尘在紊流的烟气中互相碰撞而凝聚长大成较大的颗粒。碰撞的几率越大，烟尘凝聚长大的就越大、越快。

水雾经过喉口以后变成了大颗粒的含尘液滴，由于污水的密度比烟气大得多，经过扩张段降低烟气速度，为水、气分离创造了条件，再经过文氏管后面的脱水器利用重力、惯性力和离心力的沉降作用，使含尘水滴与烟气分离，从而达到净化的目的。

B　文氏管类型

文氏管有多种类型，按断面形状区分有圆形和矩形两种；按喉口是否可调来区分有定径文氏管和调径文氏管；按喷嘴安装位置区分有内喷文氏管和外喷文氏管。在两级文氏管串联的湿法烟气净化系统中，一般第一级除尘采用溢流定径文氏管，第二级除尘采用调径文氏管。

a　溢流文氏管

溢流文氏管的主要作用是降温，可使温度为 800~1000℃ 的烟气到达出口处时冷却到

70 ~ 80℃，同时进行粗除尘，除尘效率为80% ～ 90%。由于大量喷水，烟气中的火星至此熄灭，保证了系统的安全。文氏管收缩段入口速度一般为20 ~ 25m/s，喉口速度为50 ~ 60m/s，收缩段入口收缩角为23° ~ 25°，喉口长度为 (0.5 ~ 1) $D_{喉}$（小炉子取上限，大炉子取下限）；扩张段出口速度为15 ~ 20m/s，扩张角为6° ~ 8°，压力损失约为2000 ~ 2600Pa。

内喷式和外喷式溢流文氏管结构如图7 - 29 和图7 - 30 所示。

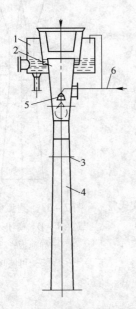
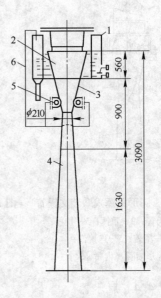

图7 - 29　定径圆形内喷文氏管
1—溢流水封；2—收缩管；3—腰鼓形喉口（铸件）；
4—扩散管；5—碗形喷嘴（内喷）；6—溢流供水管

图7 - 30　定径圆形外喷文氏管
1—溢流水封；2—收缩管；3—腰鼓形喉
口（铸件）；4—扩散管；5—碗形喷嘴（外喷×3 个）；
6—溢流供水管（部件5 也可采用辐射外喷针形喷嘴）

b　调径文氏管

调径文氏管的喉口断面积作成可以调节的，是为了当烟气量发生波动时，能保证通过喉口的气流速度基本上不变化，从而稳定文氏管的除尘效率。调径文氏管一般用于除尘系统的第二级除尘，其作用主要是进一步净化烟气中粒度较细的烟尘（又叫精除尘），同时可起到一定的降温作用，但因烟气的热含量大，而文氏管的供水量有限，故烟气降温幅度不大。若将第二级文氏管的喉口调节与炉口微压差的调节机构进行连锁，则由可调喉口文氏管可直接控制炉口的微压差。

调径文氏管的调节装置对于圆形文氏管，一般采用重锤式调节，重锤上下移动，即可改变喉口断面积的大小，如图7 - 31 所示；对于矩形文氏管，通常用两侧翻动的翼板调节，其启动力矩更小，设备制作、操作更简单，如图7 - 32 所示。现在，国内外新建的氧气转炉车间多采用圆弧形 - 滑板调节（R - D）矩形调径文氏管，如图7 - 33 所示。

调径文氏管收缩角为23° ~ 25°，扩张角为7 ~ 12°，收缩段的进气速度为15 ~ 20m/s，喉口气流速度为100 ~ 120m/s，除尘效率达90% ~ 95% 以上，但是压力损失较大，约为12 ~ 14kPa。因此这类除尘系统必须配置高压抽风机。当第一级和第二级串联使用时，总的除尘效率可达99.8% 以上。

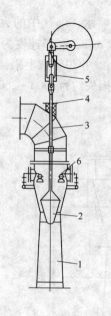
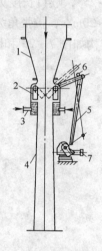
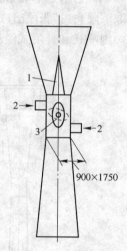

图 7-31　圆形重锤式顺装文氏管　　图 7-32　矩形翼板式调径文氏管　　图 7-33　圆弧形-滑板调
1—文氏管；2—重锤；3—拉杆；　　　1—收缩段；2—调径翼板；　　　　　节（R-D）矩形调径文氏管
4—压盖；5—连接件；　　　　　　　3—喷水管；4—扩散管；　　　　　　1—导流板；2—供水；
6—碗形喷嘴（内喷×3 个）　　　　　5—连杆；6—杠杆；　　　　　　　　3—可调阀板
　　　　　　　　　　　　　　　　　　7—油压缸

7.4.4.4　脱水器

脱水器的作用是把文氏管内凝聚成的含尘污水从烟气中分离出去。

烟气的脱水情况也直接影响到除尘系统的净化效率、风机叶轮的寿命和管道阀门的维护等。而脱水效率与脱水器的结构有关。脱水器根据脱水方式的不同，可分为重力式、撞击式和离心式。转炉常见脱水器类型见表 7-2。

表 7-2　脱水器类型

脱水器类型	脱水器名称	进口气速/m·s^{-1}	阻力/Pa	脱水效率/%	使用范围
重力式脱水器	灰泥捕集器	12	200~500	80~90	粗脱
撞击式脱水器	重力挡板脱水器	15	300	85~90	粗脱
	丝网除雾器	约4	150~250	99	精脱
离心式脱水器	平旋脱水器	18	1300~1500	95	精脱
	弯头脱水器	12	200~500	90~95	粗脱
	叶轮旋流脱水器	14~15	500	95	精脱
	复式挡板脱水器	约25	400~500	95	精脱

7.4.4.5　水封逆止阀

水封逆止阀是煤气回收管路上的止回部件，其设在三通切换阀后，用来防止煤气倒流。

在 OG 法烟气净化系统中，根据时间顺序装置，控制三通切换阀，进而控制烟气的回收、放散。吹炼初期和末期，由于烟气中 CO 含量不高，所以通过放散烟囱燃烧后排入大气。在回收期，煤气经水封逆止阀、V 形水封阀和煤气总管进入煤气柜。如此，完成了烟气的净化、回收过程。

7.4.4.6 煤气柜

煤气柜是转炉煤气回收系统中的主要设备之一，它可以起到贮存、稳压、混合三个作用。由于转炉回收煤气是间断的，同时每炉所产生的煤气成分又不一致，为连续供给用户成分、压力、质量稳定的煤气，必须设煤气柜来贮存煤气。

煤气柜的种类很多，转炉常用的是低压湿式螺旋预应力钢筋混凝土、满腔水槽式煤气柜。其构造如图 7 - 34 所示。它犹如一个大钟型罩扣在水槽中，随着煤气的进出而升降，并利用水槽使柜内煤气与外界空气隔断来贮存煤气。煤气柜一般由一节至五节组成，从上面顺序称为钟罩（内塔）、二塔、三塔、…、外塔。水槽可以座入地下，这样可以减少气柜的高度和降低所受风压。

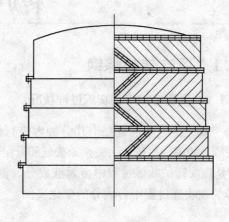

图 7 - 34 煤气柜示意图

转炉炼钢方法

8.1 顶吹转炉炼钢

8.1.1 顶吹转炉炼钢吹炼过程状况

氧气转炉炼钢是在十几分钟内进行供氧和供气操作,在这短短的时间内要完成造渣、脱碳、脱磷、脱硫、去夹杂、去气和升温的任务,其吹炼过程的反应状况是多变的。图 8-1 是顶吹转炉吹炼过程中金属液成分、温度和炉渣成分的变化实例,图 8-2 是复合吹炼转炉在吹炼过程中各成分的变化实例。

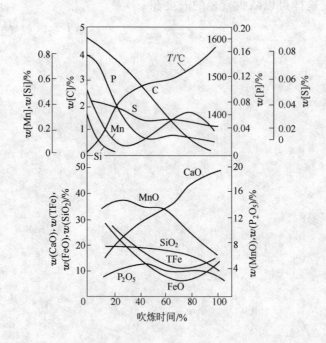

图 8-1 顶吹转炉炉内成分变化

在吹炼过程中金属液成分、温度和炉渣成分都是变化的,有一些基本规律:

(1) 硅在吹炼前期,一般在 4min 内即被基本氧化。

(2) 锰在吹炼前期被氧化到很低,随着吹炼进行而逐步回升。在复吹转炉中,锰的回升趋势比顶吹转炉要快些,其终点锰含量要高些。其原因是因为复吹转炉渣中

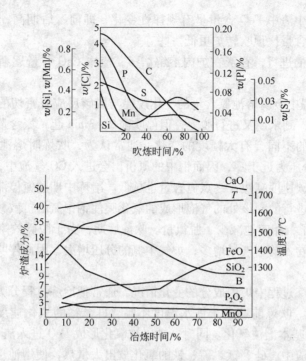

图 8-2 复合吹炼转炉炉内成分变化

$w(FeO)$ 比顶吹转炉低些。

（3）磷在吹炼前期快速降低，进入吹炼中期略有回升，而到吹炼后期再度降低。

（4）硫在吹炼过程中是逐步降低的。

（5）碳在吹炼过程中快速减少，但前期脱碳速度慢，中期脱碳速度快。

（6）熔池温度在吹炼过程中逐步升高，尤以吹炼前期升温速度较快。

图 8-3 显示出了炉料中硅、锰、磷、碳氧化升温过程。

吹炼开始前，铁水温度约在 1200～1300℃ 时，随着吹炼过程的进行，熔池温度逐渐升高，平均升温速度为 20～30℃/min。但不是直线升温的，吹炼前期，由于硅、锰的氧化迅速，所以升温较快，约在吹炼时间的 20% 以内，即 3～4min。但吹炼前期熔池的平均温度不超过 1400℃。在 20%～70% 吹炼时间内，熔池升温稍缓，从 1400℃ 逐渐升到 1500℃ 以上。到吹炼后期，即 70%～100% 的吹炼时间内，升温速度又有所加快，最终温度到 1600℃ 以上。要控制好吹炼温度，就应根据钢种对温度的要求来调整冷却剂的加入量，以达到成分与温度同时达到出钢要求的目的。

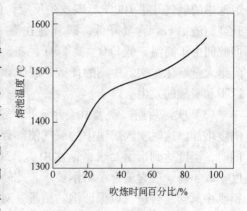

图 8-3 吹炼过程中温度的变化

（7）炉渣中的酸性氧化物 SiO_2 和 P_2O_5 在吹炼前期逐渐增多，随着石灰溶解的增加、渣量增大而降低。

（8）吹炼过程中渣中 FeO 含量呈有规律性变化，即前、后期高，中期低。而复吹转炉在冶炼后期 FeO 含量比顶吹转炉更低一些。

（9）随着吹炼的进行，石灰在炉内溶解增多，渣中 CaO 含量逐渐增高，炉渣碱度也随之变大。

（10）吹炼过程中金属熔池氮含量的变化规律与脱碳反应有密切的关系。吹炼前期发生脱氮，中期停滞，到末期又进行脱氮，但停吹前 2～3min 起，氮含量又上升。这个脱氮过程也随操作方法的不同会有大幅度的变化。通常认为，吹炼时熔池内脱碳反应产生的 CO 气泡中氮气的分压力近于零，因而钢中的氮析出会进入 CO 气泡中，和 CO 气体一起被排出炉外，因此脱碳速度越快，终点氮含量也越低。冶炼中期脱氮停滞的原因是：此时脱碳是在冲击区附近进行的，该处的气泡形成的氧化膜使钢中氮的扩散减慢；同时熔池内部产生的 CO 气泡少了，相应地减少了脱氮量。吹炼后期，由于脱碳效率显著降低，废气量减少，所以从炉口卷入的空气量增多，炉气中氮的分压增大，因而停吹前 2～3min 时出现增氮现象。

根据一炉钢冶炼过程中炉内成分的变化情况，通常把冶炼过程分为三个阶段：

（1）吹炼前期。吹炼前期由于铁水温度不高，硅、锰的氧化速度比碳快，开吹 2～4min 时，硅、锰已基本上被氧化。同时，铁也被氧化形成 FeO 进入渣中，石灰逐渐溶解，使磷也氧化进入炉渣中。硅、锰、磷、铁的氧化放出大量热，使熔池迅速升温。吹炼前期炉口出现黄褐色的烟尘，随后燃烧成火焰，这是由于带出的铁尘和小铁珠在空气中燃烧而形成的。开吹时，由于渣料未熔化，氧气射流直接冲击在金属液面上，产生的冲击噪声较刺耳，随着渣料熔化，炉渣乳化形成，而噪声变得温和。吹炼前期的任务是化好渣、早化渣，以利磷和硫的去除；同时也要注意造渣，以减少炉渣对炉衬材料的侵蚀。

（2）吹炼中期。铁水中硅、锰氧化后，熔池温度升高，炉渣也基本化好，碳的氧化速度加快。此时从炉口冒出的浓烟急剧增多，火焰变大，亮度也提高；同时炉渣起泡，炉口有小渣块溅出，这标志着反应进入吹炼中期。吹炼中期是碳氧反应剧烈时期，此间供入熔池中的氧气几乎100%与碳发生反应，使脱碳速度达到最大。由于碳氧剧烈反应，炉温升高，渣中 FeO 含量降低，磷和锰在渣－金属间分配发生变化，产生回磷和回锰现象。但此间由于高温、低 FeO、高 CaO 存在，脱硫反应得以大量进行。同时，熔池温度升高使废钢大量熔化。吹炼中期的任务是脱碳和去硫，因此应控制好供氧和底气搅拌，防止炉渣返干和喷溅的发生。

（3）吹炼后期。铁水中碳含量低，脱碳速度减小，从炉口排出的火焰逐渐收缩，透明度增加。这时吹入熔池中的氧气使部分铁氧化，使渣中 FeO 含量和钢水中氧含量增加。同时，温度达到出钢要求，钢水中磷、硫得以去除。吹炼后期要做好终点控制，保证温度、碳、磷、硫含量合乎出钢要求。此外还要根据所炼钢种要求，控制好炉渣氧化性，使钢水中氧含量合适，以保证钢的质量。对于复吹转炉，则应增大底吹供气流量，以均匀成分、温度，去除夹杂。若终点控制失误，则要补加渣料和补吹。

8.1.2　氧气顶吹转炉炼钢法的特点

氧气顶吹转炉炼钢的优点是：

（1）冶炼周期短，生产效率高。

（2）产品品种多，质量好。

（3）热效率高且不需要外部热源。

（4）产品成本低。

（5）对原料的适应性强。氧气顶吹转炉能吹炼低、中、高磷铁水，还能吹炼含钒、钛等特殊成分的铁水。

（6）基建投资少，建设速度快。

（7）有利于开展综合利用和实现自动化。

氧气顶吹转炉炼钢的缺点是：

（1）吹损大，金属收得率低。金属吹损率一般为10%左右。

（2）相对于顶底复合吹炼的氧气转炉，氧气顶吹转炉的氧气流股对熔池的搅拌强度还不够，熔池具有不均匀性，进一步提高供氧强度和生产率受到限制。

8.2　底吹转炉炼钢

8.2.1　底吹转炉的结构特点

8.2.1.1　底吹转炉的设备

底吹转炉的炉体结构与氧气顶吹转炉相似，其差别在于前者装有带喷嘴的活动炉底。另外耳轴结构比较复杂，是空心的，并有开口，通过此口将输送氧气、保护介质及粉状熔剂的管路引至炉底与分配器相接。

氧气底吹转炉的炉型大多是对称型，与顶吹转炉相似，但其炉容比较小，一般为 $0.6m^3/t$；炉壳高宽比为 $1.0 \sim 1.1$，几乎呈球形，如图8-4所示。

氧气底吹转炉炉底包括炉底钢板、炉底塞、喷嘴、炉底固定件和管道固定件等，如图8-5所示。

氧气底吹转炉炉底喷嘴布置有三种形式：一是喷嘴均匀布置于以炉底中心为圆心的圆周上；二是大致均匀布置于整个炉底上；三是布置在半个炉底上。喷嘴数量因吨位不同而不同，一般为6~22个，例如230t氧气底吹转炉有18~22个喷嘴，150t底吹转炉有12~18个喷嘴；喷

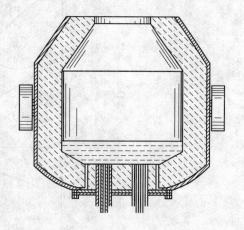

图8-4　氧气底吹转炉炉型

嘴的供气截面积以平方厘米表示时其数值应为转炉公称容量的1~3倍；喷嘴的直径约为熔池深度的1/35~1/15。若底吹石灰粉时，应使喷嘴直径稍大一些，以防止堵塞。

8.2.1.2　氧气底吹转炉的冶金特征

（1）熔池搅拌强度较大，搅拌条件好，其搅拌力高于顶吹法10倍。

（2）由于氧流分散而均匀地吹入熔池，同时又无强烈的反向气流作用，因此，吹炼过程平稳，气－渣－金属液间产生强烈搅动，炉内反应迅速而均匀，渣－钢间反应更趋于平衡，渣中氧化铁含量低，吹炼过程基本不喷溅，氧的利用率高，为提高供氧强度、缩短

冶炼时间创造了条件。

（3）由于氧气喷嘴埋在铁水下面，高温和面积较大的反应区在炉底喷嘴出口处附近，反应产物需穿过金属液后才能进入炉渣或炉气中，因此，上部渣层对炉内反应的影响较小。

（4）由于搅拌条件好，所以改善了脱硫的动力学条件，渣中氧化铁含量又低，因此，脱硫率较顶吹转炉高。

此外，当终点碳含量相同时，底吹转炉的钢水中氧含量比顶吹转炉低，因而有利于扩大冶炼钢种，提高钢的质量，减少钢铁料和脱氧剂消耗。

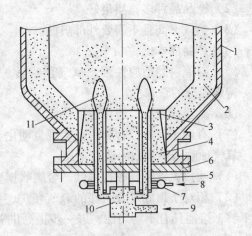

图 8-5　氧气底吹转炉炉底结构示意图
1—炉壳；2—炉衬；3—环缝；4—炉底塞；5—套管；
6—炉底；7—保护介质分配环；8—保护介质；
9—氧和石灰粉；10—氧和石灰粉分配箱；11—舌状气袋

8.2.2　氧气底吹转炉的炉内反应

吹炼过程中钢水和炉渣成分的变化如图 8-6 所示。

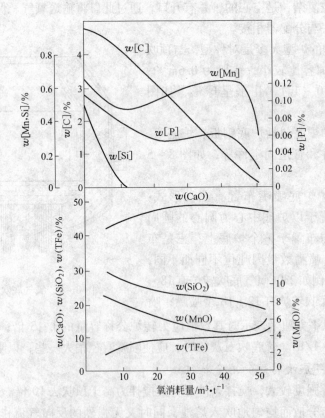

图 8-6　氧气底吹转炉炉内成分变化

吹炼初期，铁水中 [Si]、[Mn] 优先氧化，但 [Mn] 的氧化只有 30% ~ 40%，这与 LD 转炉吹炼初期有 70% 以上锰氧化不同。

吹炼中期，铁水中碳大量氧化，氧的脱碳利用率几乎是 100%，而且铁矿石、铁皮分解出来的氧，也被脱碳反应消耗。这体现了氧气底吹转炉比氧气顶吹转炉熔池搅拌好的特点。由于良好的熔池搅拌贯穿整个吹炼过程，所以渣中的（FeO）被 [C] 还原，渣中 FeO 含量低于 LD 转炉，铁合金收得率高。

8.2.2.1 [C]－[O] 平衡

在钢水中 $w[C] > 0.07\%$ 时，氧气底吹转炉和氧气顶吹转炉的 [C]－[O] 关系，都比较接近 p_{CO} 为 1MPa、1600℃ 时的 [C]－[O] 平衡关系，但当钢水中 $w[C] < 0.07\%$ 时，氧气底吹转炉内的 [C]－[O] 关系低于 p_{CO} 为 1MPa 时的 [C]－[O] 平衡关系，这说明氧气底吹转炉和氧气顶吹转炉在相同的钢水氧含量下，与之相平衡的钢水碳含量，底吹转炉比顶吹转炉要低。因此，底吹转炉具有冶炼低碳钢的特长。

8.2.2.2 锰的变化规律

氧气底吹转炉熔池中 [Mn] 的变化有两个特点：

(1) 吹炼终点钢水残 [Mn] 比顶吹转炉高。

(2) [Mn] 的氧化反应几乎达到平衡。

底吹转炉钢水残 [Mn] 高于顶吹转炉的原因是氧气底吹转炉渣中 FeO 含量低于顶吹转炉，而且 CO 分压（约 0.4MPa）低于顶吹转炉的 1MPa，相当于顶底复吹转炉中的 [O] 活度高于底吹转炉的 2.5 倍。此外，底吹转炉喷嘴上部的氧压高，易产生强制氧化，Si 氧化为 SiO_2 并被石灰粉中 CaO 所固定，这样 MnO 的活度增大，钢水残锰增加。

8.2.2.3 铁的氧化和脱磷反应

(1) 低磷铁水条件下铁的氧化和脱磷反应：[P] 的氧化与渣中 TFe 含量密切相关。氧气底吹转炉渣中 TFe 含量低于氧气顶吹转炉，这样不仅限制了氧气底吹转炉不得不以吹炼低碳钢为主，而且也使脱磷反应比氧气顶吹转炉滞后进行，但渣中 TFe 含量低，金属的收得率就高。

在低碳范围内，氧气底吹转炉的脱磷并不逊色于 LD 炉。

(2) 高磷铁水条件下脱磷反应：可采用留渣法吹炼高磷铁水，将前炉炉渣留在炉内一部分，前期吹入石灰总量的 35% 左右，后期吹入 65% 左右造渣，中期不吹石灰粉。前期可脱去铁水磷含量的 50%，吹炼末期的炉渣为 CaO 所饱和，供下炉吹炼用。

8.2.2.4 脱硫反应

230t 底吹转炉吹炼过程中，当熔池中的碳含量达到 0.8% 左右时，$w[S]$ 达到最低值，说明吹炼初期固体 CaO 粉末有一定的直接脱硫能力。但随着炉渣氧化性的提高，熔池有一定量的回硫，吹炼后期随着流动性的改善，熔池中 $w[S]$ 又降低。

与顶吹相比，氧气底吹转炉具有较强的脱硫能力，特别是炉渣碱度在 2.5 以上时表现得更明显。即使在钢水低碳范围内，氧气底吹转炉仍有一定的脱硫能力，原因是其内的 CO 分压比顶吹的低，而且熔池内的搅拌一直持续到吹炼结束。

8.2.2.5 钢中的 [H] 和 [N]

氧气底吹转炉钢中 [H] 比顶吹转炉的高，其原因是底吹转炉用碳氢化合物作为冷却剂，分解出来的氢被钢水吸收。如某厂氧气顶吹转炉钢水中平均氢含量为 $2.6 \times 10^{-4}\%$，而氧气底吹转炉平均则为 $4.5 \times 10^{-4}\%$。

底吹转炉钢水的氮含量，尤其是在低碳时比顶吹转炉的低，原因是底吹转炉的熔池搅拌一直持续到脱碳后期，有利于脱气。

8.2.3 底吹转炉与顶吹转炉的比较

底吹转炉与顶吹转炉的比较如表 8-1 所示。

表 8-1 底吹转炉与顶吹转炉主要特点比较

顶 吹 转 炉	底 吹 转 炉
(1) 工艺简单；	(1) 搅拌能力大；
(2) 生产率高；	(2) 渣-金属间反应动力学条件改善；
(3) 废钢熔化率高，适应性强；	(3) 没有渣的过氧化，铁损失较少；
(4) 成渣易于控制；	(4) 合金回收率较高；
(5) 吹炼操作灵活；	(5) 钢中氮含量较低；
(6) 耐火材料寿命长；	(6) 喷溅少，烟尘生成少；
(7) 可脱碳加热；	(7) 较易预热废钢；
(8) 在高碳含量下可较好地脱磷；	(8) 高重复性；
(9) 氧流及其搅拌仅作用于局部，而且不到冶炼结束；	(9) 废钢熔化能力较低（炉子热效率降低）；
(10) 熔池成分、温度不均匀；	(10) 炉底材料寿命短；
(11) 反应未达到平衡；	(11) 吹入气体量大；
(12) 临界状态下喷溅；	(12) 喷嘴处保护气体吸热以及吸入氢气；
(13) 钢中 $w[C]$ 不能达到低于 0.01%；	(13) 为前期去磷只有通过喷入石灰粉来实现，因而工艺复杂
(14) 终渣 $w(FeO)$ 高；	
(15) 炉渣温度高（不适于脱磷）；	
(16) 由于没有平衡，过程控制困难	

8.3 顶底复合吹炼转炉炼钢

所谓顶底复合吹炼炼钢法，就是在顶吹的同时从底部吹入少量气体，以增加金属熔池和炉渣的搅拌，并控制熔池内气相中 CO 的分压，因而克服了顶吹氧流搅拌能力不足（特别在碳低时）的弱点，使炉内反应接近平衡，铁损失减少，同时又保留了顶吹法容易控制造渣过程的优点，具有比顶吹和底吹更好的技术经济指标（见表 8-2、表 8-3），成为近年来氧气转炉炼钢的发展方向。

我国首钢及鞍钢钢铁研究所，分别于 1980 年和 1981 年开始进行复吹的试验研究，并于 1983 年分别在首钢 30t 转炉和鞍钢 150t 转炉上推广使用。到目前为止，全国大部分转炉钢厂都不同程度地采用了复合吹炼技术，设备不断完善，工艺不断改进，技术经济效果不断提高。

表 8-2 顶吹与顶底复合吹炼低碳钢吨钢成本比较

项 目	铁的收得率（除去铁矿石、铁磷中的铁分）/%	石灰 /kg·t⁻¹	铁矿石 /kg·t⁻¹	铁合金/kg·t⁻¹			气体/m³·t⁻¹			
				纯 Mn	纯 Si	Al	氧	氢	氮	回收气体
顶吹与顶底复合吹炼之差	+0.5 ~ +0.8	-1.6	-6.7	-0.6	-0.1	-0.04	-9.0	+0.6 ~ +0.8	+0.3 ~ +0.7	+2.0

表 8 – 3　50t 顶吹与顶底复合吹炼转炉吨钢指标比较

项　目	单　位	顶　吹	顶底复合吹（LBE 法）（2500 炉生产实践）
铁水	kg/t		698
铸铁	kg/t	786	13
废钢	kg/t	59	390
铁矿石	kg/t	271	4
铁的收得率	%	6	95.5
CO 二次燃烧率	%	95.1	27
透气砖透气量	m³/min	10	正常 2 ~ 4，最高 8
透气砖平均寿命	炉		1000

8.3.1　顶底复合吹炼法的种类

顶底复合吹炼转炉，按底部供气的种类主要分为两大类：

（1）顶吹氧气、底吹惰性或中性或弱氧化性气体的转炉。

此法除底部全程恒流量供气和顶吹枪位适当提高外，冶炼工艺制度基本与顶吹法相同。底部供气强度一般等于或小于 0.15m³/（t·min），属于弱搅拌型。吹炼过程中钢、渣成分变化趋势也与顶吹法基本相同。但由于底部供气的作用，强化了熔池搅拌，对冶炼过程和终点都有一定影响。图 8 – 7a、b 分别为顶吹和复合吹炼转炉吹炼过程中主要元素的浓度变化。

（2）顶、底均吹氧的转炉。

由于顶、底部同时吹入氧气，因而在炉内形成两个火点区，即下部区和上部区。下部火点区，可使吹入的气体在反应区高温作用下体积剧烈膨胀，并形成过热金属的对流，从而增加熔池搅拌力，促进熔池脱碳。上部火点区，主要是促进炉渣的形成和进行脱碳反应。

另外，由于底部吹入氧气与熔池中金属发生反应，可以生成两倍于吹入氧气体积的 CO 气体，从而增大了吹入气体的搅拌作用。

研究表明，当底部吹入氧量为 10% 时，基本上能达到纯氧底吹的主要效果；当底部吹氧量为总氧量的 20% ~ 30% 时，则几乎能达到纯底吹的全部混合效果。顶、底复合吹炼法在上述两大类的基础

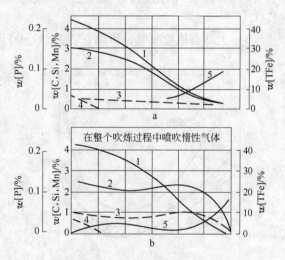

图 8 – 7　顶吹和复合吹炼过程中主要元素浓度的变化
a—顶吹转炉；b—复合吹炼转炉
1—$w[C]$；2—$w[P]$；3—$w[Mn]$；
4—$w[Si]$；5—$w[TFe]$

上，根据底吹气体种类、数量以及渣料加入方法等的不同，又可组合成各种不同的复合吹炼法。

在顶、底复合吹氧工艺中，供气强度（标态）波动在 $0.20 \sim 2.0 m^3 /$（t·min）；底部供气组件通常使用套管式喷嘴，中心管供氧，环管供天然气、液化石油气或油做冷却剂，此工艺属于复合吹炼强搅拌。

8.3.2 复吹转炉内的冶金反应和特点

8.3.2.1 顶底复合吹炼炉内的冶金反应

A 成渣速度

复吹转炉与顶吹、底吹两种转炉相比，熔池搅拌范围大，而且强烈，从底部喷入石灰粉造渣，成渣速度快。通过调节氧枪枪位化渣，加上底部气体的搅动，形成高碱度、流动性良好和一定氧化性的炉渣，需要的时间比顶吹转炉或底吹转炉的都短。

B 渣中的 $\sum w(FeO)$

顶底复吹转炉在吹炼过程中，渣中 $\sum w(FeO)$ 的变化规律和 $\sum w(FeO)$ 与顶吹转炉、底吹转炉有所不同，这是它炉内反应的特点之一。

复吹转炉渣中 $\sum w(FeO)$ 的变化如图 8-8 所示。从图中可看出，从吹炼初期开始到中期逐渐降低，中期变化平稳，后期又稍有升高，其变化的曲线与顶吹转炉有某些相似之处。

就渣中 $\sum w(FeO)$ 而言，顶吹转炉（LD）>复吹转炉（LD/Q-BOP）>底吹转炉（Q-BOP），如图 8-9 所示。复吹转炉炉渣的 $\sum w(FeO)$ 低于顶吹的原因主要为：

（1）从底部吹入的氧，生成的 FeO 在熔池的上升过程中被消耗掉；

（2）有底吹气体搅拌，渣中 $\sum w(FeO)$ 低，也能化渣，在操作中不需要高的 $\sum w(FeO)$；

（3）上部有顶枪吹氧，所以它的 $\sum w(FeO)$ 比底吹氧气的还高。

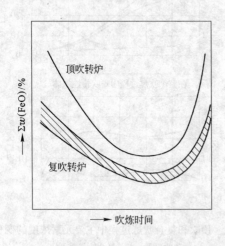

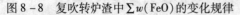

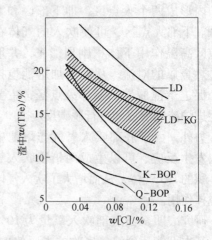

图 8-8 复吹转炉渣中 $\sum w(FeO)$ 的变化规律   图 8-9 复吹、顶吹、底吹转炉渣中
$\sum w(FeO)$ 的比较

C 钢水中的碳

吹炼终点的［C］-［O］关系和脱碳反应不引发喷溅也反映出了复吹转炉的冶金

特点。

复吹转炉钢水的脱碳速度高而且比较均匀，原因是从顶部吹入大部分氧，从底部吹入少量的氧，供氧比较均匀，脱碳反应也就比较均匀，使渣中 $\sum w(FeO)$ 始终不高。在熔池底部生成的 FeO 与 [C] 有更多的机会反应，FeO 不易聚集，从而很少产生喷溅。

图 8-10 为复吹转炉、顶吹转炉、底吹转炉吹炼终点的 $w[C]$ 和 $w[O]$，复吹转炉的 $w[C]-w[O]$ 关系线低于顶吹转炉，比较接近底吹转炉的 $w[C]-w[O]$ 关系线。在相同碳含量下，复吹转炉铁合金收得率高于顶吹转炉。

图 8-11 为 65t 复吹转炉，底部吹入惰性气体前后钢水中 $w[C]-w[O]$ 关系的变化。吹入惰性气体后，钢水中 $w[C]-w[O]$ 的关系线下移，原因是吹入熔池中的 N_2 或 Ar 小气泡降低 CO 的分压，同时还为脱碳反应提供场所。因此，在相同碳含量的条件下，复吹转炉钢水中的氧含量低于顶吹。

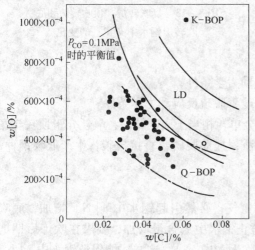

图 8-10 复吹转炉、顶吹转炉与底吹转炉
吹炼终点的 $w[C]-w[O]$ 关系

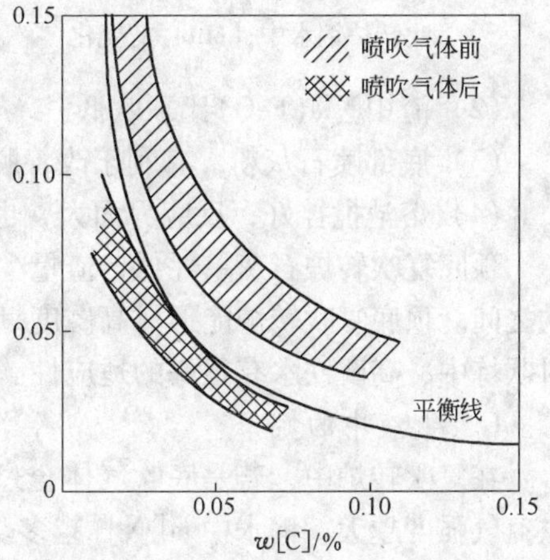

图 8-11 吹惰性气体后对钢水中
$w[C]$ 和 $w[O]$ 的影响

D 钢水中的锰

顶底复吹转炉中 $\sum w(FeO)$ 低，在吹炼初期，钢水中的 $w[Mn]$ 只有 30%~40% 被氧化，待温度升高后，在吹炼中期的后段时间，又开始回锰，所以出钢前钢水中的残锰较顶吹转炉高，如图 8-12 所示。

E 钢水中的磷

从炉底部吹入的氧气，可与金属液反应生成 FeO，FeO 与 [P] 反应，也有可能氧直接氧化金属液中的 [P] 生成 P_2O_5。从反应的动力学看，强有力的熔池搅拌有利于脱磷，在吹炼初期，脱磷率可达 40%~60%，以后保持一段平稳时间，吹炼后期，脱磷又加快，如图 8-13 所示。复吹转炉磷的分配系数相当于底吹转炉，而比顶吹高得多。

F 钢水中的硫

顶底复吹转炉脱硫条件较好，原因有四个方面：

(1) 底部喷石灰粉、顶吹氧，能及早形成较高碱度的炉渣；

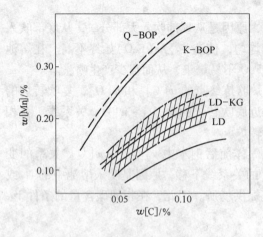

图 8-12　复吹转炉、顶吹转炉和底 吹转炉钢水中［Mn］的变化

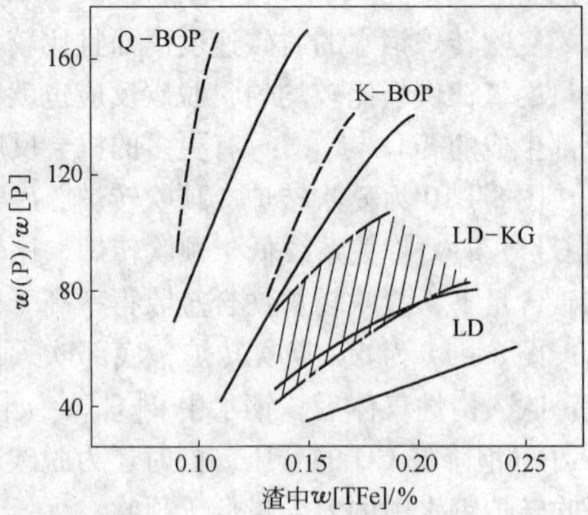

图 8-13　复吹转炉、顶吹转炉和底 吹转炉钢水中 $w[P]$ 的变化

（2）渣中 $\sum w(\text{FeO})$ 比顶吹低；

（3）底部喷石灰粉，有利于改善脱硫反应动力学条件；

（4）熔池搅拌好，反应界面大，也有利于改善脱硫反应动力学条件。

顶底复吹转炉石灰单耗低，渣量少，铁合金单耗相当于底吹转炉，氧耗介于顶吹与底吹之间。顶底复吹转炉能形成高碱度氧化性炉渣，提前脱磷，直接拉碳，生产低碳钢种，对吹炼中、高磷铁水有很好的适应性。

G　钢液中的氮

在复吹转炉中，若是底吹气体全过程应用氮气，必然引起钢水中 $w[N]$ 增加，底吹供氮气强度越大，钢水中 $w[N]$ 越多。为了防止钢水中氮含量增加，要求在吹炼后期把底吹氮气切换为氩气，并增大供气强度，以去除钢水中[N]，这样才能保证钢水中 $w[N]$ 符合技术要求。在吹炼后期，底吹供氩强度的大小对排氮速度影响较大，因此，较高强度的底吹供氩有可能使终点钢中 $w[N]$ 比较低强度底吹供氩时稍低。若在吹炼中采用其他气体，将有助于降低钢水中氮含量。

H　钢液中的氢

钢液中的[H]通常由水分带入。但在复吹转炉中，若是底部吹氧而采用碳氢化合物作冷却剂，则钢液中的 $w[H]$ 有所增加。同样的原因，若是底吹天然气，也会由于 CH_4，裂变后增加钢液中的 $w[H]$。若是底吹其他气体，将有助于降低钢液氧含量而不会影响钢的质量。

总之，顶底复吹转炉石灰单耗低，渣量少，铁合金单耗相当于底吹转炉，氧耗介于顶吹与底吹之间。顶底复吹转炉能形成高碱度氧化性炉渣，提前脱磷，直接拉碳，生产低碳钢种，对吹炼中、高磷铁水有很大的适应性。

8.3.2.2　复合吹炼的冶金特点

根据复吹转炉内的冶金反应，复吹转炉具有以下特点：

（1）显著降低了钢水中氧含量和熔渣中 TFe 含量。由于复吹工艺强化熔池搅拌，促进钢–渣界面反应，反应更接近于平衡状态，所以显著地降低了钢水和熔渣中的过剩氧含量。

（2）提高吹炼终点钢水余锰含量。渣中 TFe 含量的降低，钢水余锰含量增加，因而也减少了铁合金的消耗。

（3）提高了脱磷、脱硫效率。由于反应接近平衡状态，磷和硫的分配系数较高，渣中 TFe 含量的降低，明显改善了脱硫条件。

（4）吹炼平稳减少了喷溅。复吹工艺集顶吹工艺成渣速度快和底吹工艺吹炼平稳的双重优点，吹炼平稳，减少了喷溅，改善了吹炼的可控性，可提高供氧强度。

（5）更适宜吹炼低碳钢种。终点碳可控制在不大于 0.03% 的水平，适于吹炼低碳钢种。

（6）熔池富余热量减少。复吹减少了铁、锰、碳等元素的氧化放热，许多复合吹炼法吹入的搅拌气体，如氩、氮气、CO_2 等要吸收熔池的显热，吹入的 CO_2 代替部分工业氧使熔池中元素氧化，也要减少元素的氧化放热量。所有这些因素的作用超过了因少加熔剂和少蒸发铁元素而使熔池热量消耗减少的作用。因此，将顶吹改为顶底复吹后，如果不采取专门增加熔池热量收入的措施，将导致增加铁水用量，减少废钢装入量或其他冷却剂的用量。

综上所述，复吹工艺不仅提高钢质量，降低消耗和吨钢成本，更适合供给连铸优质钢水。

8.3.3 复合吹炼底吹气体

8.3.3.1 底吹气体的种类

目前作为底部气源的有氮气、氩气、氧气、CO_2 和 CO，也有采用空气的。

（1）氮气（N_2）：氮气是惰性气体，是制氧的副产品，也是惰性气体中唯一价格最低廉又最容易制取的气体。氮气作为底部供气气源，无需采用冷却介质对供气元件进行保护。所以，底吹氮气供气元件结构简单，对炉底耐火材料蚀损影响也较小，是目前被广泛采用的气源之一。

（2）氩气（Ar）：氩气是最为理想的气体，不仅能达到搅拌效果，而且对钢质无害。但氩气来源有限，同时制取氩气设备费用昂贵，所以氩气耗量对钢的成本影响很大。面对氩气需用量的日益增加，在复合吹炼工艺中，除特殊要求采用全程供给氩气外，一般只用于冶炼后期搅拌熔池。

（3）二氧化碳气体（CO_2）：在室温下 CO_2 是无色无味的气体，在相应条件下，它可呈气、液、固三种状态存在。一般情况下化学性质不活泼，不助燃也不燃烧；但在冶炼后期 CO_2 气体还与铁反应，即 $CO_2 + [Fe] = (FeO) + CO$。这样，造成供气元件受到 FeO 化学侵蚀，烧损加剧。所以，不能使用单一的 CO_2 气体作为底吹气源。可以在吹炼前期供给 CO_2 气体，后期切换为氮气或 $CO_2 + N_2$ 的混合气体。也可以利用 CO_2 气体的冷却效应，在供气元件的端部形成蘑菇体，以保护元件，从而提高供气元件的使用寿命。使用 CO_2 气体为底吹气源虽然不会影响钢的质量，但是对冶炼低碳和超低碳钢种不如氩气。

（4）一氧化碳（CO）：CO 是无色无味的气体，比空气轻，有剧毒，若使用 CO 为底吹气源时，应有防毒、防爆措施，并应装有 CO 检测报警装置，以保安全。

CO 气的物理冷却效应良好，热容、导热系数均优于氩气，也比 CO_2 气好。

（5）氧气（O_2）：氧气作为复吹工艺的底部供气气源，其用量一般不应超过总供氧量的10%。吹入的氧气也与熔池中碳反应，产生两倍于氧气体积的一氧化碳气体，对熔池搅拌有利，并强化了冶炼，但随着熔池碳含量的减少搅拌力也随之减弱。一般只通少许氧气用于烧开供气元件端部的沉积物，以保供气元件畅通。

8.3.3.2 底吹气体的供气压力

（1）低压复吹：低压复吹底部供气压力为1.4MPa。供气元件为透气砖，透气元件多，操作也比较麻烦。

（2）中压复吹：中压复吹底部供气压力为3.0MPa。采用了MHP元件（含有许多不锈钢管的耐火砖。不锈钢管直径约为1~2mm，一块MHP元件含有100根不锈钢管，钢管之间用电熔镁砂或石墨砂填充。可在很大范围内调整炉底吹入的气体量）。吹入气体量大，透气元件数目可以减少，供气系统简化，便于操作和控制。

（3）高压复吹：高压复吹底部供气压力为4.0MPa。熔池搅拌强度增加，为炼低碳钢和超低碳钢创造了有利条件，金属和合金收得率高。

8.3.3.3 底吹气体的流量

底吹惰性气体的供气流量为0.1~0.34m^3/（t·min）。底吹氧时其流量为0.07~1.0m^3/（t·min）。底吹氧同时吹石灰粉其流量为0.7~1.3m^3/（t·min）。

我国多数复吹转炉长期处于小流量且元件半通半不通状态。目前最有效的办法是向底吹气体中渗入一定浓度的氧气，通过控制引入氧的时机和掺氧浓度，可有效地控制供气元件的透气性能，也可消除炉底上涨和渣壳的影响。南京钢厂在复吹转炉上开发出导入空气法除堵技术，较好地解决了元件的透气性问题。生产实践表明，只要元件没有完全堵死，导入空气后，炼一炉钢便可完全恢复元件的透气性。

8.3.4 复合吹炼底部供气元件

8.3.4.1 复合吹炼底部供气元件的类型

（1）喷嘴型供气元件：早期使用的是单管式喷嘴型供气元件。因其易造成钢水黏结喷嘴和灌钢等，因而出现由底吹氧气转炉引申来的双层套管喷嘴。但其外层不是引入冷却介质，而是吹入速度较高的气流，以防止内管的黏结堵塞。实践表明，采用双层套管喷嘴，可有效地防止内管黏结。图8-14为双层套管构造。图8-15为采用双层套管喷嘴的复吹法。

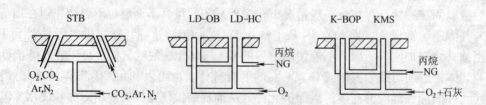

图 8-14 双层套管构造图

（2）砖型供气元件：最早是由法国和卢森堡联合研制成功的弥散型透气砖，即砖内由许多呈弥散分布的微孔［约100目（0.147mm）］组成。由于其气孔率高、砖的致密性差、气体绕行阻力大、寿命短等缺点，因而又出现了砖缝组合型供气元件。它是由多块耐火砖以不同形式拼凑成各种砖缝并外包不锈钢板而组成的（见图8－16），气体经下部气室通过砖缝进入炉内。由于砖较致密，其寿命比弥散型高。但存在着钢壳开裂漏气，砖与钢壳间缝隙不匀等缺陷，造成供气不均匀和不稳定。与此同时，又出现了直孔型透气砖（图8－17），砖内分布有很多贯通的直孔道。它是在制砖时埋入许多细的易熔金属丝，在焙烧过程中被熔出而形成的。这种砖致密度比弥散型好，同时气流阻力小。

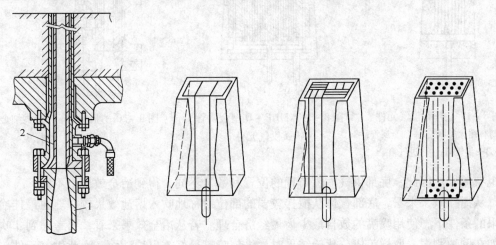

图8－15　双层套管喷嘴复吹法
1—内管；2—环缝

图8－16　砖缝式供气元件

图8－17　直孔型透气砖

砖型供气元件，可调气量大，具有能允许气流间断的优点，故对吹炼操作有较大的适应性，在生产中得到广泛应用。

（3）细金属管多孔塞式：最早由日本钢管公司研制成功的是多孔塞型供气元件（简称MHP）。它是由埋设在母体耐火材料中的许多不锈钢管组成的（见图8－18），所埋设的金属管内径一般为 $\phi0.1 \sim 0.3$mm（多为 $\phi1.5$mm 左右）。每块供气元件中埋设的细金属管数通常为 $10 \sim 140$ 根，各金属管焊装在一个集气箱内。此种供气元件调节气量幅度比较大，不论在供气的均匀性、稳定性和寿命上都比较好。经反复实践并不断改进，研制出的新型细金属管砖式供气元件如图8－19所示。由图8－19可以看出，在砖体外层细金属管处，增设一个专门供气箱，因而使一块元件可分别通入两路气体。在用 CO_2 气源供气时，可在外侧通以少量氩气，以减轻多孔砖与炉底接缝处由于 CO_2 气体造成的腐蚀。

细金属管多孔砖的出现，可以说是喷嘴和砖两种基本元件综合发展的结果。它既有管式元件的特点，又有砖式元件的特点。新的类环缝管式细金属管型供气元件（图8－20）的出现，使环缝管型供气元件有了新的发展，同时也简化了细金属管砖的制作工艺。细金属管型供气元件，将是最有发展前途的一种类型。

8.3.4.2　底部供气元件的布置

底部供气元件的布置对吹炼工艺的影响很大，气泡从炉底喷嘴喷出上浮，抽引钢液随之向上流动，从而使熔池得到搅拌。喷嘴的位置不同，其与顶吹氧射流引起的综合搅拌效

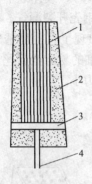
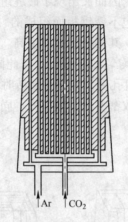
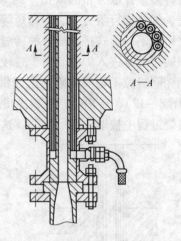

图 8 – 18　MHP 供气元件

1—母体耐火材料；2—细金属管；
3—集气箱；4—进气箱

图 8 – 19　MHP – D 型金属管
砖式供气元件

图 8 – 20　新的类环缝管式细金
属管型供气元件

果也有差异。因此，底部供气喷嘴布置的位置和数量不同，得到冶金效果也不同。

　　从搅拌效果来看，底部气体从搅拌较弱的部位对称地吹入熔池效果较好。在最佳冶金效果的条件下，使用喷嘴的数目最少为最经济合理。若从冶金效果来看，要考虑到非吹炼期如在倒炉测温、取样等成分化验结果时，供气喷嘴最好露出炉液面，为此供气元件一般都排列于耳轴连接线上，或在此线附近。

　　有的研究试验认为，底部供入的气体，集中布置在炉底的几个部位，钢液在熔池内能加速循环运动，可强化搅拌，比用大量分散的微弱循环搅拌要好得多。试验证明，总的气体流量分布在几个相互挨得很近的喷嘴内，对熔池搅拌效果最好，如图 8 – 21 中 c 和 f 的

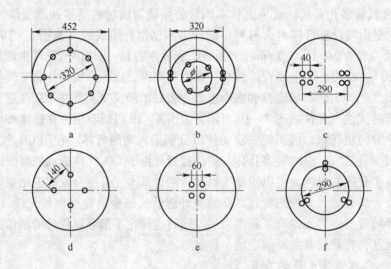

图 8 – 21　底部供气元件布置模拟试验图

a—形式之一；b—形式之二；c—形式之三；
d—形式之四；e—形式之五；f—形式之六

布置形式为最佳。试验还发现，使用 8 支 ϕ8mm 小管供气，布置在炉底的同一个圆周线上，可获得很好的工艺效果。宝钢通过水力学模型实验认为，在顶吹火点区内或边缘布置底部供气喷嘴较好。

8.3.5 炉渣-金属蘑菇头

8.3.5.1 炉渣-金属蘑菇头的形成

顶底复合吹炼转炉，在底部供气元件的细管出口处，都会形成微孔蘑菇体，也叫蘑菇头。通过对蘑菇体的化学分析得知，它的内层含碳较高，在 2.0% 左右；但其外表面层的合碳较低，0.1% 左右，因而可知，实际上蘑菇体就是在细管出口处形成的一个带微孔的金属帽，如图 8-22 所示，推断其形成机理如下：

开炉初期，由于温度较低，再加上供入气流的冷却作用，金属在元件毛细管端部冷凝形成单一的小金属蘑菇头，并在每个金属蘑菇头间形成气囊。

通过黏渣、挂渣和溅渣操作，熔渣落在金属蘑菇头上面，底部继续供气，并且提高了供气强度，其射流穿透渣层，冷凝后即形成放射气孔带。

落在放射气孔带上面的熔渣继续冷凝，炉渣-金属蘑菇头长大。此时的炉渣-金属蘑菇头，加大了底部气流排出的阻力，形成了细小、弥散的气孔带，又称迷宫式弥散气孔带。

从迷宫式弥散气孔带流出的流股极细，因此冷凝后气流的通道直径也极小（$\phi \leqslant$ 1mm）；钢水与炉渣的界面张力大，钢水很难润湿蘑菇头，所以气孔不易堵塞。从弥散气孔流出的气流又被上面的熔渣加热，其冷却效应减弱，因而蘑菇头又难以无限长大。

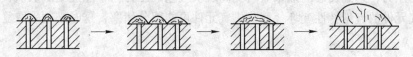

图 8-22 蘑菇头的形成长大过程示意图

蘑菇头可以保护供气元件的喷孔，延缓元件和其周围耐火材料的蚀损速度。蘑菇头的形成，与吹入气体的冷却能力、单位时间的吹气量有关，如控制不当，也会影响元件的畅通，甚至造成元件的堵塞，被迫中断复吹。所以，元件要维持稳定的蘑菇头。据报道，未形成稳定蘑菇头时，供气元件的蚀损速度平均约为 1.1mm/炉，生成稳定蘑菇头时的蚀损速度为 0.4~0.6mm/炉。所以，元件既要维持蘑菇头的保护，又必须保持元件在规定供气模式下稳定地供气。

8.3.5.2 炉渣-金属蘑菇头生长控制

采用溅渣工艺往往造成炉底上涨，容易堵塞底部供气元件。因此必须控制炉渣-金属蘑菇头的生成结构，要具有发达的放射性气孔带；控制炉渣-金属蘑菇头的生长高度，并保证炉渣-金属蘑菇头的透气性。控制炉底上涨，得到合理炉渣-金属蘑菇头结构采取的办法有：

（1）控制终渣的黏度。终渣过黏，炉渣容易黏附在炉底，引起炉底上涨。终渣过稀，又必须调渣才能溅渣，这种炉渣容易沉淀在炉底，也将引起炉底上涨。因此必须合理控制终渣黏度。

（2）终渣必须化透。终渣化不透，终渣中必然会有大颗粒未化透的炉渣，溅渣时 N_2 射流的冲击力不足以使这些未化透的炉渣溅起。这样，这种炉渣必然沉淀在炉底，引起炉底上涨。

（3）控制调渣溅渣频率。当炉底出现上涨趋势时，应及时调整溅渣频率，减缓炉底上涨的趋势。

（4）减少每次溅渣的时间。每次溅渣时，随着溅渣的进行，炉渣不断变黏，到了后期，溅渣时 N_2 射流的冲击力不足以使这些黏度变大的炉渣溅起。如果继续溅渣，这些炉渣将冷凝吸附在炉底，引起炉底上涨。

（5）及时倒掉剩余炉渣。

（6）调整冶炼钢种，尽可能冶炼超低碳钢种。

（7）采用顶吹氧洗炉工艺。当炉底上涨严重时，可采用此工艺，但要严格控制，避免损失底部供气元件。

（8）优化溅渣工艺，选择合适枪位，提高 N_2 压力有利于控制炉底上涨。

8.3.5.3　炉渣－金属蘑菇头供气强度控制

要获得良好的复吹效果，必须保证底部供气元件喷嘴出口流出气体的压力大于熔池的静压力，这样才能使底部供气元件喷嘴出口流出的气体成为喷射气流状态。因此，在气包一定的情况下，控制炉渣－金属蘑菇头的生成结构与生长高度均有利于减少气流阻力损失，从而方便灵活地调节底部供气强度，保证获得良好的复吹效果。另外，当炉渣－金属蘑菇头上覆盖渣层已有一定厚度时，底部供气元件的流量特性将发生变化，此时除了采取措施降低炉底上涨高度以外，可提高底吹供气系统气包的压力，以提高供气元件喷嘴出口流出气体的压力，达到良好的效果。若提高底吹气包的压力仍不能达到底吹供气强度，说明底吹供气元件的流量特性变坏，底吹供气元件可能部分堵塞，这时必须采取复通技术。

转炉事故及其处理

9.1 转炉工艺事故及其处理

9.1.1 低温钢

从热平衡计算可知，转炉炼钢过程中有较多的富裕热量，但在生产中往往由于操作不合理，判断失误，因而出现低温钢。

9.1.1.1 造成低温钢的主要原因

(1) 吹炼过程中操作者不注意温度的合理控制，在到达终点时，火焰不清晰，判断不准确或所使用的铁水磷、硫含量高，在吹炼过程中多次进行倒炉倒渣、反复加石灰，致使熔池热量大量损失，钢水温度下降。

(2) 新炉阶段炉温低，炉衬吸热多，到达终点时出钢温度虽然可以，但因出钢口小或等待出钢时间过长，钢水温度下降较多造成。老炉阶段由于熔池搅拌不良，金属液温度、成分出现不均匀现象，而取样及热电偶测量的温度多在熔池上部，往往高于实际温度，其结果不具有代表性，致使判断失误。

(3) 出钢时钢水温度合适，但由于使用凉包或包内粘有冷钢，造成钢水温度下降；或出钢时铁合金加入过早，堆集在包底，使钢水温度降低；出钢后包内镇静时间过长或由于设备故障而不能及时进行浇铸所致。

(4) 吹炼过程中从火焰判断及测量钢水温度来看，似乎温度足够，但实际上熔池内尚有大型废钢未完全熔化或石灰结坨尚未成渣，至终点时，废钢或渣坨突然熔化，大量吸收熔池热量，致使熔池温度降低。

9.1.1.2 低温钢的处理

在生产中要避免产生低温钢，操作人员就要根据具体原因，采取相应处理方法及时处理。

(1) 吹炼过程中合理控制炉温，避免石灰结坨，石灰结坨时可根据炉口火焰或炉膛响声发现，要及时处理，不要等到吹炼终点时再处理。

(2) 吹炼过程中加入重型废钢时，过程温度控制应适当偏高些。吹炼末期特别是老炉阶段，喷枪位置要低些，一方面可以适当降低渣中氧化铁含量，另一方面还可以加强熔池搅拌，均匀熔池温度。要绝对避免高枪位吹炼。

(3) 出钢口修补时口径不要过小，以免出钢时间长，降低钢水温度。吹炼过程尽量缩短补吹时间，终点判断合格后要及时组织出钢。

(4) 吹炼过程中若温度过低可采取调温措施。通常的办法是向炉内加硅铁、锰铁，甚至金属铝，并降低枪位，加速反应提高温度。若出钢后发现温度低，要慎重处理，必要时可组织回炉以减少损失，切不可勉强进行浇铸。若钢水碳含量高，可采取适当补吹进行提温。

9.1.2 高温钢

吹炼过程中由于过程温度控制过高、冷却剂配比不合适等造成终点温度过高而又未加以合理调整所致。

出钢前发现炉温过高，可适当加入炉料冷却熔池，并通过点吹使熔池温度、成分均匀，测温合格后即可出钢。小型转炉在出钢过程中可向包中加入适量的清洁小废钢或生铁块，若出钢温度高出不多时，亦可适当延长镇静时间降低钢水温度。

吹炼过程中发现温度过高，要及时采取降温措施，可向炉内加入氧化铁皮或铁矿石，应分批加入并注意用量。目前有的厂用追加多批石灰的办法降温。其目的在于既降温又去除硫、磷。用石灰降温虽可提高炉渣碱度，有利于硫、磷的去除，但降温效果不如氧化铁皮，而且碱度过高也无必要。

9.1.3 化学成分不合格

9.1.3.1 化学成分不合格的原因

（1）碳不合格的原因：目前国内大多数氧气顶吹转炉炼钢厂都是通过经验进行终点碳的判断。由于炉前操作人员经验不足，或操作时精力不集中，或枪位操作不合理，造成误差致使碳不合格。

（2）锰不合格的原因：

1）铁合金计量出现差错，或计算加入量时出现差错，或铁合金混杂堆放，将硅锰合金误认为锰铁使用造成废品。

2）铁水装入量不准，或波动较大造成出钢量估计不准，或铁水锰含量发生变化，到达终点时对钢水余锰估计不准。或因出钢口过大，出钢时下渣过多，包内钢水大翻，使合金元素吸收率发生变化且估计不足，同时又未及时加以调整合金加入量，或对钢水温度、氧化性的变化及影响合金元素吸收率情况估计不足。

3）设备运转失灵，使合金部分或全部加在包外，而又未及时发现进行调整。

（3）磷不合格的原因：

1）出钢口过大，出钢过程下渣过多，或出钢时合金加得不当。或终渣碱度低，出钢温度高，出钢后钢水在包内镇静及浇铸延续时间比较长，或包内不清洁，粘渣太多，或化验分析误差，造成判断失误，或所取钢样不具有代表性、判断失误所致。

2）终点控制在第一次拉碳时磷已合格，但由于碳含量高或其他原因进行补吹，补吹时控制不当，使熔池温度升高，氧化铁还原，或由于碱度低都可能造成回磷，同时又误认为磷已合格，未分析终点磷含量，致使磷出格。

（4）硫不合格的原因：

1）吹炼操作不正常被迫采取后吹，此时钢水中碳含量已很低，而氧含量本来就很高，再经过后吹，渣中 w（FeO）提高，从而使渣中硫向钢水中扩散造成回硫。或吹炼后期渣子化得不好，渣子黏稠，炉渣产生返干现象，流动性差，没能起到脱硫作用。或炉衬及包内耐火材料受到炉渣浸蚀，使炉渣碱度降低所致。

2）合金中硫含量高，或由于终点碳含量低，采用碳粉或生铁块增碳，由于本身硫含量高而造成。或吹炼中所使用的铁水、石灰、铁矿石等原材料硫含量突然增加，炉前操作人员不知道，又未能采取相应措施。或吹炼过程炉渣数量太少，而且炉温较低导致硫高。

9.1.3.2 化学成分不合格的处理方法

（1）锰不合格的处理方法：

1）认真计算合金加入量，坚持验秤制度，合金要分类按规定堆放，铁水装入量要准确，准确判断终点碳，注意合金加入顺序及吸收率变化，准确判断余锰量。

2）采用出钢挡渣技术，严禁出钢下渣。

（2）磷不合格的处理方法：

1）认真修补好出钢口，采用出钢挡渣技术，尽量减少出钢时带渣现象。控制合适炉渣碱度及终点温度；出钢后投加石灰稠化炉渣。

2）第一次拉碳合格后，若碳高需补吹则要根据温度、碱度等酌情补加石灰、调整好枪位，防止氧化铁还原太多炉渣产生返干，坚持分析终点磷，尽量减少钢水在包中的停留时间。

（3）硫不合格的处理方法：吹炼过程注意化好渣，保证炉渣流动性要好，碱度要高，渣量相应大些，炉温适当高些。同时注意观察了解所用原料硫含量的变化，采用出钢挡渣技术，严禁出钢下渣。

9.1.4 回炉钢水

转炉炼钢在出钢后，如果钢水成分、温度或氧化性不符合该钢种的浇铸要求而不允许进行浇铸；或者与连铸钢水衔接不上；浇铸设备发生故障而被迫停浇，其部分浇余钢水或者全部未浇钢水必须重新兑入转炉内进行冶炼。这种钢水称为回炉钢水。回炉钢水必须及时回炉以减少损失。

9.1.4.1 造成回炉钢水的原因

在生产中造成回炉钢水事故的原因很多，主要有以下一些：

（1）钢水成分不符合计划安排所炼钢种的要求而回炉。

（2）钢水成分不合格。

（3）出钢温度控制不当，造成低温钢，钢水在大包内冻结水口，无法浇铸只能回炉。

（4）原是供连铸连浇的钢水，由于连铸机故障，造成连铸停浇事故，则整包钢水或已浇铸半包的钢水又没有其他机组可浇，只能回炉。

（5）因穿炉事故造成未能正常出钢的钢水作回炉处理。

（6）钢包浇钢机构发生故障，造成钢水不能正常浇铸的钢水，作回炉处理。

9.1.4.2 防止回炉钢水的措施

减少和防止回炉钢水事故可采取以下几个方面的措施：

（1）加强岗位责任制的责任管理。

（2）加强设备的点检及维护工作。

（3）提高操作技能，严格钢水温度管理制度及钢包管理制度，确保钢水的质量，减少连铸操作事故。

9.1.4.3 回炉钢水的处理

回炉钢水一般是将钢水兑入铁水包,然后再用铁水包兑入转炉重新吹炼。由于浇钢与兑铁水一般不处在同一跨厂房内,因此转炉厂房在设计上都具有钢包或铁水包的过跨输送线,保证可以将铁水包送入浇铸跨接受回炉钢水或可将钢包运入加料跨,将回炉钢水兑入铁水包的操作,两种方法都可采用。

由于回炉钢水硅、磷含量较低,碳含量也较低,钢水中化学热不高,而且回炉钢水在回炉的输送过程中还有温降,因此一般讲整炉回炉的钢水是不能直接回炉吹炼的,而是要与铁水按比例配合再回炉,利用铁水的化学热来进行回炉钢水的冶炼。整炉回炉的钢水一般可分成 2～3 次,即每包铁水中兑入 1/2 或 1/3 回炉钢水,以保证有足够的热量。吹炼回炉钢水的炉次一般不加废钢,由于回炉钢水中磷、硫含量较低,可以适当减少部分渣料。兑有回炉钢水的铁水其碳含量也较低,纯供氧时间也可相应缩短。部分回炉的钢水视回炉量的大小可按上述要求分别兑入 1～2 包铁水后回炉吹炼。

9.2 转炉设备事故及其处理

9.2.1 加料口堵塞

9.2.1.1 造成加料口堵塞的原因

(1)溜槽设计上的问题。例如:溜槽斜度不够,下料时因料的下降冲力不足而被堵塞在加料口。

(2)加料口漏水。由于加料口漏水,散状料及炉渣黏结在出口处而造成加料口的堵塞。

(3)喷溅。喷溅,特别是大喷溅,使钢、渣飞溅到加料口累积起来,从而造成加料口堵塞。

9.2.2.2 加料口堵塞的处理方法

(1)在溜槽上开一观察孔(加盖,平时关闭),处理时打开观察孔盖,将撬棒从观察孔中伸到结瘤处,然后用力凿或用锤头敲打撬棒,击穿打碎堵塞物后使加料口畅通。这种方法是目前最主要和常用的方法,也比较安全。

(2)其他方法有在平台上用一根长钢管自下而上伸到加料口堵塞处进行凿打的;也有用氧气管慢慢烧化堵塞物的。采用以上方法由于存在着不安全因素,一定要小心,特别要注意安全。

9.2.2 氧枪漏水

喷枪漏水的征兆是火焰发蓝、发黄而烟气量异常增大;高压水进口流量突然加大而出口流量明显减小;氧枪水进出口温差异常增大且出口温度明显比正常值高等。

氧枪漏水包括严重漏水和一般漏水两种情况。

氧枪严重漏水的处理方法:在吹炼过程中如发现水从炉口溢出,说明氧枪严重漏水,应立即进行下述几个操作:

(1)立即提枪,自动关闭氧气快速阀,切断供氧。

(2)迅速关闭氧枪冷却用高压水。

（3）关键一点：此时绝对不准倾动转炉炉体，以避免引发剧烈爆炸，必须待炉内积水全部蒸发，炉口不冒蒸汽，在确保炉内无水时方可倾动炉体，观察炉内情况。

（4）尽快换枪，然后用新枪重新吹炼，避免造成冻炉事故，如温度偏低可加入适量焦炭帮助升温；同时应仔细检查换下的氧枪，找出漏水原因，并制定预防措施。

氧枪一般漏水的处理方法：绝大多数情况下，氧枪的漏水是不会造成炉口溢水的，一般的氧枪漏水，当氧枪提出炉口时，可以从氧枪的头上看到滴水或水像细线般地流下。发现氧枪漏水，应按操作规程要求，进行换枪操作。

9.2.3 汽化冷却烟道漏水

汽化冷却烟道漏水常发生在密排无缝钢管与固定支架连接处，由于该处在热胀冷缩时应力最大，常会产生疲劳裂纹而导致漏水。其次是与烟气接触的一侧，哪一根无缝钢管由于水路堵塞，水量减少，哪一根就会发红、漏水。

一般讲汽化冷却烟道漏水不会像氧枪那样从炉口溢出，因为汽化冷却烟道漏水的发展有一个过程，当水漏得大时在倒炉时就可明显发现，发现漏水后，可在安排转炉补炉的同时进行烟道补焊工作；每一次换新炉也是汽化烟道漏水补焊及捉"漏"的好机会，只要加强平常时对汽化烟道的维护保养，汽化烟道的漏水现象是可以减少的。

汽化冷却烟道漏水严重的现象是吹炼过程中发现火焰白亮异常，声音及烟气量异常增大；提枪后可出现大量水蒸气。

氧枪或设备漏水对安全生产的危害性包括：可能引起爆炸、影响钢的质量等。

9.2.4 氧枪点不着火

转炉摇正炉子降枪至吹炼枪位进行供氧，炉内即开始发生氧化反应并产生大量的棕色火焰，称之为氧枪点火。

如果降枪吹氧后，由于某种原因炉内没有进行大量氧化反应，也没有大量的棕红色火焰产生，则称之为氧枪点不着火。氧枪点不着火将不能进行正常吹炼。

氧枪点不着火的原因是：

（1）炉料配比中轻薄废钢太多，加入后在炉内堆积过高，致使氧流冲不到液面，造成氧枪点不着火。

（2）操作不当，在开吹前已经加入了过多的石灰、白云石等熔剂，大量的熔剂在熔池液面上造成结块，氧气流冲不开结块层，也可能使氧枪点不着火；或吹炼过程中发生返干造成渣结成大团，当大团浮动到熔池中心位置时造成熄火。

（3）发生某种事故后使熔池表层冻结，造成氧枪点不着火。

（4）另外，如补炉料在进炉后大片塌落，或者溅渣护炉后有黏稠炉渣浮起，存在于熔池表面，均可能使氧枪点不着火。

氧枪点不着火的处理方法是：

（1）配料时中、轻、重废钢的比例要适宜，即轻、薄料废钢不宜过多。

（2）进炉后正式冶炼时，必须遵守操作规程，先降枪吹氧，再加第一批渣料，这样就不会发生氧枪点不着火的情况了。

（3）如果冷料层过厚、结块等原因使氧枪点不着火，一般可以用下列方法来处理：

1）摇动炉子，使炉料作相对运动，打散冷料结块，同时让液体冲开冷料层并部分残留在冷料表面，促使氧枪点火；

2）稍微增加氧气压力，使枪位上下多次移动，使氧流冲开结块与液面接触，促成点火；

3）对熔池表面冻结的炉子，可以摇动炉子使凝固的表层破裂，此法仅适于薄层冻结；

4）补加部分铁水点火吹炼。

9.2.5 氧枪黏钢

在冶炼过程中，熔池由于氧流的冲击和激烈的碳氧反应而引起强烈的沸腾，飞溅起来的金属夹着炉渣黏在氧枪上，这就是氧枪黏钢。严重的氧枪黏钢会在氧枪下部、喷头上形成一个巨大的纺锤形结瘤。

9.2.5.1 造成氧枪黏钢的主要原因

氧枪黏钢的主要原因是吹炼过程中炉渣化得不好或枪位过低等，炉渣发生返干现象，金属喷溅严重并黏结在氧枪上，另外，喷嘴结构不合理、工作氧压高等对氧枪黏钢也有一定的影响。

（1）吹炼过程中炉渣没有化好化透，炉渣流动性差。在生产实际中，由于操作人员没有精心操作或者操作不熟练，操作经验不足，往往会使冶炼前期炉渣化得太迟，或者过程炉渣未化透，甚至在冶炼中期发生了炉渣严重返干现象，这时继续吹炼会造成严重的金属喷溅，使氧枪产生黏钢。

（2）由于种种原因，氧枪喷头至熔池液面的距离不合适，即所谓枪位不准。而且主要是距离太近所致。造成距离太近的主要原因有以下几点：

1）转炉入炉铁水和废钢装入量不准，而且是严重超装，而摇炉工未察觉，还是按常规枪位操作；

2）转炉炉衬的补炉产生过补现象，炉膛体积缩小，造成熔池液面上升，而摇炉工亦没有意识到，未及时调正枪位；

3）溅渣护炉操作不当造成转炉炉底上涨，从而使熔池液面上升。

氧枪喷嘴与液面的距离近容易产生黏枪事故。硬吹导致渣中氧化物相返干，而枪位过低实际上就形成了硬吹现象，于是渣中的氧化铁被富 CO 的炉气或（渣内）金属滴中的碳所还原，渣的液态部分消失。金属失去了渣的保护，其副作用就是增加了喷溅和红色烟尘，这种喷溅主要是金属喷溅。喷溅物容易结在枪体上，形成氧枪黏钢。

9.2.5.2 氧枪黏钢的危害性

氧气顶吹转炉的除尘系统是一个密封系统，氧枪是通过汽化冷却烟道上的氧枪氮封口进入转炉的，转炉在吹炼时炉子处于垂直位置，氧枪从待吹点下降到吹炼位置时开始吹氧，当冶炼终点，需要倒炉取样及观察炉况时，应先提枪停氧，氧枪的大部分要从氮封口提出，进入待吹点，此时氧枪喷头离开炉子以便转炉能够倾动。当氧枪黏钢达到一定直径时，造成提枪困难，且容易拉坏氮封口。黏钢严重时会造成氧枪提不出炉口（因黏枪的冷钢卡在氮封口上出不来），此时就造成炉子不能倾动，影响吹炼操作；其次，氧枪传动系统有平衡配重，其基本原理是配重大于枪重，卷扬机提升配重，此时氧枪下降开始吹炼，卷扬机放下配重时实为提枪操作，因此正常情况下氧枪上下十分自如。氧枪定位精度较高，但由于严重黏枪，会破坏系统的平衡，甚至会使氧枪无法提升（当黏钢重量加上枪自重大于配重量时枪就无法提升）。此时枪始终处于最低的枪位在吹炼，情况将是十分危险的。一旦提枪时（黏枪太重）配重下降不畅，还会出现氧枪的提升卷扬机钢丝绳从滑轮槽中脱出、钢丝绳损坏等事故，从而造成冶炼中断。一旦当氧枪提不出炉口时，就必须用吹氧管吹氧处理黏钢（此时还不能"割枪"，因为炉内有钢水时，安全规程规定不能"割枪"，）使枪能从炉口提出，冶炼能继续，以便在该炉钢出钢后可较彻底地处理氧枪黏钢。这样的处理，工人们的劳动强度很高，炉子需热停工，炉内的半成品钢水因事故处理而等待，造成吹炼困难，影响钢的质量。

9.2.5.3 氧枪黏钢的处理

（1）以黏渣为主的氧枪黏钢处理：对于一些以黏渣为主的氧枪黏钢，特别是溅渣护炉后，看似有黏钢，实质上主要是黏渣，可用头上焊有撞块的长钢管，从活动烟罩和炉口之间的间隙处，对着氧枪黏钢处用人工进行撞击，以渣为主的黏钢块被击碎跌落，氧枪可恢复正常工作。

（2）以黏钢为主的氧枪黏钢处理：对于金属喷溅引起的氧枪黏钢，黏钢物是钢渣夹层混合所致，用撞击的办法无法清除，用火焰割炬也不易清除，一般是用氧气管吹氧清除。清除方法：操作者准备好氧气管，氧枪先在炉内吹炼，然后提枪，让纺锤形黏钢的上端处于炉口及烟罩的空隙间，由于刚提枪时黏钢还处于红热状态，用氧气管供氧点燃黏钢，然后不断地用氧气流冲刷，使黏钢熔化而清除，同时慢慢提枪，最后将黏钢清除。

（3）黏钢严重并已烧枪：对于黏钢严重且枪龄又较高，或氧枪喷头已损坏，清除掉氧枪黏钢后，枪也不能再使用的情况下，为了减少氧枪的热停工时间，可用割枪方法，将氧枪黏钢割除，然后换枪继续冶炼。但是割枪操作是一项十分危险的工作，必须严格执行操作规程。

处理时注意事项：

（1）以黏渣为主的氧枪黏钢，主要以振动、敲击氧枪的方式使渣脱落，勿采用火焰处理。

（2）以黏钢为主的氧枪黏钢，采用火焰处理，勿烧坏氧枪，所以要边烧边观察，氧压不要过大，火焰不要过长。

（3）清除过程特别要注意，供氧的氧气管气流不能对着氧枪枪身，也不能留在一点上吹氧，不能将点燃的氧气管去接触氧枪枪身，以免将氧枪冷却水管的管壁烧穿而漏水。

9.2.6 氧枪烧枪

氧枪烧枪的主要原因是氧枪黏钢，吹氧时发生回火。一般来说，当氧枪喷头部位干净时，不会导致烧枪，只有当喷头和喷头以上部位黏钢，溅完渣后被炉渣包住，下枪吹炼时若喷头部位还处于红热状态或枪位偏低就容易引发回氧点火，黏附在喷头附近的钢皮与氧发生剧烈的化学反应，放出大量热量，导致氧枪外套管烧穿漏水。为了杜绝烧枪，生产实践中采取如下措施：

（1）优化过程冶炼控制，减少炉渣返干黏枪，减少金属喷溅。

（2）转炉钢水必须出尽。

（3）对氧枪铜头焊缝进行打磨处理。

（4）溅完渣后及时刮渣，保证氧枪干净，包括喷头及附近部位。若氧枪黏钢严重，溅完渣后黏钢刮不动，下炉下枪时开吹枪位应相对调整，防止回火烧枪。当无法清除冷钢时，应组织换枪。

（5）对刮渣器进行改进，改善刮渣效果。

9.2.7 氧枪喷头损坏

9.2.7.1 氧枪喷头损坏的原因

（1）高温钢渣的冲刷和急冷急热作用。喷头的工作环境极其恶劣，氧流喷出后形成的反应区温度高达约 2500℃，喷头受高温和不断飞溅的熔渣与钢液的冲刷和浸泡，逐渐地熔损变薄；由于温度频繁地急冷急热，喷头端部产生龟裂，随着使用时间的延续龟裂逐步扩展，直至端部渗水乃至漏水而报废。

（2）冷却不良。研究证明，喷头表面晶粒受热长大，损坏后喷头中心部位的晶粒与新喷头相比长大 5~10 倍；由于晶粒的长大引起喷孔变形，氧射流性能变坏。

（3）喷头端面黏钢。由于枪位控制不当，或喷头性能不佳而黏钢，导致端面冷却条件变差，寿命降低。多孔喷头射流的中间部位形成负压区，泡沫渣及夹带的金属液滴熔渣被不断地吸入，当高温并具有氧化性的金属液滴击中和黏附在喷头端面的一瞬间，铜呈熔融状态，钢与铜形成 Fe-Cu 固溶体牢牢地黏结在一起，影响了喷头的导热性（钢的导热性只有铜的 1/8），若再次发生炽热金属液滴黏结，会发生 [Fe]、[O] 反应，放出的热量使铜熔化，喷头损坏。

（4）喷头质量不佳。制作喷头用的铜，其纯度、密度、导热性能、焊接性能等比较差，造成喷头寿命低。经金相检验铜的夹杂物为 CuO，并沿着晶界呈串状分布，有夹杂物的晶界为薄弱部位，钢滴可能从此侵入喷头的端面导致喷头被损坏。

9.2.7.2 氧枪喷头停用的标准

（1）喷孔出口变形大于等于 3mm。

（2）喷孔蚀损变形，冶炼指标恶化。

（3）喷头、氧枪出现渗水或漏水。

（4）喷头或枪身涮进大于等于 4mm。

（5）喷头或枪身黏钢变粗达到一定直径时。

（6）喷头被撞坏，枪身弯曲大于 40mm。

9.2.7.3 提高喷头寿命的途径

（1）喷头设计合理，保证氧气射流的良好性能。

（2）采用高纯度无氧铜锻压组合工艺或铸造工艺制作喷头，确保质量。

（3）用锻压组合式喷头代替铸造喷头，提高其冷却效果和使用性能，延长喷头使用寿命。

（4）采用合理的供氧制度，在设计氧压条件下工作，严防总管氧压不足。

（5）提高原材料质量，保持其成分的稳定并符合标准规定；采用活性石灰造渣；当原材料条件发生变化时，及时调整枪位，保持操作稳定，避免烧坏喷头。

（6）提高操作水平，实施标准化操作；化好过程渣，严格控制好过程温度，提高终点碳和温度控制的命中率；要及时测量炉液面高度，根据炉底状况，调整过程枪位。

（7）采用复合吹炼工艺时，在底吹流量增大时，顶吹枪位要相应提高，以求吹炼平稳。

9.2.8 转炉塌炉

转炉在新开炉的最初几炉的冶炼过程中，炉衬表面发生较大的熔损，或者较大量的炉衬砖因崩裂而脱离炉体，或整块炉衬砖脱离炉体，包括炉底的耐火砖脱离炉体而上浮的现象称为塌炉；老炉子经过补炉后，因补炉料未烧结好在补炉后的一、二炉内即发生较大量地从炉衬表面剥落下来的现象也称为塌炉。即转炉塌炉有两种类型：新砌炉塌炉和补炉料塌炉。

塌炉事故对安全带来很大的威胁，特别是当转炉倒炉时，塌炉下来的耐火材料冲击钢水，会将钢水从炉口泼出，同时塌下来的补炉料与炉渣混合，发生猛烈的 C-O 反应，产生巨大的灼热的气浪冲出炉口，从而造成人员伤害事故，尤其是补炉后的第一炉、第二炉更是需要操作人员保持高度警觉及时避让。

9.2.8.1 塌炉的原因

（1）补炉前炉内残渣未倒净。这是造成转炉塌炉的一个重要原因。炉渣未倒清，损坏炉衬的表面附有一层熔融状的炉渣，补炉时补上去的补炉砂不能直接与炉衬表面黏在一起或黏结不牢固，冶炼时就容易塌落下来。

（2）补炉砂过多、烧结时间不足，且原始炉衬表面光滑，这也是造成转炉塌炉的另一个重要原因。补炉砂过多（即补炉层过厚）或烘烤时间不足，都会使补炉料中的炭素未能充分形成骨架，补炉料与炉衬本体还未完全固结为一体，在冶炼过程中，补炉衬脱离炉体而剥落下来，造成塌炉；补炉前，被补炉衬的表面过于光滑，且补炉料层过厚，两者不易牢固烧结，也容易造成塌炉。所以补炉时一定要执行"均匀薄补，烧结牢固"的补炉原则。

（3）炉衬砖及补炉料的质量问题。转炉的炉衬从焦油沥青白云石砖发展到镁碳砖后，新开炉的塌炉事故就明显减少了。但镁碳砖也存在高温剥落问题，严重剥落就会引起塌炉，这种严重剥落现象往往是砖的质量问题所致。

9.2.8.2 塌炉的征兆

（1）倒炉时，炉内补炉砂及贴砖处有黑烟冒出，说明该处可能塌炉。

（2）倒炉时，熔池液面有不正常的翻动，翻动处可能会塌炉。

（3）补炉后在铁水进炉时有大量的浓厚黑烟从炉口冲出，则说明已发生塌炉。即使在进炉时没有发生塌炉，但由于补炉料的烧结不良，也有可能在冶炼过程中发生塌炉。所以在冶炼中仍应仔细观察火焰，以掌握炉内是否发生塌炉事故。

（4）新开炉冶炼时，如果发现炉气特"冲"并冒浓黑，意味着已经发生塌炉，操作更要特别小心。

9.2.8.3 塌炉的预防

（1）补炉前一炉出钢后要将残渣倒干净，采用大炉口倒渣，且炉子倾倒180°。

（2）每次补炉用的补炉砂数量不应过多，特别是开始补炉的第一、二次，一定要执行"均匀薄补"的原则。这样一方面可以使第一、二炉补上去的少量补炉砂烧结牢固，不易塌落；另一方面可以使原本比较平滑的炉衬受损失表面经补上少量补炉砂后变得粗糙不平，有助于以后炉次补上去的补炉砂黏结补牢。以后炉次的补炉也需采用薄补方法，宜少量多次，有利于提高烧结质量，防止和减少塌炉。

（3）补炉后的烧结时间要充分，这是预防塌炉发生的一个关键所在。

（4）补炉后的第一炉，一般采用纯铁水吹炼，不加冷料，要求吹炼过程平稳，全程化渣，氧压及供氧强度适中，尽量避免吹炼过程的冲击波现象，操作要规范、正常，特别要控制炼钢温度，适当地控制在上限以保证补炉料的更好烧结。如有可能的话，适当增加渣料中的生白云石用量，以提高渣中的 MgO 含量，有利于补牢炉子。

（5）严格控制好补炉衬质量，如喷补料不能有粉化现象，填料与贴砖要有足够的沥青含量且不能有粉化现象。有条件的情况下要根据炉衬的材质来选择补炉料材质。

9.2.8.4 补炉操作与塌炉的关系

从塌炉的原因中可知，塌炉分为新炉塌炉和补炉塌炉两种情况，对于一个炉段来说，新炉塌炉仅有一次可能，而补炉塌炉的次数有几十次，因此预防补炉塌炉就成为转炉炼钢安全生产中十分重要的课题，补炉对转炉炼钢来说是一项十分重要的"危险源"。

目前可将各转炉厂的补炉的思路分成两种：一种思路是抓一次炉龄，即将一次炉龄尽量提高，到后期再补炉，这种思路主要是依靠原始炉衬的质量来提高炉龄。这种思路的优点在于一次炉龄期间是不补炉的，可提高这一段时间的转炉利用系数；其缺点是随着一次炉龄提高，炉膛不断扩大，后期炉子在吹炼时的搅拌功能变差，影响各项技术经济指标，其次由于炉膛扩大（按炉衬厚度为 600mm 计算，当其侵蚀掉 400mm 时就相当于炉膛直径扩大了 800mm，其炉衬工作面的圆周增长了 2400mm），增加了补炉的困难。一般来说用这一方法补炉其炉龄不会很长（指不采用溅渣护炉新技术），其吨钢的原始炉衬费用提高。

另一种思路是从炉龄中期，即原始炉衬侵蚀到 200 ~ 240mm（约 400 炉）开始补炉，由于炉衬的侵蚀可以用平均每炉的侵蚀速率来统计（如一般镁碳砖炉衬的侵蚀速率为 0.4 ~ 0.8mm/炉），补炉后，由于补炉料对原始炉衬的保护，将会大幅度地减缓侵蚀速率，其次由于在炉衬砖仅侵蚀 200 ~ 240mm 时补炉，此时正是炉型最好的中期炉，可通过补炉较长时期保持其中期炉型，对冶炼控制及技术指标十分有利，并可以创造较高的炉龄指标。其缺点是中期即开始补炉耗时较多，影响转炉利用系数，补炉料消耗略有上升，但原始炉衬的费用随炉龄提高而有所下降，可寻找原始炉衬下降和补炉料费用上升综合后的最佳炉龄。

综上所述，可见第一种思路由于炉膛扩大补炉量势必增加，且后期炉子炉壁较光滑，容易发生塌炉事故。而后一种思路由于提前补炉，炉壁上容易形成补炉衬的痕迹，补炉料容易烧结牢而不易产生塌炉现象。当前溅渣护炉新技术的推广，可以结合这两种思路创造出新的补炉方法来。

9.2.8.5 防止新开第一炉塌炉

早期的氧气顶吹转炉采用焦油沥青作结合剂的白云石砖，由于焦油沥青砖从常温升到 1600℃ 以上时有一个软化阶段，因此当第一炉钢水用来"炼炉"时，如温度控制不当，或白云石材料有水化现象时，易发生塌炉事故，在这时期新开第一炉的塌炉事故是常有发生的。随着耐火材料技术的发展，转炉炉衬的材质已经开始采用树脂做黏结剂的镁碳砖，由于镁碳砖不存在升温阶段的软化现象，因此，采用镁碳砖后基本上避免了第一炉塌炉事故。对于镁碳砖炉衬来讲，造成塌炉的原因基本有两个方面：一是砌筑质量不佳，砖缝没有砌紧，在吹炼过程中或倒炉时因砖脱落而造成塌炉事故；二是砖的质量问题，砖在升温过程中发生爆裂现象，我们通常称为剥落，当剥落达到一定量时就会造成塌炉。

为了防止新开第一炉塌炉，首先要保证砌炉质量，保证砖缝砌得紧密，其次要保证砖的质量。新开第一炉在吹炼前应配加一定量的焦炭，前 4 炉一般采用纯铁水冶炼，以保证有足够的热量。新开炉前 10 炉应连续吹炼，可取正常流量的 80% 左右，然后逐渐增加到正常值。

9.2.8.6 转炉塌炉的处理过程

发生塌炉事故，首先检查操作人员有无烫伤，并及时救护，然后要确认是什么性质的塌炉，补炉塌炉还是新炉塌炉。如果是新炉塌炉，应尽快地将炉内钢水倒入钢包（新开炉时按规程要求炉下应备好钢包）。然后检查塌炉情况及部位，如大面积塌炉，则炉衬只能报废重砌。新炉第一炉由于炉衬温度尚未升高，出现塌炉后如何处理是一个较复杂的问题，要根据现场的实际情况由有经验的专业技术人员和技师们来确定如何处置，如采用补炉时特别要注意炉温较低的情况下补炉料能否烧结，否则会造成再次塌炉的危险。

对于补炉塌炉事故，处理方法如下：

（1）炉渣清理：塌炉后，塌炉料已进入炉渣，出钢后要特别注意将炉渣倒干净。

（2）钢水处理：塌炉后塌炉料进入炉渣，也会因此增加钢水中非金属夹杂物，如果该炉原计划冶炼优质钢，一般在检验时要降级处理，将优质钢改为普碳钢。

（3）炉衬处理：由于塌炉，炉衬受损严重，出钢后要对塌炉区域重新进行补炉。

9.2.9 出钢口堵塞

在出钢时，由于出钢口的原因炉内钢水不能正常地从出钢口流出，称为出钢口堵塞。出钢口堵塞，特别是由于出钢口堵塞后需要进行二次出钢是一种生产事故，会对钢质带来不良后果。

9.2.9.1 出钢口堵塞的常见原因

（1）上一炉出钢后没有堵出钢口，在冶炼过程中钢水、炉渣飞溅而进入出钢孔，使出钢口堵塞。

（2）上一炉出钢、倒渣后，出钢口内残留钢渣未全部凿清就堵出钢口，致使下一炉出钢口堵塞。

（3）新出钢口一般口小孔长，堵塞未到位，在冶炼过程中钢水、炉渣溅进或灌进孔道致使出钢口堵塞。

（4）在出钢过程中，熔池内脱落的炉衬砖、结块的渣料进入出钢孔道，也可能会造成出钢口堵塞。

（5）采用挡渣球挡渣出钢，在下一炉出钢前，没有将上一炉的挡渣球捅开，造成出钢口堵塞。

9.2.9.2 出钢口堵塞的处理

采用什么方法来排除出钢口堵塞应视出钢口堵塞的程度来决定。通常出钢时，转炉向后摇到开出钢口位置，由一人用短钢钎捅几下出钢口即可捅开，使钢水能正常流出。如发生捅不开的出钢口堵塞事故，则可以根据其程度不同采取不同的排除方法：

（1）如一般性堵塞，可由数人共握钢钎合力冲撞出钢口，强行捅开出钢口。

（2）如堵塞比较严重，操作工人可用一短钢钎对准出钢口，另一人用榔头敲打短钢钎冲击出钢口，一般也能捅开出钢口保证顺利出钢。

（3）如堵塞更严重时则应使用氧气来烧开出钢口。

（4）如出钢过程中有堵塞物，如散落的炉衬砖或结块的渣料等堵塞出钢口，则必须将转炉从出钢位置摇回到开出钢口位置，使用长钢钎凿开堵塞物使孔道畅通，再将转炉摇到出钢位置继续出钢。这在生产上称为二次出钢，会增加下渣量，增加回磷量，并使合金元素的回收率很难估计，对钢质造成不良后果。

9.2.9.3 注意事项

（1）排除出钢口堵塞要群力配合，动作要快，否则会延误出钢时间，增加合格钢水在炉内滞留时间，造成不必要的损失。

（2）用榔头敲打短钢钎的操作人员要注意安全，防止敲伤手指。

（3）用氧气烧出钢口时要掌握开烧方向，不要斜烧。同时要注意防止火星喷射及因回火而烧伤操作工人的手指。

（4）如二次出钢则需慎重考虑回磷和合金元素回收率的变化，及时调整合金加入量等，防止成分出格。

（5）如处理时间较长，应再进行后吹升温操作，以防发生低温钢事故。

9.2.10 穿炉事故

转炉在冶炼过程中，由于受到各种因素的作用而炉衬受到损坏（或熔损，或剥落）并不断减薄。当某一炉次钢冶炼时将已减薄的炉衬局部熔损或冲刷掉使高温钢水（或炉渣）熔穿金属炉壳后流出（或渗出）炉外，即形成穿炉事故。

穿炉在转炉生产中是一种严重的生产事故，其危害甚大：在发生穿炉事故后，轻则立即停止吹炼，倒掉炉内钢液后进行补炉（有时还须焊补金属炉壳），并影响炉下清渣的操作；穿炉严重时，炉前要停止生产，重新砌炉，而炉下因高温液体可能烧坏钢包车及轨道（铁路），严重影响转炉的生产。

9.2.10.1 穿炉发生的征兆

（1）从炉壳外面检查，如发现炉壳钢板的表面颜色由黑变灰白，随后又逐渐变红（由暗红到红），变色面积也由小到大，说明炉衬砖在逐渐变薄，向外传递的热量在逐渐增加。当炉壳钢板表面的颜色变红，往往是穿炉漏钢的先兆，应先补炉后再冶炼。

（2）从炉内检查，如发现炉衬侵蚀严重，已达到可见保护砖的程度，说明穿炉为期不远了，应该重点补炉。对于后期炉子，其炉衬本来已经较薄，如果发现凹坑（一般凹坑处发黑），则说明该处的炉衬更薄，极易发生穿炉事故。

9.2.10.2 预防穿炉的措施

（1）提高炉衬耐火材料的质量。

（2）提高炉衬的砌筑质量，应严格遵守"炉衬砌筑操作规程"砌筑和验收炉衬。

（3）加强对炉衬的检查，了解炉衬被侵蚀情况，特别是容易侵蚀部位，发现预兆及时修补，加强维护；炉衬被侵蚀到可见保护砖后，必须炉炉观察、炉炉维修；当出现不正常状况，例如炉温特别高或倒炉次数过多时，更要加强观察，及早发现薄弱环节，及时修补，预防穿炉事故发生。

9.2.10.3 发生穿炉事故后炉衬的处理方法

发生穿炉事故后，对炉衬情况必须进行全面的检查及分析，特别是高炉龄的炉子。如穿漏部位大片炉衬砖已侵蚀得较薄了，此时应进行护炉作业；对一些中期炉子或新炉子因个别部位砌炉质量问题，或个别砖的质量问题，而整个炉子的砖衬厚度仍较厚，仅是局部出现一个深坑或空洞引起的穿炉事故，则可以采用补炉的方法来修补炉衬，但此后该穿漏的地方就应列入重点检查的护炉区域。补穿漏处的方法一般用干法补炉，这是目前常规的补炉方法：先用破碎的补炉砖填入穿钢的洞口，如果穿钢后造成炉壳处的熔洞较大，一般应先在炉壳外侧用钢板贴补后焊牢，然后再填充补炉料，并用喷补砂喷补。如穿炉部位在耳轴两侧，则可用半干喷补方法先将穿炉部位填满，然后吹 1~2 炉再用补侧墙的方法用干法补炉将穿炉区域补好。

穿炉后采用换炉（重新砌炉）还是采用补炉法补救这是一个重要的决策，应由有经验的师傅商讨决定，特别是补炉后继续冶炼，更要认真对待，避免出现再次穿炉事故。

9.2.10.4 发生穿炉事故的应急处理

穿炉事故一般发生的部位有：炉底、炉底与炉身接缝处、炉身，炉身又分前墙（倒渣侧）、后墙（出钢侧）、耳轴侧或出钢口周围。因此当遇到穿炉事故时首先不要惊慌，而是要立即判断出穿炉的部位，并尽快倾动炉子，使钢水液面离开穿漏区，如炉底与炉身接缝处穿漏且发生在出钢侧，应迅速将炉子向倒渣侧倾动；反之，则炉子应向出钢侧倾动；如耳轴处渣线在吹炼时发现渗漏现象时，由于渣线位置一般高于熔池，故应立即提枪，将炉内钢水倒出炉子后，再进行炉衬处理；对于炉底穿漏，一般就较难处理了，往往会造成整炉钢漏在炉下，除非在穿漏时炉下正好有钢包，且穿漏部位又在中心，则可迅速用钢包去盛漏出的钢水，减轻穿炉造成的后果。

9.2.10.5 注意事项

（1）冶炼过程中要注意炉壳外面和炉内的检查，发现有穿炉征兆应及时采取措施，以防造成穿炉。

（2）正确判断穿炉的部位，迅速使炉子向相反方向倾动，以免事故扩大。

（3）一旦有穿炉迹象或已穿炉切勿勉强冶炼，以免造成伤亡事故。

9.2.11 冻炉事故

转炉炼钢过程中由于某种突发因素，造成转炉长时间的中断吹炼，造成大部分或全部钢水在转炉内凝固称为转炉冻炉事故。转炉冻炉事故在转炉炼钢厂是极少见的事故，因为转炉停止吹炼后 2~3h（大型转炉 4~5h 后），炉内的钢水经氧枪再吹炼一下后才能全部倒出。但是一旦发生冻炉事故，大量的钢水（或铁水）在炉内凝固成一个整体，处理极其困难，如何合理地处理好冻炉事故是必须予以重视的。

9.2.11.1 造成冻炉事故的原因

（1）吹炼过程中由于某种原因造成转炉设备长时间不能工作，如外界突然停电且短时间无法恢复，或转炉设备故障需要较长时间的抢修，转炉无法转动，钢水留在转炉内亦无法倒出，最后形成冻炉。

（2）转炉穿炉事故，或出钢时出现穿包事故，流出的钢水将钢包车及钢包车轨道黏钢及烧坏，钢包车本身也被烧坏无法行动，而转炉内尚剩余部分钢水没有出完，必须等待炉下钢包轨道抢修及调换烧坏的钢包车致使炉内剩余钢水凝固，引起冻炉事故。

（3）氧枪喷头熔穿，大量冷却水进入炉内，需长时间排水和蒸发后方能动炉和吹炼，结果在动炉前就已形成冻炉。

9.2.11.2　冻炉事故的预防措施

由外界原因造成的冻炉事故是无法预防的。而由设备原因造成的冻炉事故则是可以预防和避免的，重在要加强点检及巡检，发现传动设备有异常现象，如传动声音不正常，或运行不平稳，或发现转炉与托圈的固定有松动现象，必须及时安排检查及维修，绝不能带病作业，以防造成冻炉事故。

对于因穿炉或穿包造成的事故，在不影响抢修的情况下，如发生穿炉或穿出钢口事故时，已经将钢包车烧坏，钢包车不能运行，此时干脆将炉内的钢水全部倒入钢包内，然后空炉等待出钢线铁轨的修理和调换钢包车，以避免冻炉；在出钢时发现有穿包现象时，如能立即停止出钢并加紧将钢包车开出平台下，让吊车迅速吊走钢包，一般情况下出钢线的恢复还是较快的，因此要求出钢时，钢包车的操作人员应密切注意出钢时钢包的变化，发现问题及时联系，可以避免事态扩大。否则，待钢包车已烧毁，再摇起炉子停止出钢，因是穿包事故，炉内的剩余钢水不能往下继续倒，则就会被迫出现冻炉事故。

9.2.11.3　冻炉事故的处理

A　由外界条件引起的冻炉事故的处理

由于所有设备都是完好的，因此其关键在于炉内钢水的凝固状况，再决定如何处理。如停炉时间很长，炉内钢水已全部凝固，则只能先兑入部分铁水（约 1/4 ~ 1/2 的原始装入量），主要考虑超装后的允许总量，并加入一定量的焦炭、铝块或硅铁，然后吹氧升温，待铁水碳收火，立即将钢水倒出。并观察炉内的冻炉量，可按炉子的公称容量许可的超装量（包括残余的冻炉余量在内）再次进铁水，重复上述操作。吹氧时也应适当造渣，以保护氧枪不黏枪和起到一定的保温作用。反复上述的处理方法直至凝固的钢水全部熔化掉，转炉可继续冶炼（化最后一次凝钢时，转炉就可正常冶炼）。这种处理方法也可用于因设备故障造成的冻炉，只是处理冻炉前必须对设备的检修进行仔细的验收，确保设备完好，才能进行冻炉处理。绝不允许在处理时设备再次损坏，超装部分又冻在里面，则就无法处理了。

如果冻炉还没有全部凝固，但熔池面凝固壳已很厚，处理方法同上，但在兑铁水时必须十分小心，避免产生喷溅。

B　因穿漏事故造成的冻炉事故的处理

特别是穿包造成的事故，一般讲炉内冻结的残余钢水量不会很多，应待炉下出钢线检修完毕，并放入备用钢包车，全线验收合格后，再按上述中的方法，按正常的装入量扣除冻炉的钢水量兑入铁水，适当加一些焦炭、铝块或硅铁，并加入一定量的石灰造渣，吹炼过程中要重视温度的变化情况。由于炉底、炉壁有凝固的冷钢存在，钢水会出现虚假的温度现象，即使测温达标，但冷钢的熔化是吸热的，其结果会造成温度偏低，故吹炼时要加强炉内的搅拌，倒炉时要观察凝固的冷钢是否全部熔化。在冻炉量不大的情况下，有可能一次吹炼就能将冷钢洗清，同时还能得到一炉合格的钢水，以减少经济损失。

对于因穿炉造成的冻炉，一方面修复出钢线钢包车及渣包车的轨道，另一方面应在钢水凝固后，在摇炉时保证无液体流动的情况下，将炉子穿漏部位修补好，保证不穿漏，然后用上述办法将冻炉的凝钢熔化后倒出炉子，并认真检查炉子，决定是否重新补炉后继续使用，还是换炉（对于炉龄后期的老炉子一般以换炉为主）。

9.2.12　钢包穿包事故

从高温钢水进入钢包时起，直至钢水全部从水口流出的整个工艺操作阶段，发生钢水从钢包水口以外的底部或壁部漏出，则称为发生钢包穿包事故。

当钢包外壳局部发红，有穿包的先兆时，生产中一般也作为穿包事故处理。这时也可称为先兆穿包事故。

9.2.12.1　钢包穿包事故的种类

钢包穿包事故根据穿漏的部位不同可分 4 种：

（1）穿渣线。对于一般炼钢厂钢包容积与出钢量是相对稳定的，因此钢包中钢水面上的覆盖渣处在一定的包壁部位，并对包壁耐火材料造成特殊的侵蚀从而形成渣线。在钢包盛放钢水的使用过程中，渣液或钢水从该部位穿漏而出称为穿渣线事故。该种事故是钢包穿包事故中经常遇到的事故，发生比例占整个钢包穿包事故次数的 40% 以上。

（2）穿包壁。钢水从钢包的渣线以下、包底以上某一部位穿漏，则为穿包壁。在生产中如穿漏部位接近于包底（包高度的 1/2 以下）的穿包壁事故，应作穿包底事故处理。

（3）穿包底。钢水从包底部位（水口和水口座砖区域除外）穿漏，则为穿包底。穿包底事故发生频率较低，但事故影响、事故损失、对安全的威胁都较大。

（4）穿透气塞。大型钢包一般在底部装有 1~2 个透气塞，作为吹氩搅拌使用。该透气塞如安装不当或耐火材料侵蚀过度会造成穿钢事故，处理方法与穿包底相同。

9.2.12.2　造成穿包事故的原因

（1）钢水温度过高。钢水温度过高则会增加对耐火材料的侵蚀。耐火材料有其一定的耐火度，在选用钢包内衬材质时，其耐火度应高于钢水可能会有的最高温度，应有一个保险系数，以免一旦炼钢操作失常，钢水温度太高，而可能在浇铸过程侵蚀完包衬材料后造成穿包。

（2）钢水氧化性过强。钢水氧化性过强，其从炉内带来的钢渣氧化性也会很高，高 [O] 的钢水和（FeO）高的钢渣都会造成耐火材料侵蚀速度加快，从而造成穿包。

（3）耐材质量不好。耐材质量不好，耐火度、荷重软化点等指标未达到标准规定，在正常的钢水条件下也会加速侵蚀造成穿包。耐火材料局部有夹杂、内部空洞、内部裂纹等质量问题也是造成穿包的原因。

（4）钢包砌筑质量不好。钢包砌筑没有达到规范要求，特别是砖缝过宽（大于 2mm）、砖缝没有叉开、砖缝泥料没有涂均匀等缺陷，很容易造成钢水穿入砖缝使耐火砖脱落上浮，造成穿包。整体钢包的裂纹也会造成钢水渗入到钢壳而造成穿包事故。极少数砌筑不好的钢包会在使用过程中发生包壁内衬坍塌。

（5）过度使用造成穿包。在钢包使用过程中已发现包衬有较大侵蚀，并有穿漏危险，这时应该停止使用重新砌筑。如果冒险使用则会造成事故。

9.2.12.3 钢包穿包事故的危害

钢包穿包事故是转炉炼钢生产工艺过程中对生产影响较大的事故之一。其主要危害在以下几个方面：

（1）除钢包穿渣线事故有时可继续浇铸外，绝大多数穿包事故都会造成浇铸终止。

（2）钢水有较大的损失。穿漏出的钢水立即凝成冷钢，不能浇成锭或坯，留在包内的钢水或回炉重新冶炼，或留在包内凝成冷钢后再处理。

（3）处理冷钢或钢水回炉要增加生产成本。

（4）穿漏的钢水往往会损坏浇铸设备，处理事故又会损失作业时间，经济上带来更大的损失。

（5）穿漏的钢水对人身安全威胁较大，钢水飞溅会烫伤操作人员，穿包事故往往会造成人员伤害。

9.2.12.4 钢包穿包事故的处理

（1）钢包穿渣线一般发生在钢包开浇之前，如钢包未吊到浇铸平台上方，则可在浇铸场地的渣盘区让其停止穿漏后再吊到待浇位，继续准备浇铸。

（2）如在浇铸位上方发生穿漏，则要将钢包吊离到渣盘区让其停止穿漏后再浇铸。

（3）如已经开始浇铸，则视是否影响人身安全和铸坯质量情况，决定停浇或继续浇铸。一般情况下应继续浇铸，在其液面下降后会停止穿漏。

（4）发生在中、下部包壁、包底的穿包事故，只能中断正常精炼或浇铸操作。穿漏钢水可放入备用钢包或流入渣盘后热回炉或冷却处理。

发生先兆穿包事故，除可能造成穿渣线事故以外，必须立即终止精炼或浇铸，钢包钢水做过包回炉处理。

9.2.12.5 穿包的征兆和预防

钢包穿包事故发生前总有一些征兆，为了把穿包事故的影响减少到最低程度，只要我们在生产过程中认真检查钢包就可以发现穿包征兆（或称为先兆穿包事故），并立即采取紧急措施以尽可能避免事故的发生。

穿包的征兆主要是钢包外层钢壳的温度变化从而造成钢壳颜色的变化。

在常温下钢材在没有油漆保护的情况下受到空气中氧的氧化一般呈灰黑色。钢材在加热过程中其颜色会发生一些变化：在 640℃ 以下其仍呈灰黑色；超过 640℃ 其颜色会逐渐发红，先是暗红，然后渐渐发亮；当温度超过 840℃ 时其颜色就变成亮红色，然后越来越亮直至熔化（一般钢壳的熔点在 1400℃ 左右）。

一般穿包事故是包内钢水逐渐向包的钢壳渗透，并传递热量，使该处钢壳的温度不断升高，直到钢水渗到钢壳，从而使钢壳加热到熔化温度。钢壳熔化，包内的钢水（渣液）就会从渗漏到大漏造成穿包事故。为此若钢包的某一部位钢壳开始发红则是穿包的征兆。

钢壳发红颜色的判断必须有一个相对参照对比，主要是相对临近的钢壳颜色而言，但是环境的光线对红色的判断又有影响，往往太阳光的直接照射，或钢流（包括渣流）的辐射都会影响红色的判断。当钢壳颜色判断产生疑问时一般要采取措施，隔断上述的光照进行检查。

为检查钢壳的温度，可以用粘有油料的回丝贴紧钢壳检查，当钢壳发红时其温度可引燃回丝。也可使用激光测温计，对后期钢包有怀疑区域进行检测。

为防止穿包事故的发生，在出钢、精炼、浇铸过程中必须经常检查钢壳的颜色，特别是包龄后期及最易发生穿漏部位钢壳的颜色，如钢包的渣线部位及钢流冲击区等。另外要注意检查包内钢水面状态，如发生钢水对包衬过分的侵蚀，则钢水面会产生不正常的翻动；如果包衬的耐火材料剥离，则剥离的耐火材料也会浮出钢水面，这些现象也是穿包征兆之一。

9.2.12.6　钢包使用前的检查

为了防止出钢、精炼、浇铸过程中出现穿包事故和先兆穿包事故，使用前必须加强对钢包的检查。

对于耐火材料，包括耐火砖、耐火泥、浇注材料等，应该按标准要求进行质量验收。送到生产场地的材料必须有质监部门验收报告，并附有耐火材料厂质监部门出具的质保书。凡不符合要求的耐火材料不可投入使用。在钢包修砌过程中发现质量问题也要及时采取措施，有疑问的材料应重新验收，确认有问题的要整批停用。

对于更换新衬的钢包要检查工作层的砌筑质量。整体浇注内衬的钢包，如发现有裂纹，则须修补或重新浇注、打结，砌筑包的砖不合要求的也要重砌。

使用过的钢包再次使用前必须在红热状态下清除残余钢渣，再详细检查侵蚀情况。如砖砌包砖缝扩大并已有钢水渗入，工作层侵蚀在钢水区超过 1/3，在渣线区超过 1/2，则该钢包不可再次使用。钢包冲击区的工作衬必须更换，不可重复使用。要重复使用的钢包在红热状态下可对局部侵蚀或剥落严重的部位进行修补。修补方法可用泥料（与内衬材质相同）贴补，也可用喷补（涂）机喷补。

当钢包准备完毕，包括需烘烤的已完成烘烤操作将进入出钢位前时必须再次检查内衬。如发现内衬坍塌、大面积剥落等现象则必须弃用，重新准备钢包。

9.2.13　钢包大翻

在钢包较深处，成团合金裹渣未熔化，当合金熔开，有可能是合金所含水分形成的蒸汽或是钙形成的钙蒸气，在高温下急剧膨胀，推开钢水向外排出；也有可能因为其他原因发生突发性反应，急剧产生大量气体，引起钢包大翻。

预防措施如下：

（1）出钢脱氧合金化时，出钢前不得将合金加在钢包包底或出钢过程不要加入大量合金。

（2）维护好出钢口，不得使用大出钢口出钢。

（3）合金溜槽位置合适，合金应加到钢流冲击区。

（4）避免钢包包底渣过多。

（5）避免使用粘有高合金钢的钢包出钢。

（6）在终点碳低时，不要先加增碳剂增碳。

（7）提高终点碳，减少低碳出钢。

（8）出钢过程采用钢包底吹氩搅拌。

9.2.14　滑动水口穿钢事故

滑动水口在使用过程中，钢水从组成滑动水口的耐火材料接缝之间穿出，或从尚未打开操作的水口中窜出，即为滑动水口穿钢事故。滑动水口穿钢有以下几个部位：

（1）水口座砖周围砖缝穿漏。

（2）上水口砖与座砖之间砖缝穿漏。

（3）上水口砖与上滑板之间砖缝穿漏。

（4）滑板之间砖缝穿漏，如上、下滑板之间或上、中滑板之间。

（5）下滑板和下水口接缝处穿漏。

滑动水口穿钢会对浇铸带来严重后果。滑动水口还未打开的轻微穿漏，穿漏的钢水凝固后可能焊死滑动水口机构的机件使水口无法打开。已经打开水口钢流，浇铸过程中的滑动水口穿漏，同样会造成水口钢流无法控制，钢流无法关闭。滑动水口的严重穿漏会造成机件被窜出的钢流部分熔化继而发生滑板机件与滑板一起脱落，从而造成钢包钢水从上水口、甚至从水口座砖中一泻而出的重大事故。在精炼、连铸操作中则影响会更大，甚至会将钢包回转台烧坏，或将过跨轨道铸死。

9.2.14.1 滑动水口穿钢的原因

（1）安装质量问题。滑动水口是一个比较精密的机构，在各耐火砖之间要求一个比较小的缝隙（不大于0.4mm），这些缝隙又要求在滑板面上均匀分布。这就要求操作工的工作要细致，不能马虎。

水口座砖与包底内衬要紧密贴紧，要保证砖缝大小与滑板框架有一定距离。在安装中往往会只考虑座砖的中心线对中而忽略了周围砖缝，从而造成座砖周围局部砖缝过大而穿漏。当钢包更换工作内衬、水口座砖而不更换永久层时，在安装好座砖、砌好新工作层后在座砖底部要注意用泥料填嵌座砖与永久层之间的间隙。这项工作也可在放座砖前做好，但砌好后也要认真检查。

安装座砖时要注意与滑板框架有一定的平行距离。距离太大可能会造成上滑板与水口砖砖缝太大；距离太小会使滑板框架无法安装滑板；不平行会造成滑板侧斜，从而使滑板与上水口砖缝过大。

放水口砖时，水口砖四周泥料要涂抹均匀和丰满，不能有任何硬块，否则会产生水口砖与座砖之间砖缝问题。

上滑板的上口泥料也要涂抹均匀和丰满。安装时要放平、装紧。要正确使用安装工具，并用塞尺检查上滑板位置和与框架的平行度。

下滑板（中、下滑板）和下水口一般事前组装在一起，安装也要求平稳，框架与滑板框等机件安装应保证上、下滑板之间均匀贴紧。

安装质量不佳是滑动水口穿漏的主要原因。

（2）耐火材料质量问题。滑动水口耐火材料质量要求比较高，除通常的物化性能外，还要求表面粗糙度和平整度。表面质量不好、耐火材料物化性能不好、使用时炸裂等现象都会造成穿漏事故。

（3）操作失误。如安装好滑板，检查滑板动作后没有做到水口完全关闭甚至是全开的状态就投入使用，这时就会造成水口漏钢。

（4）滑动水口机构故障问题。小的零件故障，如气体弹簧失灵、压板螺丝脱落等也会造成滑板之间缝隙过大，进而造成穿漏事故。

9.2.14.2 滑动水口穿钢事故的处理

滑动水口穿钢持续不停，并有扩大趋势时，必须立即停止出钢、精炼或浇铸。钢包内钢水作过包回炉处理。

滑动水口发生穿钢，应检查穿钢部位。如发生在上、下滑板接缝以下，可采用关闭水口办法；如发生在滑板间的少量穿钢，或当滑板全开时穿钢停止，则要按钢流失控事故来处理，将钢流引入事故包作过包回炉处理，而不应该再关闭滑板，使穿漏事故形成不可控制状态。对一些极少发生的情况，即在滑板开闭过程中发现少量漏钢，继而又在滑板的开闭动作中堵住不漏了，此时操作者应谨慎对待，尽可能地控制好钢流，减少滑板的动作次数，以避免再次引发穿钢事故。穿钢发生在上滑板与上水口接缝处，则应立即移开钢包至安全处，终止出钢、精炼或浇铸。

9.2.14.3 注意事项

（1）应急处理滑动水口穿钢时不能站立于滑动水口下方，并一定要注意退路，防止穿漏再次发生。

（2）处理穿漏钢包要防止钢水飞溅伤害。运送穿漏包时要注意通知周围人员避让。穿漏钢流也要避开地面积水、潮湿区和有设备的地方。

9.2.15 滑板打不开和无法关闭

钢包、中间包滑动水口在开浇时无法抽动滑板或开闭机械装置、液压系统无法动作，这时可确认为滑板打不开事故。

钢包开浇时，发生滑板打不开或不能关闭事故，会造成无法开浇，钢水只能换包或回炉；中间包滑板打不开，则使该流不能浇铸，如单流铸机，则钢水只能回炉或给其他铸机；如浇铸中途无法关闭造成溢钢，则必须立即将钢包移至备用包上。

9.2.15.1 滑板打不开的原因

在生产实践中，发生滑板打不开事故有以下几个方面原因：

（1）在安装滑动水口的滑板时，压紧力用得太大，造成上下滑板之间紧密相贴，摩擦力过大。在冷态试验时没有仔细校验，或校验没有用正常的推动力（液压力）来开闭滑板，从而没有发现阻力过大的缺陷。这样在使用过程中滑板拉不动而造成打不开事故。

（2）在安装滑动水口的滑板时，上下滑板之间没按要求均匀涂抹润滑剂——石墨油等。这种润滑剂不但可减少上下滑板滑动时的摩擦力，而且还可防止滑板之间互相黏结，使摩擦力过大。

（3）烘烤滑动水口上、下水口以及上、下滑板时，避免使用过高温度或过长时间。

（4）耐火材料质量不好，没有达到滑动水口所要求的高温条件下的理化性能和指标，会造成高温条件下耐火材料的黏结。

必须指出，实施滑动水口开闭动作的机械装置和液压系统在使用过程中也可能会出现各种事故造成开闭动作失灵，如钢包或中间包运送过程中的异物撞击造成机构变形或零件脱落；浇铸过程或出钢过程中钢水飞溅造成冷钢卡死；液压系统阀件故障或失压等现象也会造成滑板无法动作。

9.2.15.2 滑板打不开事故的处理

（1）恢复和加强滑板气体冷却。可以加大气量，开大控制阀门，也可增加一根冷却管，经数分钟强冷却以降低滑板机构温度，促使冷却收缩，减少黏结力，再试抽动滑板。当然这种冷却不能用水或液化气体来代替。

（2）增加滑动水口开闭力。如用人工压棒开闭，可增加压棒长度，利用杠杆原理增加开闭力，也可二人一起开闭水口。在使用液压系统开闭水口的情况下，可调节升高液压压力来增加开闭力。通过上述二次应急处理仍未能恢复正常控制的情况下，只能作善后处理即未开浇的钢包钢水只能回炉；在浇铸过程中无法关闭钢流时，可先拆去控制压棒或液压油缸，待中间包钢水面升高到警戒线时，立即开动回转台或吊车，让钢包的钢流流入备用钢包或渣盘；中间包钢水面下降后又可转回（开回），钢包继续浇铸，这样可反复几次将钢包内钢水浇完。

9.2.15.3 滑板打不开事故的预防

为预防滑板打不开和无法关闭，必须加强耐火材料检验、加强安装工作的控制和检查，做好滑板使用前的烘烤工作，在滑板安装时应在滑板工作面上涂上润滑剂。在使用前和使用中也要随时检查开闭机件和液压系统。

钢的分类及典型钢种的冶炼要点

10.1　钢的分类

10.1.1　按冶炼方法分类

按照冶炼方法的不同，工业用钢可分为转炉钢和电炉钢；按照炉衬材料的不同，可分为碱性和酸性两类。

若按脱氧程度和浇铸制度的不同，碳素钢又可分为沸腾钢、镇静钢和半镇静钢三类。合金钢均属于镇静钢。

10.1.2　按化学成分分类

按化学成分，可分为碳素钢和合金钢两类。

（1）碳素钢：根据钢中碳含量的不同，可分为：

低碳钢——碳含量 $w(C)$ < 0.25% 的钢；

中碳钢——碳含量 $w(C)$ = 0.25% ~ 0.60% 的钢；

高碳钢——碳含量 $w(C)$ > 0.60% 的钢。

碳含量 $w(C)$ < 0.04% 的钢可称为工业纯铁。

（2）合金钢：根据钢中合金元素总量的不同，可分为：

低合金钢——合金元素总量 $w(M)$ < 3% 的钢；

中合金钢——合金元素总量 $w(M)$ = 3% ~ 10% 的钢；

高合金钢——合金元素总量 $w(M)$ > 10% 的钢。

若按所含合金元素的种类亦可分为铬钢、锰钢、铬镍钢、铬锰钢、硼钢等。

10.1.3　按品质分类

按品质不同，可分为普通钢、优质钢和高级优质钢三大类。

（1）普通钢：一般硫含量 $w(S)$ ≤ 0.04%，磷含量 $w(P)$ ≤ 0.045%。普通碳素钢又分为：

甲类钢——要求保证力学性能，化学成分除硫、磷外，供作参考，不作为交货条件；

乙类钢——仅要求保证化学成分；

特类钢——要求同时保证力学性能和化学成分。

（2）优质钢：在结构钢中，要求硫含量 $w(S)$ ≤ 0.045%，磷含量 $w(P)$ ≤ 0.04%；在工具钢中，要求硫含量 $w(S)$ ≤ 0.030%，磷含量 $w(P)$ ≤ 0.035%。对钢中的其他残余元素如铬、镍、铜等的含量，也有一定的限制。

（3）高级优质钢：一般都是合金钢。要求钢中硫含量 $w(S) \le 0.02\%$ ，磷含量 $w(P) \le 0.030\%$ ，其他混入钢中杂质的含量则限制得更严格。

10.1.4　按金相组织分类

（1）按退火后钢的金相组织分类有：

亚共析钢——组织为游离铁素体 + 珠光体；

共析钢——组织全部为珠光体；

过共析钢——组织为游离碳化物 + 珠光体。

此外，还有莱氏体钢，实际上也是过共析钢。但这类钢在铸态凝固过程中有碳化物和奥氏体的共晶体——莱氏体形成，所以通常把它另分为一类。

（2）按正火后钢的金相组织分类有：

珠光体钢——正火处理后，组织为珠光体；

贝氏体钢——由于恒温转变曲线的珠光体转变区域右移，空冷后组织为贝氏体；

马氏体钢——由于恒温转变曲线的珠光体和贝氏体转变区域均右移，空冷后其组织为马氏体；

奥氏体钢——由于马氏体转变点降至室温以下，空冷后其组织为奥氏体。

（3）按钢加热及冷却时有无相变和室温时的金相组织分类有：铁素体钢、半铁素体钢、半奥氏体钢、奥氏体钢。

10.1.5　按用途分类

根据钢的用途，一般分为结构钢、工具钢和特殊性能用钢等三大类。其中结构钢和工具钢又可分为碳素结构钢、碳素工具钢、合金结构钢、合金工具钢以及高速工具钢等类别。特殊性能用钢包括电工用钢、不锈耐酸钢、耐热不起皮钢、耐热合金钢等。

10.1.6　按制造零件的工艺分类

（1）按制造零件的热处理方式分类有：调质钢、低温回火钢、渗碳钢、氮化钢等。

（2）按制造零件的加工成型方式分类有：压力加工用钢和切削加工用钢。

10.2　钢种牌号的表示方法

10.2.1　我国标准钢种牌号表示方法

（1）碳素结构钢：碳素结构钢牌号表示方法是由代表屈服点的字母（Q）、屈服点数值、质量等级符号（A、B、C、D）及脱氧方法符号（F、B、Z、TZ）等四个部分按顺序组成，如 Q235 - A·F。质量等级符号反映了碳素结构钢中有害杂质（磷、硫）含量的多少，C、D 级磷、硫含量低，质量好。脱氧方法符号 F、B、Z、TZ 分别表示沸腾钢、半镇静钢、镇静钢及特殊镇静钢。镇静钢和特殊镇静钢牌号中脱氧方法符号可省略。

（2）碳素工具钢：碳素工具钢的牌号由汉语拼音字母"T"为前缀，后面标定的数字表示平均碳含量的千分之几；钢中锰含量较高时在数字之后标出锰元素符号；在牌号尾部加"A"时，表示为高级优质碳素工具钢。如 T7 钢 $w(C) = 0.64\% \sim 0.74\%$。

（3）优质碳素结构钢：优质碳素结构钢的牌号用两位数字表示。两位数字表示钢中碳的平均质量分数的万倍。如 45 钢 $w(C) = 0.42\% \sim 0.50\%$。优质碳素结构钢按锰含量不同，分为普通锰含量 $[w(Mn) = 0.25\% \sim 0.8\%]$ 及较高锰含量 $[w(Mn) = 0.7\% \sim 1.2\%]$ 两组。锰含量较高的一组，其牌号后加"锰"字。若是沸腾钢，则在牌号末尾加字母"F"。

（4）合金结构钢：合金结构钢的牌号表示方法由三部分组成，即"数字 + 元素符号 + 数字"。前面数字表示碳的质量分数的万倍，合金元素以化学符号表示，合金元素符号后面的数字表示合金元素质量分数的百倍，当其平均质量分数小于 1.5% 时，一般只标出元素符号，而不标明数字，当其质量分数为 1.50% ~ 2.49%、2.50% ~ 3.49%…，则相应地写成 2、3、…。如 60Si2Mn 中 $w(C) = 0.46\% \sim 0.64\%$、$w(Si) = 1.5\% \sim 2.49\%$、$w(Mn) < 1.4\%$。滚动轴承钢的牌号前面冠以"G"字，其后以铬加数字来表示。数字表示铬的平均质量分数的千倍，碳的质量分数不予标出。若再含其他元素时，表达方法同合金结构钢。如 GCr15，$w(Cr) = 1.40\% \sim 1.64\%$。

（5）合金工具钢：其牌号表示方法与合金结构钢相似，但其平均 $w(C) \geqslant 1\%$ 时，则碳含量不标出；当 $w(C) < 1\%$ 时，就以千分之几表示，合金元素表示方法与其他合金钢相同。合金工具钢都属于高级优质钢，故不在牌号后标出"A"字。如 9SiCr，$w(C) = 0.84\% \sim 0.94\%$。高速钢牌号中，不论碳含量多少，都不予标出。但当合金成分相同，仅碳含量不同时，对高碳者牌号前冠以"C"字。如 W6Mo4Cr4V2 和 CW6Mo4Cr4V2，前者 $w(C) = 0.8\% \sim 0.9\%$，后者 $w(C) = 0.94\% \sim 1.04\%$。

（6）不锈钢、耐热钢：其牌号表示一般用一位数字表示平均碳含量的千分之几；合金元素的表示方法与其他合金钢相同。当 $w(C) \leqslant 0.03\%$ 或 $\leqslant 0.08\%$ 时，在牌号前分别冠以"00"或"0"。如 3Cr13 钢的平均 $w(C) = 0.3\%$，$w(Cr) \approx 13\%$；00Cr19Ni11 钢的平均 $w(C) < 0.03\%$，$w(Cr) \approx 19\%$，$w(Ni) \approx 11\%$。另外，当 $w(Si) < 1.4\%$、$w(Mn) < 2\%$ 时，牌号中不予标出。

还有些专门用途的低合金钢、合金结构钢，在牌号头部（或尾部）加代表该钢用途的符号。如"ML"表示铆螺钢，"g"表示锅炉用钢，而"H"表示焊接用钢等。

10.2.2 各国钢种牌号的对照

各国钢种牌号的表示方法虽然有差异，但也有共同之处，可划分为以下几类：

（1）用本国文字字母代表化学元素名称，表示出主要元素的平均含量，如俄罗斯、芬兰等国家。俄罗斯的 18ХГ·Т 相当于中国的 18CrMnTi。

（2）用国际化学符号代表化学元素名称，表示出主要元素的平均成分，如中国、朝鲜、德国等国。

（3）用阿拉伯数字表示钢种牌号，表示出部分化学成分或不表示，如美国、捷克、瑞典等国。

（4）用拉丁字母表示产品用途或种类，用阿拉伯数字或罗马数字表示顺序号，用以上二者共同表示钢种牌号。这种方法只能表示钢的用途，而不标明化学成分，如英国、日本等国。

例如，我国的不锈钢 1Cr18Ni9Ti 相当于前苏联的 1Х18Н9Т，美国的 321、30321，英国的 En48B、En48C、S110，日本的 SUS29，法国的 Z10CNT·18-10、Z10CNT·10-08，德国的 X10CrNiTi·18-9，意大利的 X8CNT·18.10，瑞典的 2337，捷克的 17246。

（5）其他表示方法，例如国际标准 ISO 用屈服极限表示钢种牌号；德国用抗拉强度表示钢种牌号。

10.3　典型钢种的冶炼要点

10.3.1　硅钢

硅钢是电工钢的一种，硅含量在 1.0%~4.5% 范围内，主要用于制造电机和变压器的铁芯、日光灯的镇流器、磁开关和继电器、磁屏蔽和高能加速器中的磁铁等。

根据需要，可以按生产方式、化学成分、结晶织构和用途等对硅钢进行分类。

按化学成分分为低硅（硅含量 1.0%~1.4% 左右）、中硅（硅含量 2.0%~2.4% 左右）和高硅（硅含量 3.0% 以上）硅钢；按轧制工艺分有热轧和冷轧；按结晶织构分有热轧非织构硅钢，冷轧低织构、高斯织构（单取向织构）和立方织构（双取向织构）硅钢等。

硅钢的典型成分举例见表 10-1。

表 10-1　硅钢的典型成分

类　别	化学成分（质量分数）/%						
	C	Si	Mn	P	S	Al$_s$	N
普通取向硅钢	0.03~0.05	2.80~3.50	0.05~0.10		0.003~0.015	<0.015	<0.006
优质无取向硅钢	<0.0030	3.20~3.40	<0.15	<0.040	<0.003	1.40~1.60	<0.002

10.3.1.1　性能要求

对于电工设备，要求能够长时间连续工作，重量轻，体积小，而且节省电能。因此，硅钢片的性能要求应该主要是电磁性能，其次是力学性能。对硅钢性能要求具体如下：

（1）铁损低。铁损高会增加电量损耗，钢中加硅的主要作用是降低铁损；降低硫含量有利于减少铁损；适当增加钢中磷含量对降低铁损也有利。

（2）磁感应强度高。磁感应强度高可以降低铁芯激磁电流（空载电流），使导线电阻引起的铜损和铁芯铁损降低，节省电能。

（3）对磁的取向性的要求。电机在运转状态下工作，用冷轧取向硅钢制造。

（4）磁时效性小。铁芯磁性随使用时间而变化的现象为磁时效。磁时效主要是由于钢中过饱和碳与氮析出的细小碳化物和氮化物所致。所以优质无取向硅钢中碳含量小于 0.0035%，氮含量应小于 0.005%。

（5）脆性小。硅钢片在制作铁芯时需冲压加工成型，冲片性能要好；倘若钢质脆会降低成品率，并影响冲模寿命。硫不仅对磁性有害，而且使钢产生热脆，应尽量减少。

此外，硅钢片的表面要光滑平整，厚度均匀，绝缘薄膜好等。

10.3.1.2　影响硅钢质量的因素

硅钢成分和纯净性、轧制方法、织构类型及板厚对硅钢片质量都有重要影响。

（1）化学成分的影响：

1）硅的影响：硅是硅钢中的主要合金元素，它对提高硅钢片磁性具有决定性作用。

硅能够增大钢的电阻率，使涡流损失下降；能够使铁素体晶粒显著长大，降低矫顽力（去磁力），减少磁滞损失；提高磁导率，减少晶体的各向异性；它还是一种石墨化剂和脱氧剂，能减少碳化物，改善磁性；此外，硅还是缩小 γ 区元素，当其含量较高，而碳含量较低时，容易得到单相组织，消除相变应力对磁畴移动的影响。

硅钢中硅含量不应过高（4.4%），否则会使钢的导热性下降、脆性显著增加，使钢的加工性能变坏。

2）碳的影响：碳对硅钢的组织和性能都有重大不良影响。碳含量提高，会使硅钢片矫顽力提高、铁损增加、磁性能下降。碳还是扩大 γ 区元素，易促成相变，使晶粒细化，从而导致磁性能恶化。碳在钢中存在形态不同，对磁性影响也不同。在具有一定硅含量的钢中，它可能以溶解态（间隙固溶体）、游离态和石墨形式存在，其中以石墨状态存在对磁性影响最小。考虑到硅钢片退火处理过程有一定的脱碳能力，一般不把顶吹转炉终点碳 $w(C)$ 控制得过低（不小于 0.03%），以避免钢中氧含量和气体量增高，恶化钢的质量。

3）磷和铝的影响：磷和铝在提高硅钢磁性、降低铁损方面的作用与硅相似，但对硅钢性能也有不良影响的一面。所以，在部分牌号硅钢中利用它们的有益性，部分取代硅，降低硅的用量。在个别钢种中，利用其不利作用，化害为利。

4）硫和锰的影响：硫和锰对硅钢磁性具有不良影响，特别是硫的危害更大，所以应严加控制。电工钢中 $w(S)$ 多控制在 0.014% ~ 0.034%，$w(Mn)$ 多控制在 0.04% ~ 0.44%，仅个别钢种中，硫和锰可以形成硫化物（MnS）有利夹杂，促进二次再结晶长大，有利于改善电磁性能。

（2）钢中气体的影响：钢中的氮、氢、氧（大部分呈夹杂物状态存在）都对硅钢存在特别不利的影响，增加铁损，降低磁性，恶化硅钢质量，应严格控制其含量。仅在个别情况下，氮形成的 AlN 及某些氮化物夹杂起有益作用。

（3）非金属夹杂的影响：非金属夹杂是非铁磁性物质，不具有磁化能力，又增加了硅钢片磁化阻力，是影响硅钢磁化能力的有害组分，仅个别情况下少数夹杂如 MnS、AlN 表现出有益的作用。

此外，与轧制和热处理工艺有关形成的应力、晶粒度和取向也是影响硅钢片性能的重要因素。

10.3.1.3 冶炼要点

（1）创造良好的冶炼条件。硅钢应在炉体和炉况正常情况下冶炼，宜选炉役中期进行，新炉初期、老炉末期不适于炼硅钢。

严格保证入炉原材料质量，选用优质原材料。对于铁水，冶炼低硅钢时要求硫含量 $w(S) \leq 0.040\%$，高硅钢 $w(S) \leq 0.030\%$。铁水中硅、磷、硫含量较高者，应采取铁水炉外处理措施，以减轻炉内成分控制负担和提高钢水质量。要保证主要造渣材料石灰的级别和质量。

提高氧气纯度，减少水分含量，以减少带入钢中的氢、氮含量。

（2）根据铁水中硅、磷、硫含量选择好造渣制度。要做到早化渣、化好过程渣、终渣化透做黏。由于硅钢中磷、硫含量控制较严，要抓紧前期操作，尽量提高前期去磷、硫率，减轻后期操作负担。避免中期炉渣返干。终渣碱度应适当提高，以提高炉渣脱磷、硫能力和避免回磷。由于终点碳低，炉渣氧化性高，将加剧炉衬侵蚀，还会增加钢中氧和夹杂含量，因此终渣要化透做黏。

（3）控制供氧操作。要用比一般钢种稍高的过程枪位促进化渣，并使熔池良好地活跃沸腾，以加强脱气和排除夹杂。

（4）控制吹炼过程温度和终点温度。过程温度不宜过高，终点温度的控制要考虑到加入大量硅铁合金化时放出大量的热量。末期温度过高或过低时都不利于提高钢的质量。末期温度过高，增加铁水吸气量，加剧炉衬侵蚀和增加钢中夹杂含量。同时，加大量冷却剂调温也会恶化钢水质量，所以严禁终点向炉内加大量冷却剂强行降温。为了加强钢中气体和夹杂的排除并保证浇铸质量，终点钢水温度也不应过低。

（5）控制好终点和出钢操作。终点碳低硫高者，可加少量的碳素锰铁，包内加适量干燥苏打来进一步脱硫；终点钢水过氧化者，可加少量低硫、磷生铁，可起降温和预脱氧作用，并有利于改善钢水流动性和排除气体、夹杂；多次后吹并加大量渣料者应改钢种。

出钢前要尽量多倒渣，出钢时要避免大量下渣，以防回磷、回锰使钢水成分出格。

（6）由于要加大量硅铁合金化，脱氧和出钢操作时要注意保证钢水成分和温度的均匀性。所用脱氧剂和铁合金、钢水包都要严格进行烘烤。

10.3.2 不锈钢

不锈钢是在大气、水、酸、碱和盐溶液或其他腐蚀性介质中具有高度化学稳定性的合金钢的总称。

根据金相组织，不锈钢可以分为以下三类：铁素体不锈钢、奥氏体不锈钢和马氏体不锈钢。此外，在这几类不锈钢的发展过程中，为了满足生产需要，还出现了其他类型的不锈钢，如强化的马氏体不锈钢、时效硬化的不锈钢、σ 相强化的不锈钢等。表 10 - 2 为常见不锈钢的化学成分。

表 10 - 2 　常见不锈钢的化学成分（质量分数）　（%）

钢号	C	Si	Mn	Cr	Ni	Ti	S	P
0Cr13	≤0.08	≤0.06	≤0.80	12.0 ~ 14.0	≤0.40		≤0.030	≤0.034
1Cr13	0.08 ~ 0.14	≤0.60	≤0.80	12.0 ~ 14.0	≤0.60		≤0.030	≤0.034
2Cr13	0.16 ~ 0.24	≤0.60	≤0.80	12.0 ~ 14.0	≤0.60		≤0.030	≤0.034
3Cr13	0.24 ~ 0.34	≤0.60	≤0.80	12.0 ~ 14.0	≤0.60		≤0.030	≤0.034
4Cr13	0.34 ~ 0.44	≤0.60	≤0.80	12.0 ~ 14.0	≤0.60		≤0.030	≤0.034
1Cr17	≤0.12	≤0.80	≤0.80	16.0 ~ 18.0	≤0.60		≤0.030	≤0.034
9Cr18	0.90 ~ 1.00	≤0.80	≤0.80	17.0 ~ 19.0	≤0.60		≤0.030	≤0.034
1Cr28	≤0.14	≤1.00	≤0.80	27.0 ~ 30.0	≤0.60	≤0.20	≤0.030	≤0.034
1Cr17Ti	≤0.12	≤0.80	≤0.80	16.0 ~ 18.0	≤0.60	4 × C - 0.80	≤0.030	≤0.034
1Cr17Ni2	0.11 ~ 0.17	≤1.80	≤0.80	16.0 ~ 18.0	1.4 ~ 2.4		≤0.030	≤0.034
0Cr18Ni9	≤0.06	≤1.00	≤2.00	17.0 ~ 19.0	8.00 ~ 11.0		≤0.030	≤0.034
1Cr18Ni9	≤0.12	≤1.00	≤2.00	17.0 ~ 19.0	8.00 ~ 11.0		≤0.030	≤0.034
2Cr18Ni9	0.13 ~ 0.22	≤1.00	≤2.00	17.0 ~ 19.0	8.00 ~ 11.0		≤0.030	≤0.034
1Cr18Ni9Ti	≤0.12	≤1.00	≤2.00	17.0 ~ 19.0	8.00 ~ 11.0	4 × (C - 0.02) ~ 0.80	≤0.030	≤0.034

10.3.2.1 影响不锈钢质量的因素

决定不锈钢耐蚀性的主要合金元素是铬，钢中铬含量越高，耐蚀性能越好。铬所起的作用是：它能吸附腐蚀介质中的氧并与之形成致密的 Cr_2O_3 保护层，阻止腐蚀继续进行。

镍、硅、铝、钛、铌、铜、钼等元素也都具有不同程度改善耐蚀性的作用，因此也是冶炼不锈钢常用的合金元素。

碳在不锈钢中具有双重作用，它可以提高钢的强度、硬度和耐磨性，但同时也降低钢的耐蚀性。所以，不锈钢的碳含量一般都很低。

影响不锈钢耐蚀性的因素很多，除上述化学成分外，热处理、加工及表面处理等都有重要影响。

10.3.2.2 不锈钢的冶炼

目前，包括转炉法在内，冶炼不锈钢的技术和设备已经发展到了成熟的阶段，但是在各类方法中，以能够降低 p_{CO} 的真空、半真空法或其他降低 p_{CO} 的方法，技术经济效果最好，例如氩氧转炉（AOD）法就是被各国广泛采用的冶炼不锈钢的方法。在这类方法中，铬可以一次配足，而且碳含量不受任何限制。单纯用顶吹转炉冶炼不锈钢，冶炼时间长、精炼温度高、钢水降碳困难、铬的收得率低、钢中的气体和夹杂数量多，不是很好的方法。相比之下，利用具有高速降碳机能的转炉，并配合具有升温和真空手段设备的双联操作，可以避免单纯顶吹转炉法的不足。

不锈钢的冶炼具有下述特点：

（1）不锈钢是一种低碳高铬钢，在冶炼过程中需要去碳保铬，成分中杂质磷、硫的限制也很严。

（2）不锈钢是一种高合金钢，合金元素的含量至少在4%以上，需要在冶炼和出钢过程中加到钢水中。

因此，用普通铁水在转炉中冶炼不锈钢时，必须抓好造渣、升温和合金化等几个环节：

（1）吹炼前期要搞好造渣制度，强化脱磷、硫操作，尽快使钢中磷、硫含量降到规格要求以下。在吹炼前期结束后，要除净炉渣，避免后期回磷。

（2）除净前期渣后，要加强供氧操作，可采用提高供氧强度硬吹强制供氧。同时可以向熔池加硅铁、铝铁发热剂，使熔池迅速降碳升温，完成脱碳任务。

（3）分批加入铬铁，同时还可以配加硅铁或铝铁。每加入一批合金后都要吹氧助熔。对于不氧化或难氧化的合金元素，可提前在吹炼初期或装料时加入。

当采用含铬铁水或含铬废钢冶炼不锈钢时，则首先需要保证熔池迅速升温，以促进熔池迅速降碳，减少铬的大量烧损。

10.3.3 低合金钢

10.3.3.1 低合金钢的分类

低合金钢的特点是在普通碳素钢的基础上加入少量合金元素，使钢的强度提高并改善综合性能或者使钢具有某些特殊性能。通常认为合金元素总量小于3%者称为低合金钢，也有的把界限划分在2.4%～4.0%范围内。

由于低合金钢生产工艺简单、成本低，而具有较高的强度、较好的焊接性能、加工工艺性能以及具有耐磨、耐腐蚀等特殊性能，有广泛的适用性，因此低合金钢在钢种发展中占有重要地位。

(1) 按特点和用途分类:

1) 强度钢 (亦称结构钢)。这类钢的特点是强度高、塑性和韧性好、加工和焊接性能优良,并具有一定的耐腐蚀能力。强度大致有 300MPa、340MPa、400MPa、440MPa 四个级别。此类钢使用范围极广,常用作金属构件。

2) 专用钢。上述强度钢若按其使用方面的特点,现已列入专用钢标准的,大致分为锅炉钢、造船钢、桥梁钢、容器钢、多层容器用钢、汽车大梁用钢、矿用钢、化工用高压无缝钢管钢和钢筋钢等。这些专用钢中强度相同的,其成分也基本相同。前六种对硫、磷要求较严。按照专业用途对桥梁、造船、锅炉等钢需做冲击值、断口检验,汽车大梁用钢还要做带状组织检验等。

3) 低温用钢。包括空气分离设备、石油尾气分离设备、气体净化新工艺、制冷机械和各种低温容器等需要的低温 (77~203K) 用钢。它们在低温下具有较高的冲击值。

4) 耐腐蚀钢。包括化工、石油工业的各种耐腐蚀设备用钢和海上设施 (如海底电缆、海上采油平台、码头钢板桩、船舶) 用钢等。能耐各种弱酸、弱碱、海水、硫化氢、氯离子、有机介质的腐蚀,同时也要求具有一定的力学性能。

5) 耐磨钢。其耐磨性能良好,可用于矿山机械和农业机械等。

6) 钢轨钢。包括各种轻重轨,要求耐磨、耐压和耐腐蚀。

7) 钢筋钢。主要特点是强度高,焊接性好。有 340MPa、400MPa、440MPa、700MPa 级的各类钢筋钢。

8) 其他专用钢。如氧气瓶、焊条、地下铁道接触轨、自行车链条用钢等。

(2) 按合金元素分类:按主体合金元素的不同可分为:锰系、锰-钒系、锰-铌系、锰-钛系、硅-钛系、硅-铌系、硅-钒系、钒系、含铝钢系、含磷钢系、多元钢系等。

(3) 按金相组织分类:

1) 铁素体+珠光体型。目前大多数普通低合金钢都属于这种类型,其中珠光体的含量随钢中碳含量的增加而增多。这类钢的屈服点为 240~600MPa。大多数以热轧状态使用。此类钢包括含锰各系钢种。

2) 贝氏体型。当钢中加入一定含量的钼、硼等合金元素时能得到贝氏体组织,如14MnMoVBRe 等。此类钢塑性、韧性、焊接性能和中温性能均较好,一般需经热处理后使用。

3) 马氏体型。此类钢是属于强度最高的普通低合金钢,通过淬火+回火处理 (调质) 使钢能获得良好的综合性能,屈服点一般为 700~1440MPa。塑性、韧性也较好,是普通低合金钢向高强度发展的一个重要途径。

绝大多数合金元素,如磷、硅、锰、铬、铜和镍等,都可固溶于铁素体中,使其晶格产生歪扭,并改变 (多为增加) 原子间的结合力。

绝大多数合金元素,如锰、铬、钼、钨、镍、铜和硅等,在一般加热条件下比较容易溶于奥氏体,增加其稳定性和过冷能力,从而使珠光体的弥散度增大,其组织的百分数增加,同时也使铁素体晶粒得到细化。

绝大多数合金元素,使铁碳状态图上共析成分点左移,因而在相同碳含量下增加钢中珠光体组织比例,从而使钢的强度增加。

钛、钒、钼及少量铝能形成稳定的碳化物和氮化物,减少奥氏体晶粒长大倾向,因而能细化晶粒；钛、钒、铝等与氮有很好的亲和力；可形成弥散的化合物；产生弥散硬化作用。

可见，合金元素在低合金钢中的作用主要是对钢的组织产生影响，既然组织上发生变化则必然反映到性能上。因此，我们可以根据资源情况和合金化元素的特点，生产不同性能的低合金钢。

10.3.3.2 低合金钢的冶炼

低合金钢作为强度级钢，根据国标 GB/T 13304 规定只保证抗拉强度、屈服点、伸长率和冷弯性能四项。低合金钢作为专用钢，应该满足专用钢标准要求，例如桥梁、造船、锅炉、容器、汽车大梁等；按专用钢标准除上述四项要求外，还应保证室温、低温和时效冲击值，桥梁、锅炉和造船钢等还要保证断口，汽车大梁还要保证带状组织合格等要求。这些性能的获得主要靠合适的成分控制、良好的冶炼和浇铸操作来保证。

低合金钢的冶炼工艺和普碳钢基本相同，合金元素的加入工艺，如前所述完全适用，但最好提供比生产普碳钢更好的原材料和设备条件，同时要严格进行工艺操作，其工艺要点是：

(1) 创造良好的炉体条件，尽量不在新炉前 10 炉和补炉后第一炉冶炼。

(2) 低合金钢质量要求比较严格，因此，冶炼过程中应尽量去除钢中有害气体和夹杂，除含磷钢外，尽量降低有害成分磷和硫含量。要强化供氧和造渣操作，以保证熔池良好沸腾和提高前期脱磷率，搞好吹炼全程脱磷脱硫，力求实现深度脱磷脱硫。

(3) 采用拉碳法控制终点，避免后吹，以降低钢中氧含量，提高合金和金属收得率，这样有利于提高钢的质量和减少钢的时效倾向，控制好出钢温度，避免出高温钢。

(4) 加强脱氧操作，确保成分命中率。

(5) 维护好出钢口，加强出钢操作，出钢时尽量少下渣并防止渣钢混出，必须防止回磷，出钢后应向钢包中加石灰稠化炉渣。

(6) 对于高品级低合金钢，必须采用铁水预处理、二次精炼及连铸有关技术。

10.3.3.3 微合金化钢

微合金化钢也称为高强度低合金钢，是指在低碳钢中加入微量的钛、铌、钛等碳氮物形成元素，与钢中的残余间隙原子碳和氮结合成碳化物和氮化物质点，起到细化晶粒和沉淀强化的作用。

微合金化钢是采用现代冶金生产工艺生产出的高技术含量、高附加值产品，是国民经济建设中用量最大、用途最广的钢铁材料。它的强度高、韧性好，可以为用户节能、节材、降成本。如在建筑和基础设施建设用钢中，采用微合金化钢可以节约 20% ~30% 的钢材，节省 15% 的施工时间和 20% 的加工费用。

西方工业发达国家，发展工业走的就是微合金化钢的道路。自 20 世纪 70 年代以来，世界范围内以数百亿美元的科技投入，开展对微合金化钢的品种开发，使微合金化技术成为 20 世纪冶金技术发展中最具影响力的成就之一。

近 10 多年来，我国许多普钢企业都把发展微合金化钢作为企业钢材品种结构调整的主要内容和首要工作来抓。微合金化钢材的研究和开发，已为国内许多钢铁企业带来生机，带来了市场竞争力的提高和更多的经济效益。

我国的钢铁工业要想赶超世界先进水平，只有坚定不移地走微合金化钢的道路。

10.3.4 低碳、超低碳钢

低碳、超低碳钢不但要求钢中碳低、硅低、总氧（非金属夹杂物）含量低，还要求氮低、硫低，有的还需加入微量元素，如铌、钒、钛等提高强度。为满足质量要求，冶炼低碳、超低碳钢需掌握以下要点：

（1）采用铁水预脱硫处理，终渣碱度值大于3.2，降低成品硫、磷含量。

（2）充分发挥复吹效果，适当降枪并增加底部供气压力，加强熔池搅拌，降低终点氧含量。

（3）终点一次拉碳 $w(C) = 0.04\% \sim 0.06\%$，避免补吹。

（4）挡渣出钢，控制钢渣流入钢包。

（5）严格控制脱氧剂的使用和脱氧步骤，为RH真空深脱碳提供条件。

（6）精炼、连铸过程采用相应的技术措施，RH真空深脱碳，吹氩防止钢水吸氮，全程保护浇铸。

10.3.5 中、高碳钢

习惯上把碳含量 $w(C) = 0.25\% \sim 0.60\%$ 的钢称为中碳钢，把碳含量 $w(C) > 0.6\%$ 的钢称为高碳钢。中、高碳钢都是优质钢和合金钢。磷、硫含量都要求在0.04%以下。由于终点碳含量高，磷、硫及温度控制困难，因此在吹炼中、高碳钢时，多采用高拉碳法和增碳法。

（1）高拉碳法：高拉碳法又称为高拉补吹法，根据炉口火焰和喷出火花的外观形状，参考供氧时间及氧气消耗量，对熔池碳含量作出判断，按高出所炼钢种的碳含量规格中限一定范围用副枪取样测温或停吹取样测温，根据钢中的碳含量和这一碳含量范围的脱碳速度确定继续吹炼时间或补吹时间。

（2）增碳法：高拉碳法冶炼中、高碳钢，终点控制虽比较理想，但很难炉炉命中，这样就延长了冶炼时间，影响炉衬寿命，由于熔池碳含量高，对脱磷不利。因此很多厂用炉后增碳法代替高拉碳法冶炼中、高碳钢。

增碳法是不管什么钢种，都将熔池碳含量吹到一个固定的、低的终点，然后在出钢过程中根据所炼钢种的规格中限成分，用增碳法增碳，使钢中碳含量达到要求。增碳法的优点是操作控制简单，与吹炼低碳钢无多大差别，易于实现过程的自动控制。但使用的增碳剂要有一定的粒度，其中有害杂质（磷、硫、灰分等）要尽量低。

10.3.6 洁净钢

所谓洁净钢或纯净钢，第一是钢中杂质元素 [S]、[P]、[H]、[N]、[O] 含量低，总量在0.0100%以下；第二是钢中非金属夹杂物少，尺寸小，形态要控制（根据用途控制夹杂物球状化）。

洁净钢应根据品种和用途要求进行冶炼，铁水预处理、炼钢、精炼、连铸的操作都应处于严格的控制之下，主要控制技术对策如下：

（1）铁水预处理：对铁水脱硫或三脱，入炉铁水硫含量 $w(S) < 0.005\%$ 甚至小于0.002%。

（2）转炉复合吹炼和炼钢终点控制：改善脱磷条件，提高终点成分和温度一次命中率，降低钢中溶解氧含量，减少钢中非金属夹杂物数量。

（3）挡渣出钢：采用挡渣出钢，钢包内渣层厚度控制在 50mm 以下。可避免回磷和提高合金的收得率，降低氧化物夹杂。

（4）钢包渣改质：出钢过程中向钢流加入炉渣改质剂，还原氧化铁并调整钢包渣成分。

（5）炉外精炼：根据钢种质量要求选择一种或多种精炼组合方式完成钢水精炼任务，达到脱氢、极低碳化、极低硫化、脱氮、减少夹杂物和夹杂物形态控制等目的。

（6）保护浇铸：在浇铸过程中采用保护浇铸技术对生产洁净钢尤为重要。钢包－中间包－结晶器采用长水口氩封保护浇铸，中间包采用双层保护渣，结晶器采用保护渣等，具有吸附夹杂物和减少二次氧化的作用。

（7）中间包冶金：在中间包内组织合理的钢水流动，合理的钢水停留时间，促进夹杂物上浮等。

（8）结晶器操作技术：选择性能合适的保护渣；浸入式水口对中、合适的插入深度；拉速、液面稳定；应用结晶器电磁搅拌技术；控制钢水的流动，利于气体与夹杂物的上浮排出，改善铸坯质量。

（9）铸坯的内部质量控制：利用电磁搅拌和轻压技术减少中心疏松、中心偏析和缩孔，增加铸坯的致密度。

（10）采用直结晶器弧形连铸机和立弯式连铸机，有利于夹杂物上浮。

以上是目前国内冶炼洁净钢采用的技术措施，随着科学技术水平的发展和提高，冶炼洁净钢的技术也会不断发展。

10.3.7 IF 钢

IF 钢也称为无间隙原子钢，就是在碳含量极低（$w(C) = 0.001\% \sim 0.005\%$）的钢中，加入适量的强化元素 Ti、Nb，与钢中残存的间隙原子碳和氮结合形成碳化物和氮化物的质点，这样，钢的基体中已没有间隙原子碳氮的存在了，而是以钛、铌的碳化物和氮化物的质点存在。

IF 钢的优点是：优质的深冲性，无时效性，非常高的钢板表面质量，可冲制极薄的制品、零件，主要用于汽车薄板。

IF 钢的化学成分要求：极低的碳含量，$w(C) < 0.0050\%$；非常低的氮含量，$w(N) < 0.0030\%$；一定的钛或钛和铌含量；铝脱氧钢，$w(Al) = 0.03\% \sim 0.07\%$。

宝钢批量生产 IF 钢，达到了 $w(C) \leqslant 0.0025\%$、$w(N) \leqslant 0.0020\%$、$w(O) \leqslant 0.0030\%$ 的水平。

IF 钢生产工艺路线为：铁水预处理→复吹转炉炼钢→RH 精炼→板坯连铸→热连轧→冷轧、退火、镀锌等。

IF 钢的冶炼工艺要点是：

（1）铁水脱硫后，硫含量 $w(S) < 0.002\%$，入炉前尽可能扒净铁水渣。

（2）高铁水装入比，顶底复合吹炼，后期加铁矿石、铁皮使炉渣发泡，充分脱磷；防止钢液吸氮，出钢 $w(N) < 0.0020\%$；按 RH 精炼要求严格控制终点碳。

（3）出钢不脱氧，不加铝，防止增氮。

（4）RH 真空碳脱氧，然后加铝和钛。

（5）严格实施保护浇铸，防止二次氧化、增氮。钢包－中间包吸氮量应小于 0.00015%，中间包－结晶器吸氮量应小于 0.0001%。

（6）钢包和中间包内衬砌筑碱性耐火材料，采用极低碳碱性覆盖剂。

（7）结晶器选用无碳保护渣，防止增碳。

10.3.8 管线钢

管线钢主要用于输油、气管道，要求特性为：高的抗氢致裂纹（HIC）性能；高的抗 H_2S 腐蚀能力；钢材的强韧性高；钢材的疲劳强度高；焊接性好。

管线钢的洁净度要求：超低硫含量、低磷含量、低氢含量、低氧含量，加钙处理使硫化物夹杂球化。

为了提高输送效率，对大型油、气田的输送管线设计倾向于提高工作压力和增大管径，因此提高对管线钢强度的要求，已由最初的 $\sigma_s \geqslant 289MPa$（X42）提高到 $\sigma_s \geqslant 482MPa$（X70）、$\sigma_s \geqslant 551MPa$（X80）。

管线钢的成分见表 10－3。硫是管线钢中影响抗 HIC 能力的主要元素，当钢中硫含量 $w(S) > 0.005\%$ 时，随钢中硫含量的增加 HIC 的敏感性显著增大，当钢中硫 $w(S) < 0.002\%$ 时，HIC 显著降低。硫还影响管线钢的低温冲击韧性，降低硫含量可显著提高冲击韧性。在实际生产中碳含量有所降低，因为增加碳含量将导致管线钢抗 HIC 的能力下降，使裂纹率突然增加。磷是管线钢中易偏析元素，在偏析区其淬硬性约为碳的 2 倍，显著降低钢的低温冲击韧性，恶化钢的焊接性能。钢中氧化物夹杂是管线钢产生 HIC 的根源之一，危害钢的各种性能。

表 10－3　管线钢的成分

钢号	化学成分（质量分数）/%								
	C	Si	Mn	P	S	Nb	Ti	V	Al$_s$
X60RL	≤0.16	≤0.45	≤1.60	≤0.025	≤0.020	≤0.005	≤0.005		
X70RL	≤0.16	≤0.45	≤1.70	≤0.025	≤0.020	≤0.005	≤0.005		
X60－1	0.070	0.26	1.14	0.016	0.006	0.040			
X60－2	0.070	0.27	1.29	0.011	0.005	0.040	0.030		
X60－1	0.088	0.31	1.53	0.017	0.004	0.042		0.062	0.054
X60－2	0.096	0.30	1.60	0.014	0.001	0.054		0.049	

钢中氢是导致白点和发裂的主要原因，管线钢中的氢含量越高，HIC 产生的几率越大，腐蚀率越高，平均裂纹长度增加越显著。

管线钢生产可采用如下工艺路线：

（1）铁水预处理→转炉复合吹炼→RH（或 VD）及钙处理→连铸。

（2）铁水预处理→转炉复合吹炼→LF 炉→RH（或 VD）及钙处理→连铸。

宝钢已批量生产高质量管线钢，达到了 $w(S) \leqslant 0.0020\%$、$w(P) \leqslant 0.0090\%$、$\Sigma w(O) \leqslant 0.0025\%$、$w(N) \leqslant 0.0035\%$、$w(H) \leqslant 0.0002\%$ 的水平。采用工艺路线（2），能生产 $w(S) \leqslant$

0.0010%的超低硫抗 HIC 管线钢。

10.3.9 船板钢

船体结构用钢简称船板钢，主要用于制造远洋、沿海和内河航运船舶的船体、甲板等。船舶工作环境恶劣，船体外壳要承受海水的化学腐蚀、电力学腐蚀和海生微生物的腐蚀；还要承受较大的风浪冲击和交变负荷作用；再加上船舶加工成型复杂等原因，所以对船体结构用钢要求严格。良好的韧性是最关键的要求，此外，要有较高的强度，良好的耐腐蚀性能、焊接性能、加工成型性能以及表面质量。其 $w(Mn)/w(C)$ 比值应在 2.5 以上，对碳当量也有严格要求，并由船检验部门认可的钢厂生产。

船体结构用钢分为一般强度钢和高强度钢两种，一般强度钢其质量等级分为 A、B、C、D 4 个等级；高强度钢又分为 2 个强度级别和 3 个质量等级，即 AH32、DH32、EH32、AH36、DH36、EH36。船板钢的化学成分及屈服强度见表 10-4。

表 10-4　船板钢的化学成分及屈服强度（GB 712）

类别	等级	化学成分（质量分数）/%								屈服强度/MPa
		C	Mn	Si	P	S	Al	Nb	V	
一般强度钢	A	≤0.22	≥2.5C	0.10~0.35	≤0.04	≤0.04				235
	B	≤0.21	0.60~1.00							
	C	≤0.21	0.60~1.00				≥0.015			
	D	≤0.18	0.70~1.20				≥0.015			
高强度钢	AH32	≤0.18	0.70~1.60	0.10~0.50	≤0.04	≤0.04	≥0.015	0.015~0.050	0.030~0.100	315
	DH32		0.90~1.60							
	EH32		0.90~1.60							
	AH36		0.70~1.60							355
	DH36		0.90~1.60							
	EH36		0.90~1.60							

注：1. 一般强度钢残余元素含量：$w(Cu) \leq 0.35\%$，$w(Cr) \leq 0.30\%$，$w(Ni) \leq 0.30\%$。
　　2. 高强度钢残余元素含量：$w(Cu) \leq 0.35\%$，$w(Cr) \leq 0.20\%$，$w(Ni) \leq 0.40\%$，$w(Mo) \leq 0.08\%$。

船板钢的冶炼要点如下：

（1）铁水进行预脱硫处理。
（2）转炉终点碳控制在 0.06% ~ 0.10%。
（3）挡渣出钢，钢包加合成渣。
（4）钢包脱氧合金化，进精炼站前钢中酸溶铝含量达到 0.004% ~ 0.005%。
（5）精炼站喂铝线，钢中酸溶铝含量稳定在 0.02% ~ 0.04%。
（6）保证弱吹氩搅拌时间，促进夹杂物充分上浮。
（7）连铸全过程保护浇铸。

10.3.10 重轨钢

重轨是公称重量大于或等于 38kg/m 的钢轨。目前我国已建立了 38kg/m、43kg/m、

50kg/m、60kg/m、75kg/m 系列重轨生产线。重轨要承受机车车辆运行时的压力、冲击载荷和摩擦力的作用，所以，要求有足够的强度、硬度和一定的韧性。要适应铁路重载、高速的需要，除增加重轨的单重外，还要提高综合性能。要求有更高的强韧性、耐磨性、抗压溃性和抗脆断性。生产过程质量要求严格，除保证其化学成分外，还要求检验力学性能、落锤试验和酸蚀低倍组织检验等。钢轨钢化学成分的一般范围：$w(C) = 0.65\% \sim 0.75\%$，$w(Mn) = 0.8\% \sim 1.0\%$，$w(Si) = 0.20\% \sim 0.25\%$。重轨钢用连铸大方坯或模铸来生产。

为保证重轨钢的质量，对钢的洁净度有严格的要求，钢中的夹杂物是造成重轨内部损伤、使用中产生疲劳破坏的主要原因。如果钢中非金属夹杂物颗粒较粗大，则塑性降低。轨面表皮下串簇状 Al_2O_3 夹杂物集中之处容易产生应力集中，是产生疲劳裂纹的根源。因此对冶炼工艺提出了严格的要求：

（1）入炉铁水应进行预处理。

（2）采用复合合金脱氧。用硅 - 镁 - 钛复合合金代替单一铝脱氧，钢中条状氧化物夹杂污染几乎可以减少 2/3；由于镁和钛变性和微合金化作用，重轨钢的塑性不降低而强度得到提高，从而改善了钢材质量。

（3）钢水进行真空精炼处理，降低钢中气体含量，尤其是降低了氢含量，使重轨钢材成品中的白点有可能消除。

（4）实行全保护浇铸。

10.3.11　硬线钢

硬线钢是金属制品行业生产中高碳产品的主要原料。硬线主要用于加工低松弛预应力钢丝、钢丝绳、钢绞线、轮胎钢丝、弹簧钢丝、琴丝等。如轮胎钢丝 $w(C) = 0.80\% \sim 0.85\%$，要求有高深拉性，可冷拔到 $\phi 0.15 \sim 0.25mm$；弹簧钢丝 $w(C) = 0.6\% \sim 0.7\%$，要求有高的疲劳强度和良好的耐磨强度。高质量的钢帘线、电力和电气化铁路高耐蚀锌 - 铝合金镀层钢绞线、高精度预张拉力钢丝绳、高应力气门簧用钢丝等都是以高碳钢坯（$w(C) > 0.6\%$）为原料，经过高速线材轧机轧制、热处理后拉拔而成的。硬线质量的主要问题是拉拔、捻股断裂，强度、面缩率波动大。

优质硬线钢生产的关键技术包括：

（1）转炉高拉碳低氧冶炼技术。

（2）挡渣出钢与炉渣改质技术，控制钢包渣 $w(FeO + MnO) < 3\%$。

（3）LF 炉内渣洗精炼工艺和无铝脱氧工艺，控制钢中 $\sum w(O) \leqslant 0.0030\%$。

（4）夹杂物变性技术和保护浇铸技术。

（5）无缺陷铸坯生产工艺和减少中心碳偏析的工艺技术。

（6）控轧控冷工艺技术。

10.3.12　弹簧钢

弹簧钢的冶炼工艺为：

（1）采用拉碳法冶炼，从而使钢中碳比较均匀，也降低了钢中的氧含量。

（2）出钢的前期和后期要挡好渣，合理选用合金进行脱氧及合金化。

（3）采用 LF 炉精炼工艺，不但提高了钢液的纯净度，而且还使钢水成分、温度均匀。

（4）连铸时采用全过程保护浇铸，使铸坯表面质量、钢液的纯净度得到了改善。保护浇铸方式采用浸入式保护管并吹氩气。

（5）结晶器振动采用高频率、小振幅；二次冷却方式采用气水雾化冷却，使铸坯表面质量得到了进一步改善。

（6）通过控制合理的拉速，使铸坯的内部质量得到了明显的改善。

（7）通过对温度的合理控制，实现了低过热度浇铸，从而改善了铸坯内部质量。

10. 3. 13　焊条钢

焊条钢按化学成分分为非合金钢、低合金钢、合金结构钢和不锈钢四类。非合金钢焊条主要为碳素焊条钢，成分要求见表 10－5。

表 10－5　碳素焊条钢化学成分（GB/T 3429）

牌 号	化学成分（质量分数）/%				
	C	Si	Mn	P	S
H08A	≤0. 10	≤0. 03	0. 03 ~ 0. 60	≤0. 030	≤0. 030
H08E	≤0. 10	≤0. 03	0. 03 ~ 0. 60	≤0. 020	≤0. 030
H08C	≤0. 10	≤0. 03	0. 03 ~ 0. 60	≤0. 015	≤0. 030

焊条钢的最大特点是必须保证盘条化学成分符合各种标准成分的要求，不允许有化学成分偏差，冶炼成分控制的范围比标准的范围更窄，硫、磷含量更低。焊丝中碳含量增加，焊缝的裂纹倾向增加，冲击韧性下降。为此，H08A 类焊条钢碳含量控制在 0.06% ~ 0.08% 范围内。硅影响冷拔加工性能，并降低焊缝塑性，因而 H08 类焊条钢硅含量应不大于 0.03%。锰不仅可以提高焊缝抗拉强度也使塑性韧性提高，同时还提高焊缝的抗裂能力，所以，锰含量控制在 0.4% ~ 0.5%。随硫含量的增加焊缝的热裂倾向增大，还会使焊缝产生气孔的可能性增加；磷含量增加焊缝冷裂倾向增大，同时低温冲击值迅速降低，H08 就是根据磷、硫含量不同分为 A、E、C 三级。H08C 在 H08 类焊条钢中的硫、磷含量最低，其盘条价格也最高。

碳素焊条钢因碳、硅含量很低，钢质软，对力学性能无特别要求。碳素焊条钢的冶炼要求如下：

（1）碳素焊条钢原料原用模铸生产，现多用连铸工艺浇铸小方坯。

（2）终点碳 $w(C)$ 控制在 0.04% ~ 0.06%，维护好出钢口，挡渣出钢。

（3）采用连铸工艺钢水若用铝脱氧，氧含量很难控制，控制不当还会产生皮下气泡或水口结瘤，因此用 Fe－Mn－Al 合金代替单一铝脱氧。

（4）从炼钢到精炼全程严格控制钢中氧含量，精炼结束时，氧活度控制在 0.0025% ~ 0.0045%。

（5）连铸工艺采用全保护浇铸小方坯。

（6）中间包采用低碳高碱度增碳剂。

参 考 文 献

[1] 李建朝. 转炉炼钢生产 [M]. 北京：化学工业出版社. 2011.

[2] 郑金星. 转炉炼钢工 [M]. 北京：化学工业出版社. 2011.

[3] 冯 捷. 转炉炼钢生产 [M]. 北京：冶金工业出版社. 2005.

[4] 冯 捷. 转炉炼钢实训 [M]. 北京：冶金工业出版社. 2004.

[5] 冯聚和. 氧气顶吹转炉炼钢 [M]. 北京：冶金工业出版社，1995.

[6] 郑沛然. 炼钢学 [M]. 北京：冶金工业出版社，1996.

[7] 王雅贞，等. 转炉炼钢问答 [M]. 北京：冶金工业出版社，2004.

[8] 王雅贞，等. 氧气顶吹转炉炼钢工艺与设备 [M]. 2版. 北京：冶金工业出版社，2001.

[9] 刘根来. 炼钢原理与工艺 [M]. 北京：冶金工业出版社，2004.

[10] 高泽平. 炼钢工艺学 [M]. 北京：冶金工业出版社，2006.

冶金工业出版社部分图书推荐

书 名	作 者		定价（元）
轧钢机械设备维护（高职高专规划教材）	袁建路	主编	45.00
起重运输设备选用与维护（高职高专规划教材）	张树海	主编	38.00
轧钢原料加热（高职高专规划教材）	戚翠芬	主编	37.00
有色金属塑性加工（高职高专规划教材）	白星良	等编	46.00
炼铁原理与工艺（第2版）（高职高专规划教材）	王明海	主编	49.00
炼铁设备维护（高职高专规划教材）	时彦林	主编	30.00
炼钢设备维护（高职高专规划教材）	时彦林	主编	35.00
冶金技术认识实习指导（高职高专实验实训教材）	刘燕霞	主编	25.00
中厚板生产实训（高职高专实验实训教材）	张景进	主编	22.00
中型型钢生产（行业规划教材）	袁志学	等编	28.00
板带冷轧生产（行业规划教材）	张景进	主编	42.00
高速线材生产（行业规划教材）	袁志学	等编	39.00
热连轧带钢生产（行业规划教材）	张景进	主编	35.00
轧钢设备维护与检修（行业规划教材）	袁建路	等编	28.00
中厚板生产（行业规划教材）	张景进	主编	29.00
冶金机械保养维修实务（高职高专规划教材）	张树海	主编	39.00
有色金属轧制（高职高专规划教材）	白星良	主编	29.00
有色金属挤压与拉拔（高职高专规划教材）	白星良	主编	32.00
自动检测和过程控制（第4版）（国规教材）	刘玉长	主编	50.00
金属材料工程认识实习指导书（本科教材）	张景进	等编	15.00
炼铁设备及车间设计（第2版）（国规教材）	万 新	主编	29.00
炼钢设备及车间设计（第2版）（国规教材）	王令福	主编	25.00
塑性变形与轧制原理（高职高专规划教材）	袁志学	等编	27.00
冶金过程检测与控制（第2版）（职业技术学院教材）	郭爱民	主编	30.00
机械安装与维护（职业技术学院教材）	张树海	主编	22.00
参数检测与自动控制（职业技术学院教材）	李登超	主编	39.00
有色金属压力加工（职业技术学院教材）	白星良	主编	33.00
黑色金属压力加工实训（职业技术学院教材）	袁建路	主编	22.00
轧钢车间机械设备（职业技术学院教材）	潘慧勤	主编	32.00
轧钢工艺润滑原理技术与应用	孙建林	著	29.00
轧钢生产实用技术	黄庆学	等编	26.00
板带铸轧理论与技术	孙斌煜	等编	28.00
轧钢机械设备	边金生	主编	45.00
轧钢工艺学	曲 克	主编	58.00
初级轧钢加热工（培训教材）	戚翠芬	主编	13.00
中级轧钢加热工（培训教材）	戚翠芬	主编	20.00